住房城乡建设部土建类学科专业"十三五"规划教材
全国高职高专教育土建类专业教学指导委员会规划推荐教材

热工学基础（第三版）

（供热通风与空调工程技术专业适用）

本教材编审委员会组织编写

余 宁 主 编

严 莹 李国斌 副主编

刘春泽 主 审

中国建筑工业出版社

图书在版编目(CIP)数据

热工学基础/余宁主编. —3版. —北京：中国建筑工业出版社，2015.12（2024.12重印）
住房城乡建设部土建类学科专业"十三五"规划教材. 全国高职高专教育土建类专业教学指导委员会规划推荐教材（供热通风与空调工程技术专业适用）
ISBN 978-7-112-18764-5

Ⅰ.①热… Ⅱ.①余… Ⅲ.①热工学-高等职业教育-教材 Ⅳ.①TK122

中国版本图书馆 CIP 数据核字(2015)第 278817 号

本书共有13个单元，主要讲述：常用工质（理想气体、水蒸气、湿空气）的热力性质、状态变化规律和基本热力过程的分析；热力学第一定律与第二定律的基本知识；气体和蒸汽在喷管与扩压管内的流动、绝热节流和制冷循环的基本知识与应用；导热、对流换热、辐射换热和传热的基本定律与基本计算分析；换热器的类型、换热原理、基本构造及换热器的性能评价与选用计算；空气参数的测量等。

本教材为全国高职高专教育土建类专业教学指导委员会规划推荐教材和住房城乡建设部土建类学科专业"十三五"规划教材，突出高职教育的特色，内容既具有系统性、全面性，又具有针对性、实用性，除可作为高职高专院校建筑设备类供热通风与空调工程技术专业的教材使用外，也可作为开放大学、电大等相同专业教学用书，还可作为从事通风空调、供热采暖及锅炉设备工程工作的高等技术管理与施工人员学习的参考书。为方便教学，本教材各单元还配有适用的教学课件PPT。

课件网络下载方法：请进入 http://www.cabp.com.cn 网页，输入本书名查询，点击"配套资源"进行下载；或发邮件至 524633479@qq.com 求取课件。

为了更好地支持相应课程的教学，我们向采用本书作为教材的教师提供课件，有需要者可与出版社联系。

建工书院：http://edu.cabplink.com

邮箱：jckj@cabp.com.cn 电话：(010) 58337285

* * *

责任编辑：张 健 朱首明 齐庆梅 李 慧
责任校对：李欣慰 刘梦然

住房城乡建设部土建类学科专业"十三五"规划教材
全国高职高专教育土建类专业教学指导委员会规划推荐教材

热 工 学 基 础
（第三版）

（供热通风与空调工程技术专业适用）

本教材编审委员会组织编写

余 宁 主 编
严 莹 李国斌 副主编
刘春泽 主 审

*

中国建筑工业出版社出版、发行（北京西郊百万庄）
各地新华书店、建筑书店经销
北京红光制版公司制版
建工社（河北）印刷有限公司印刷

*

开本：787×1092毫米 1/16 印张：14½ 插页：2 字数：348千字
2016年2月第三版 2024年12月第二十次印刷
定价：**28.00**元（赠教师课件）
ISBN 978-7-112-18764-5
(28046)

版权所有 翻印必究
如有印装质量问题，可寄本社退换
（邮政编码 100037）

供热通风与空调工程技术专业教材
编审委员会名单

主　任：符里刚

副主任：吴光林　高文安　谢社初

委　员：汤万龙　高绍远　王青山　孙　毅　孙景芝　吴晓辉

余增元　杨　婉　沈瑞珠　黄　河　黄奕沄　颜凌云

白　桦　余　宁　谢　兵　蒋志良　赵瑞军　苏长满

苏德全　吴耀伟　王　丽　孙　岩　高喜玲　刘成毅

马志彪　高会艳　李绍军　岳亭龙　商利斌　于　英

杜　渐　张　炯

序　言

　　近年来，建筑设备类专业分委员会在住房和城乡建设部人事司和全国高职高专教育土建类专业教学指导委员会的正确领导下，编制完成了高职高专教育建筑设备类专业目录、专业简介。制定了"建筑设备工程技术"、"供热通风与空调工程技术"、"建筑电气工程技术"、"楼宇智能化工程技术"、"工业设备安装工程技术"、"消防工程技术"等专业的教学基本要求和校内实训及校内实训基地建设导则。构建了新的课程体系。2012年启动了第二轮"楼宇智能化工程技术"专业的教材编写工作，并于2014年底全部完成了8门专业规划教材的编写工作。

　　建筑设备类专业分委员会在2014年年会上决定，按照新出版的供热通风与空调工程技术专业教学基本要求，启动专业规划教材的修编工作。本次规划修编的教材覆盖了本专业所有的专业课程，以教学基本要求为主线，与校内实训及校内实训基地建设导则相衔接，突出了工程技术的特点，强调了系统性和整体性；贯彻以素质为基础，以能力为本位，以实用为主导的指导思想；汲取了国内外最新技术和研究成果，反映了我国最新技术标准和行业规范，充分体现其先进性、创新性、适用性。本套教材的使用将进一步推动供热通风与空调工程技术专业的建设与发展。

　　本次规划教材的修编聘请全国高职高专院校多年从事供热通风与空调工程技术专业教学、科研、设计的专家担任主编和主审，同时吸收具有丰富实践经验的工程技术人员和中青年优秀教师参加。该规划教材的出版凝聚了全国高职高专院校供热通风与空调工程技术专业同行的心血，也是他们多年来教学工作的结晶和精诚协作的体现。

　　主编和主审在教材编写过程中一丝不苟、认真负责，值此教材出版之际，谨向他们致以崇高的敬意。衷心希望供热通风与空调工程技术专业教材的面世，能够受到高职高专院校和从事本专业工程技术人员的欢迎，能够对土建类高职高专教育的改革和发展起到积极的推动作用。

全国高职高专教育土建类专业教学指导委员会

建筑设备类专业分委员会

2015年6月

第 三 版 前 言

《热工学基础》是建筑类高职高专院校供热通风与空调工程技术专业的主要技术基础课之一，是从事通风空调、供热采暖及锅炉设备工作的高等技术管理和施工安装技术人员必须掌握的基础理论知识。通过本教材的学习，使学生掌握有关热力学基本定律、工质的状态参数及其变化规律等基础理论知识；了解喷管与扩压管的基本原理与工程应用；掌握导热、对流、热辐射换热的基本定律以及传热的基本计算；理解换热器的换热原理，并能进行换热器选型的基本计算，为学习专业知识奠定必要的热力分析与热工计算的理论基础和基本技能。

本书是根据2013年版《高等职业教育供热通风与空调工程技术专业教学基本要求》及课程核心知识单元教学要求，在2012年版《热工学基础》教材基础上来修订的。修订后的教材符合新的供热通风与空调工程技术专业培养方案和课程核心知识单元要求的知识点、能力点，突出专业的需要与教学的重点内容，使热工计算与专业实际联系；在论述上删繁就简，尽快地切入主题，并考虑问题分析的适当深度；在文字上力求简练、准确、流畅与通俗，便于学习者的自主学习；考虑新技术、新规范和新标准的运用，所用名词、符号和计量单位符合技术标准规定。为了方便教与学，培养学生分析问题、解决问题的能力以及培养学生归纳问题的能力，教材各单元不仅写有教学目标、实用的例题与分析解答，单元后写有单元小结、思考题与习题，而且教材各单元还配有适用的教学课件PPT。

本书共有13个单元，需讲80学时。主要讲述：常用工质（理想气体、水蒸气、湿空气）的热力性质、状态变化规律和基本热力过程的分析；热力学第一定律与第二定律的基本知识；气体和蒸汽在喷管与扩压管内的流动、绝热节流和制冷循环的基本知识与应用；导热、对流换热、辐射换热和传热的基本定律与基本计算分析；换热器的类型、换热原理、基本构造及换热器的性能评价与选用计算；空气参数的测量等。

本教材由江苏城市职业学院余宁担任主编，江苏开放大学严莹和辽宁建筑职业技术学院李国斌担任副主编，刘春泽教授担任主审。参加编写的有：江苏城市职业学院余宁（绪论、第6、8、9、10、12单元）、江苏开放大学严莹（第3、4、5单元）、辽宁建筑职业技术学院李国斌（第1、2单元）、江苏建筑职业技术学院陈益武（第7、11单元）、江苏城市职业学院桑海涛（第13单元）。

限于编者水平，教材中难免有不妥或错误之处，恳请读者提出宝贵意见与指正。

第 二 版 前 言

"热工学基础"是高职高专教育建筑设备类专业的主要技术基础课之一,是从事通风与空调、供热与采暖及锅炉设备工程技术管理和施工安装技术人员必须掌握的基础理论知识。其任务是通过本教材的学习,使其掌握有关热力学基本定律、工质的状态参数及其变化规律等基础理论知识;掌握导热、对流、热辐射换热的基本定律以及稳定传热的基本计算;理解换热器的换热原理和进行换热器的选型基本计算,为学习专业知识奠定必要的热力分析与热工计算的理论基础和基本技能。

为了进一步加强高等教育土建学科教材建设,本书第二版是根据 2011 年 3 月中华人民共和国住房和城乡建设部(建人函〔2011〕71 号)文件通知,在住房和城乡建设部组织的土建学科专业"十二五"规划教材选题的申报和评选工作中,经过作者申报、专家评审,作为土建学科专业"十二五"规划教材建设确定的 172 部高职高专教材之一。《热工学基础》(第二版)教材采用单元课题式编写,教材在符合建筑设备类专指委新制定的专业教育标准,专业培养方案和教学大纲中规定要求的知识点、能力点条件下,更加突出高等职业教育的特点,注意专业的需要与专业计算实例的联系。论述上尽量删繁就简,突出专业需要与实用,力求较快地切入主题,考虑适当的深度,做到层次分明,重点突出,使知识易于学习掌握;文字上力求简练、准确、通畅,便于学习;所用名词、符号和计量单位符合技术标准规定。为了加深理解,培养学生分析问题、解决问题的能力以及培养学生归纳问题的能力,本书各单元都有相应的小结、思考题与习题。

本书约讲 72 学时,共分两篇。第一篇工程热力学部分 38 学时,主要介绍:热力学第一定律与第二定律的基本知识;常用工质(理想气体、水蒸气、湿空气)的热力性质、状态变化规律和基本热力过程的分析;气体和蒸汽在喷管与扩压管内的流动及绝热节流的基本知识与应用;气体压缩和制冷循环等内容。第二篇传热学部分 34 学时,主要介绍:稳定导热、不稳定导热、对流换热、辐射换热和稳定传热的基本定律与基本计算分析;换热器的类型、换热原理、基本构造及换热器的性能评价与选用计算等。

本教材由江苏城市职业学院余宁副教授担任主编,辽宁建筑职业技术学院李国斌副教授和嘉兴学院罗义英副教授担任副主编,辽宁建筑职业技术学院刘春泽教授担任主审。参加编写的有:江苏城市职业学院余宁(绪论、第 11、12、13 单元)、辽宁建筑职业技术学院李国斌(第 1、2、3、4 单元)、嘉兴学院罗义英〔第 5、6(课题 1、2、3)、7 单元〕、徐州建筑职业技术学院徐红梅(第 8、14 单元)、陈益武(第 9、10 单元),江苏城市职业学院桑海涛〔第 6 单元(课题 4)〕。

限于编者水平,教材中难免有许多不妥或错误之处,恳请读者提出宝贵意见与指正。

第 一 版 前 言

热工学基础是高职高专学校供热通风与空调工程技术专业和建筑设备工程技术专业的主要技术基础课之一，是从事通风空调、供热及锅炉设备工作的高等技术管理和施工安装技术人员必须掌握的基础理论知识。其任务是通过本教材的学习，掌握有关热力学基本定律、工质的状态参数及其变化规律等基础理论知识；掌握导热、对流、热辐射换热的基本定律以及稳定传热的基本计算；理解换热器的换热原理和进行换热器的选型基本计算，为学习专业知识奠定必要的热力分析与热工计算的理论基础和基本技能。

本书是根据 2004 年初全国高职高专教育土建类专业教学指导委员会建筑设备类专业指导分委员会第三次会议决定的"启动高职水暖电三个专业主干课程教材编审规划"，按照几次会议讨论制定的专业教育标准、专业培养方案和《热工学基础》课程指导性教学大纲，考虑新技术、新规范和新标准的情况来编写的。

本书约讲 90 学时，共分二篇。第一篇工程热力学部分 48 学时，主要讲述：热力学第一定律与第二定律的基本知识；常用工质（理想气体、水蒸气、湿空气）的热力性质、状态变化规律和基本热力过程的分析；气体和蒸汽在喷管与扩压管内的流动及绝热节流的基本知识与应用；气体压缩和制冷循环等内容。第二篇传热学部分 42 学时，主要介绍稳态导热、非稳态导热、对流换热、辐射换热和稳定传热的基本定律与基本计算分析；介绍了换热器的类型、换热原理、基本构造、换热器的性能评价与选用计算等。

本教材在符合专业教育标准和培养方案及教学大纲中要求的知识点、能力点条件下，论述上尽量删繁就简，突出专业需要与实用，力求较快地切入主题，考虑适当的深度，做到层次分明，重点突出，使知识易于学习掌握；在内容安排上与同类教材相比有较大的变动；文字上力求简练、准确、通畅，便于学习；所用名词、符号和计量单位符合技术标准规定。章节的安排尽量考虑知识主次先后的照应关系；论述上考虑适当的深度，做到层次分明，重点突出，使知识易于学习掌握。为了加深理解，培养学生分析问题、解决问题的能力以及培养学生归纳问题的能力，本书各章节都有相应的实用例题、思考题与习题和小结。

本教材由江苏广播电视大学余宁担任主编，沈阳建筑大学职业技术学院李国斌和河南平顶山工学院罗义英担任副主编，沈阳建筑大学职业技术学院刘春泽担任主审。参加编写的有：江苏广播电视大学余宁（绪论、第十一、十二、十三章）、沈阳建筑大学李国斌（第一、二、三、四章）、河南平顶山工学院罗义英（第五、六、七章）、徐州建筑职业技术学院徐红梅（第八、十四章）、徐州建筑职业技术学院陈益武（第九、十章）。

限于编者水平，教材中难免有许多不妥或错误之处，恳请读者提出宝贵意见。

目　　录

绪　　论

0.1　课程的性质与任务

"热工学基础"是建筑类高职高专供热通风与空调工程技术专业的一门主要专业基础课，是从事本专业工作技术人员必须掌握的基础理论知识。

本课程的主要任务是通过课程学习，使学生掌握专业所需的工程热力学与传热学基本知识和基本定律，为学习专业奠定必要的热力分析与热工计算的理论知识和基本技能。通过本课程的教学，应达到下面的基本学习要求：

1. 掌握工质气体状态参数、理想气体状态方程，并能进行气体基本热力过程的分析和基本热力计算；

2. 掌握热力学第一定律的实质及其能量方程的应用，掌握热力学第二定律的实质和意义；

3. 掌握卡诺循环及卡诺定律、热泵的理论基础；

4. 了解水蒸气的热力性质及相应的图表，并能应用这些图表进行热力过程分析和计算；

5. 了解湿空气的热力性质及相应的图表，并能应用这些图表进行热力过程分析和计算；

6. 理解气体和蒸汽的节流、气体压缩与制冷循环的基本原理及工程应用；

7. 理解导热、对流、辐射三种基本热量传递方式的基本定律及应用；

8. 掌握稳定导热、对流换热、辐射换热的计算；

9. 掌握平壁、圆筒壁、肋壁稳定传热的计算，并了解传热增强与减弱的方法与措施，了解常热流与周期性热作用下的非稳定导热；

10. 了解换热器的类型、换热原理、基本构造，掌握换热器的性能评价与选用计算等。

0.2　课程的研究对象及主要内容

热工学由"热力学"和"传热学"两部分内容组成。其中：

热力学主要是研究热能与机械能相互转换规律的一门科学。其内容主要有热力学第一定律和热力学第二定律，讲述能量（热能与机械能）转换或传递过程中的守衡、方向、条件和限度等问题；常用工质（理想气体、水蒸气、湿空气等）的热力性质、状态变化规律和基本热力过程的分析；有效利用热能的途径；气体和蒸汽在喷管与扩压管内的流动、气体和蒸汽的节流及其工程应用。

传热学是研究热量传递过程的一门科学。其内容主要有导热的基本机理、影响因素和计算方法；对流换热的基本概念、主要影响因素分析、换热量计算实验准则方程的选用等；辐射换热的基本概念、基本规律以及两物体间辐射换热量的基本计算；增加或减弱传热的方法及其在工程上的应用；换热器的类型、换热原理、基本构造及换热器的性能评价与选用计算等。

0.3 热能的工程利用

在日常生活和生产科研中，人类都离不开对能量的需求。能量在自然界中存在着各种形式，如机械能、热能、电能、水位能、化学能、原子能、太阳能、地热能等，其中热能是所有能量形式中使用最广泛的一种能。目前，人类能源供应的 90% 来自于热能。

人类对热能的利用，概括地说主要有热能的直接利用和热能的间接利用两种形式。前者是把热能直接当作加热的能源来利用。例如在供热通风与空调工程中，寒冷地区冬季室内的采暖就是使用产生于锅炉的热水或蒸汽，通过散热器把热量传给室内空气，来补充空气通过房屋墙壁、屋顶、地面、门、窗等围护结构的热损失，以保持或提高室内较高而又适宜的温度。热能的间接利用则是通过热机，如汽轮机、蒸汽机和内燃机等将热能转变为机械能或电能后实现的。例如，在火力发电厂，通过锅炉中燃烧的煤放出热量，使锅炉内的水受热汽化成为高温高压的蒸汽，蒸汽通过汽轮机，推动汽轮机转轴旋转，将热能转变成机械能，汽轮机转轴带动发电机旋转，又将机械能转化成电能。

节约能源是人类当前面临的重要任务之一，对于我国任务尤为艰巨。从长远看，虽然太阳能、原子核能、地热能、风能等可以为人类提供几乎无限的能量，但由于技术上的困难，这些所谓的新能源还不能大规模地开发利用。目前人类，特别是我国使用的能源主要是煤、石油、天然气等石化燃料。石化燃料不可再生，资源是有限的。据权威估计，以目前的开采量，世界探明的石油贮量仅可供开采 40 余年，煤可开采 160 年，天然气可开采约 60 年。所以从技术上改造能源设备，提高能源特别是热能的利用率，减少燃料消耗是世界各国的长期战略任务。我们学习热工学课程的目的之一就是为提高热能的利用，减少热能的损失，掌握必要的基础知识。

0.4 课程与专业的关系

《热工学基础》课程是从事本专业高等技术人员必备的理论基础。在暖通工程上，其工程的目的就是要实现生产、生活中对采暖、通风、空调等的要求，而要实现这些要求就需要了解热量、冷量是如何产生、传送的，在这产生、传送过程中，传递能量的介质热力性质发生了什么变化？传热过程有何基本规律？传热量如何计算？如何有效地增强传热量或减少热损失？空气调节的状态点如何控制？换热设备如何选择计算等等问题。这些暖通工程上的基本问题正是《热工学基础》课程所要研究的，它将从理论与实验、实践上提供解决这些问题的知识。

《热工学基础》课程是学习专业课重要的基础。对于建筑设备类供热通风与空调工程技术专业来说，在学习《供热工程》、《通风与空调工程》、《锅炉房与换热站》、《空调用制冷技术》、《建筑节能技术》、《供热系统调试与运行管理》和《空调系统调试与运行管理》

等专业课程时，必然涉及工质在加热、冷却、蒸发、凝结、加湿和除湿过程中的状态变化和热、湿量的计算，遇到工质在流动压缩或膨胀过程中能量转换和状态变化的问题。并要解决专业中各种热能利用设备最基本的热工问题，如换热器的选型计算问题，有效增强热工设备的传热的问题等。因此，学习好本课程，对于专业课的热工计算和热力分析有着重要的作用，它是学习专业课的重要基础。

教学单元 1　工质及理想气体

【教学目标】通过本单元的教学，使学生熟悉工质及其基本状态参数；掌握理想气体状态方程和定律的含义与使用；了解热力系统、热力过程及热力循环分类与概念。

1.1　工质及其基本状态参数

1.1.1　工质

人类在生产或日常生活中，经常需要各种形式的能量来满足不同的需求。各种形式能量的转换或转移，通常都要借助于一种携带热能的工作物质来完成，这种工作物质我们简称为工质。

工程上常使用的工质种类很多，有气态的、液态的和固态的。在热力工程中，一般采用液态或气态物质作为工质，如：空气、水、水蒸气、湿空气、烟气和制冷剂等，主要是由于其具有良好的流动性，而且其膨胀能力大，热力性质稳定。

1.1.2　状态及其基本状态参数

在热力设备中，热能与机械能之间的相互转换或热能的转移，需要通过工质吸热或放热、膨胀或压缩等变化来实现，即能量交换的根本原因在于工质的热力状况存在差异。例如，锅炉中燃料燃烧生成的高温烟气能将锅筒中的水加热成为高温热水，就是由于高温烟气与水之间存在温度差异而完成了热量的转移；又如，汽轮机中能量的转换，也是由于高温、高压的水蒸气与外界环境的温度、压力有很大的差异而产生的。在这些过程中，工质温度、压力等物理特性的数值发生了变化，也就是说，工质的客观物理状况发生了变化。我们把工质在某瞬间的宏观物理状况，或表现的热力性质总状况，称为热力状态，简称为状态；描述工质热力状态的各物理量，称为工质的状态参数，简称为状态参数。

工质的状态是由工质的状态参数所描述的。工质的状态发生了变化，其状态参数也相应地发生变化，状态参数是状态的函数。工质的状态发生变化时，初、终状态参数的变化值，仅与初、终状态有关，而与状态发生的途径无关。

在热力学中，为了研究需要而采用的状态参数有温度（T）、压力（p）、比体积（v）或密度（ρ）、内能（u）、焓（h）、熵（s）等。其中压力、温度、比体积可以用仪器、仪表直接或间接测量出来的状态参数，称之为基本状态参数；只能由基本状态参数，通过相关计算公式间接计算获得的状态参数，如内能、焓、熵等称之为导出状态参数。

1. 温度

不同物体的冷热程度，可以通过相互接触进行比较。若 A、B 两物体接触后，物体 A 由热变冷，物体 B 由冷变热，则说明两物体原来的冷热程度不同，即物体 A 的温度高，物体 B 的温度较低。若不受其他物体影响，经过相当长的时间后，两物体的状态不再变化，这说明两者达到了冷热程度相同的状态，这种状态称为热平衡状态。实践证明，若两个物体分别与第三个物体处于热平衡，则它们彼此之间也必然处于热平衡。这个结论称为热力学第零定律。从这一定律可知，相互处于热平衡的物体，必然具有一个数值上相等的热力学参数来描述这一热平衡特性，这一热力学参数就是温度。可以说温度是描述物体冷热程度的物理量。

根据分子运动学说，温度是物体分子热运动激烈程度的标志。对于气体，有如下关系式

$$\frac{m\bar{\omega}^2}{2} = BT \tag{1-1}$$

式中　$\dfrac{m\bar{\omega}^2}{2}$——分子平移运动的平均动能，其中 m 是一个分子的质量，$\bar{\omega}$ 是分子平移运动的均方根速度；

　　　　B——比例常数；

　　　　T——热力学温度。

由上式可知，工质的热力学温度与工质内部分子的平移运动的平均动能成正比。

温度的数值标尺，简称温标。任何温标都要规定温标的基准点以及分度的方法。国际单位制（SI）中采用热力学温标为理论温标，其符号为 T、单位为 K（开尔文）。热力学温标规定纯水的三相点温度（即冰、水、汽三相共存平衡时的温度）为基准点，其热力学温度为 273.16K；每 1K 为水三相点温度的 1/273.16。

国际单位制（SI）中还规定摄氏温标为实用温标，其符号为 t、单位为℃（摄氏度）。其定义式为

$$t = T - 273.15$$

式中　273.15——国际计量会议规定的值；当 $t=0$℃时，$T=273.15$K。

由上式可知，摄氏温标与热力学温标的分度值相同，而基准点不同。这两种温标之间的换算在工程上可近似为

$$t = T - 273 \tag{1-2}$$

2. 压力

在宏观上，压力表示垂直作用于容器壁单位面积上的力，也称为压强，用 p 表示，单位为 Pa，或 N/m²。即：

$$p = \frac{F}{f} \tag{1-3}$$

式中　F——整个容器壁受到的力（N）；

　　　　f——容器壁的总面积（m²）。

在微观上，要从气体动理论讲，气体的压力是气体分子作不规则热运动时，大量分子碰撞容器壁的总结果。由于气体分子的撞击极为频繁，人们不可能分辨出气体单个分子的撞击作用，只能观察到大量分子撞击的平均结果。根据分子运动论，作用于单位面积上的压力与分子运动的平均动能、分子的浓度之间有如下关系式：

$$p = \frac{2}{3} n \frac{m\bar{\omega}^2}{2} = \frac{2}{3} nBT \tag{1-4}$$

式中　p——单位面积上的绝对压力；

　　　　n——分子的浓度，即单位容积内含有气体的分子数。

式（1-4）把压力的宏观量与分子运动的微观量联系起来，表明了气体压力的本质。国际单位制中规定压力的单位为帕斯卡（Pa），即

$$1Pa（帕斯卡）＝1N/m^2（牛顿/平方米）$$

由于帕斯卡的单位较小，在工程上，常将其扩大千倍或百万倍，即

$$10^3Pa＝1kPa$$

$$10^6Pa＝1MPa$$

工程上还曾采用其他的压力单位，如巴（bar）、标准大气压（atm）、工程大气压（at）、毫米水柱（mmH_2O）和毫米汞柱（mmHg）等等，它们换算关系见表 1-1 和附表 1-1。

常用压力换算单位 表 1-1

压力名称	帕斯卡 （Pa）	标准大气压 （atm）	工程大气压 （at）	米柱高 （mH_2O）	毫米汞高 （mmHg）
帕斯卡	1	$9.86923×10^{-6}$	$1.01972×10^{-5}$	$1.01972×10^{-4}$	$7.50062×10^{-3}$
标准大气压	101325	1	1.03323	10.3323	760
工程大气压	98066.5	0.967841	1	10	735.559
米柱高	9806.65	$9.67841×10^{-3}$	$1.000×10^{-1}$	1	73.5559
毫米汞高	133.332	$1.31579×10^{-3}$	$1.3595×10^{-3}$	0.013595	1

压力的大小是由各种压力测量仪表测得的。这些仪表的结构原理是建立在力的平衡原理上的，即利用液柱的重力、各类型弹簧的弹力以及活塞上的载重去平衡工质的压力。它们所测得的气体的压力值是气体的绝对压力与外界大气压力的差值，我们称之为相对压力。如图 1-1 所示的 U 形压力计，U 形管内盛有用来测量压力的液体，通常是水银或水。这种压力计指示的压力就是绝对压力与外界大气压力的差值。

绝对压力是工质真实的压力，它是一个定值；而相对压力要随大气压力的变化而变化。因此，绝对压力才是工质的状态参数。在本书中未注明的压力均指绝对压力。

图 1-1 中，风机入口段气体的绝对压力 p 小于外界环境的大气压力 p_b，其相对压力为负压，我们称这一负压值为真空度 H。三者之间存在如下关系

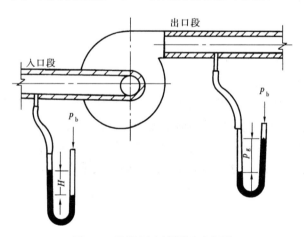

图 1-1 U 形压力计测压示意图

$$H = p_b - p \qquad (1\text{-}5)$$

风机出口段气体的绝对压力 p 大于外界压力 p_b，相对压力为正压，我们称这一压力为表压力 p_g。三者之间存在如下关系

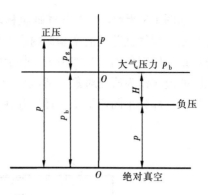

图 1-2　各压力之间的关系

$$p = p_b + p_g \qquad (1\text{-}6)$$

绝对压力与相对压力和大气压力之间关系如图1-2 所示。

3. 体积和密度

单位质量的工质所占有的容积称为比体积，用符号 v 表示，单位为 m^3/kg。若工质的质量为 $m\text{kg}$，所占有的容积为 $V\text{m}^3$，则

$$v = \frac{V}{m} \qquad (1\text{-}7)$$

单位容积的工质所具有的质量称为密度，用符号 ρ 表示，单位为 kg/m^3。即

$$\rho = \frac{m}{V} \qquad (1\text{-}8)$$

显然，工质的比体积与密度互为倒数。即

$$\rho = 1 \qquad (1\text{-}9)$$

由上式可知，对于同一种工质，比体积与密度不是两个独立的状态参数。如二者知其一，则另一个也就确定了。

【例题 1-1】某蒸汽锅炉压力表读数 $p_g = 3.23\text{MPa}$，凝汽器真空表读数 $H = 95\text{kPa}$。若大气压力 $p_b = 101.325\text{kPa}$，试求锅炉及凝汽器中蒸汽的绝对压力。

【分析】这是一道已知气体表压力 p_g（或真空表压力 H）和大气压力 p_b 求气体绝对压力的题目，可根据它们的关系，即式（1-5）和式（1-6）来计算。

【解】锅炉中蒸汽的绝对压力为

$$p = p_b + p_g = (101.325 + 3.23 \times 10^3)\text{kPa} = 3331.325\text{kPa}$$

凝汽器中蒸汽绝对压力为

$$p = p_b - H = (101.325 - 95)\text{kPa} = 6.325\text{kPa}$$

1.2　热力系统、热力过程与热力循环

1.2.1　热力系统及其类型

在分析任何现象或过程时，都应首先确定所研究的对象。例如，在分析力学现象时，常将所研究的对象取为分离体，然后分析该分离体与其他有关物体的相互作用。同样，在分析热力现象或热力过程时，也应根据所研究问题的需要，选取某一定范围内的物质作为研究对象。在工程热力学中，将研究对象的总和称为热力系统，或简称为系统。将系统之外的物质称为外界。将系统与外界之间的分界面称为边界。边界可能是真实的，也可能是假想的；可能是固定的，也可能是变化的或运动的。

如图1-3所示，活塞在气缸里移动以实现能量转换。若取封闭在气缸中的气体作为研究对象，则气缸壁及活塞端部内表面就是边界。显然，该边界是真实存在的，并且一部分边界是可以变化的。又如图1-4所示的汽轮机工作原理示意图，若取截面1-1与截面2-2之间的流体作为研究对象，则汽轮机内壁与截面1-1、2-2构成系统的边界，显然该系统边界有一部分是固定不变、真实存在的，有一部分边界是假想的。

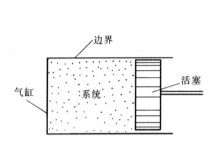

图1-3 真实边界热力系统　　　　图1-4 假想边界热力系统

按热力系统与外界进行质量交换的情况可将热力系统分为：

闭口系统——系统与外界可以传递能量，但无物质交换或者说无物质穿过边界，系统内的质量保持恒定不变，如图1-3所示；

开口系统——系统与外界既可以有能量的，又可以有物质交换，或者说有物质穿过边界，系统内物质可以是平衡恒定的也可以是变化的，如图1-4所示；

按热力系统与外界进行能量和质量交换的情况可将热力系统分为：

绝热系统——系统与外界无热量交换，但可以有功量的交换；

孤立系统——系统与外界既无能量交换，又无质量交换。

绝热系统和孤立系统的提出，可将复杂的实际问题简化，以便于对热力学问题的分析和研究。

1.2.2　热力平衡状态与热力过程

系统可以处于不同的热力状态，但这些热力状态不一定都能用确定的状态参数来描述。例如，当系统内各部分工质的压力、温度各不相同，而且随着时间的变化而改变时，就无法用确定的状态参数描述整个系统内部工质的状态。这种状态即不平衡状态。若系统不受外界影响，随着时间的推移，系统内各部分之间位移及能量的传递必将逐渐减弱，最终达到各部分之间不再有相对位移，同时也不再有热量传递，即同时建立了热与力的平衡。此时系统的状态称为热力平衡状态，或简称为平衡状态。

实际上，并不存在完全不受外界影响、状态参数绝对保持不变的系统。因此，平衡状态只是一个理想的概念。但在大多数情况下，由于系统的实际状态偏离平衡状态并不远，所以可以将其作为平衡状态处理。

当热力系统与外界有能量交换时，系统的状态就要发生变化。我们把热力系统从某一状态连续变化到另一状态所经历的全部状态变化称为热力过程，或简称为过程。热能与机械能的相互转换或热能的转移必须通过系统的状态变化过程来实现。

1.2.3　可逆过程与不可逆过程

系统在经历某一过程之后沿原路线反向进行，若系统和外界都能够回复到它们各自的最初状态，则该过程称为可逆过程。否则，则称为不可逆过程。

如图 1-5 所示，取气缸中的工质作为系统。设工质绝热膨胀而对外做功，经历了 A-1-2-3-4-B 的过程。假想机器是没有摩擦的理想机器，工质内部也没有摩擦。工质对外做的功全部用来推动飞轮，以动能的形式储存在飞轮中。当活塞逆行时，飞轮中储存的能量逐渐释放出来用于推动活塞，使工质沿着原过程线逆向进行一个压缩过程。由于机器及工质没有任何损失，过程终了时，工质及机器都回复到各自的初始状态，对外界没有留下任何影响，既没有得到功，也没有消耗功。这种当系统进行正、反两个过程后，系统与外界均能完全回复到初始状态的过程称为可逆过程。否则，称为不可逆过程。

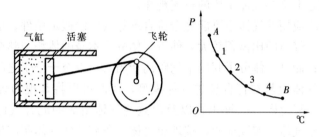

图 1-5　可逆过程

引入可逆过程是一种研究方法，工程上许多涉及能量转换的过程（如动力循环、制冷循环、气体的压缩及流动等）的理论分析，都常把过程理想化为可逆过程进行分析和计算，再将理论值加以适当修正，就可得到实际过程的结果。同时，由于可逆过程没有任何损失，所以它可以作为实际过程中能量转换和转移效果的理想极限和比较标准。因此，可逆过程的提出和对可逆过程的分析研究，在热力学理论和实践上都具有重要意义。

1.2.4　热力循环

通过工质的膨胀过程可以将热能转变为机械能。然而任何一个膨胀过程都不可能无限制地进行下去，要使工质连续不断地做功，就必须使膨胀后的工质回复到初始状态，如此反复循环。我们把工质经过一系列状态变化又重新回复到原来状态的全部过程称为热力循环，或简称为循环。如图 1-6 中的封闭过程 1-2-3-4-1。

如图 1-7 所示，在热力循环中，若工质经过 1-2 过程后，又能沿原线路过程 2-3 返回到始点状态（1-2 线与 2-3 线重合），则此热力循环为可逆循环。否则，为不可逆循环。

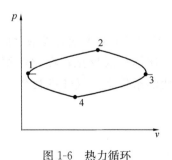

图 1-6　热力循环　　　　　　　　　　　图 1-7　可逆过程

1.3 理想气体状态方程及其定律

1.3.1 理想气体和实际气体

研究气体时，常把气体分为理想气体和实际气体。理想气体是指气体分子之间不存在引力，分子本身不占有体积的气体；不符合此假设的气体为实际气体。

理想气体是一种假想气体，它必须符合两个假定条件：一是气体分子本身不占有体积；二是气体分子间没有相互作用力。根据这两个假定条件，可使气体分子的运动规律得以简化，从而从理论上推导气体工质的普遍规律。

在工程中，实际应用的气体不可能完全符合理想气体的假定条件。但当气体温度不太低、压力不太高时，气体的比体积较大，使得气体分子本身的体积与整个气体的容积比较起来显得微不足道；而且气体分子间的平均距离相当大，以至于分子之间的引力小到可以忽略不计。这时的气体便基本符合理想气体模型，我们可以将其视为理想气体。例如氧气、氢气、氮气、一氧化碳、二氧化碳以及由这些气体组成的混合气体——空气、烟气等，均可以视为理想气体。实践证明，按理想气体去研究这些气体所产生的偏差不大，其偏差完全在工程计算精度的允许范围之内。

当气体处于很高的压力或很低的温度时，气体接近于液态，使得分子本身的体积及分子间的相互作用力都不能忽略。这时的气体就不能视为理想气体，这种气体称为实际气体。例如饱和水蒸气、制冷剂蒸汽、石油气等，都属于实际气体。但空气及烟气中的水蒸气因其含量少、压力低、比体积大，又可视为理想气体。由此可见，理想气体与实际气体没有明显的界限。气体能否被视为理想气体，要根据其所处的状态及工程计算所要求的误差范围而定。

1.3.2 理想气体状态方程式

早在建立分子运动学说以前，人们就对气体的基本状态参数之间的关系作了大量的实验研究，建立了一些经验定律。后来，当分子运动学说发展起来以后，人们又从理论上证明了气体状态方程式的正确性。理想气体状态方程式的数学表达如下：

$$pv = RT \tag{1-10}$$

式中　p——气体的绝对压力（Pa）；

　　　v——气体的比体积（m^3/kg）；

　　　T——气体的绝对温度（K）；

　　　R——气体常数（J/kg·K）。

上式表明，理想气体的压力、比体积和绝对温度三个基本状态参数之间存在着一定的关系。即在温度不变的条件下，气体的压力和比体积成反比；在比体积不变的条件下，气体的压力和绝对温度成正比；在压力不变的条件下，气体的比体积和绝对温度成正比。

对于 $m$kg 的气体，状态方程式为

$$pV = mRT \tag{1-11}$$

式中　V——$m$kg 气体所占有的容积（m^3）。

对于 1kmol 气体，其质量为分子量 μ（kg），则

$$pv \cdot \mu = \mu R T \quad \text{或} \quad p V_{\mathrm{m}} = R_0 T \tag{1-12}$$

式中 $V_{\mathrm{m}} = v \cdot \mu$，为气体的千摩尔体积（$\mathrm{m}^3/\mathrm{kmol}$）；

$R_0 = \mu \cdot R$，叫通用气体常数，与气体的种类及状态均无关 $[\mathrm{J}/(\mathrm{kmol} \cdot \mathrm{K})]$。

【例题 1-2】一压缩空气罐内空气的压力从压力表上读得为 0.52MPa，空气的温度为 27℃，空气罐的容积为 4m³。已知空气的气体常数为 287J/kgK，大气压力为 0.101MPa。求空气的质量及比体积。

【分析】由题已知空气的表压力，因此首先要算出空气的绝对压力；其次已知空气的摄氏温度 t，算出空气的绝对温度 T。

【解】空气的绝对压力 p，由式（1-6）得

$$p = B + p_{\mathrm{g}} = 0.101 + 0.52 = 0.621\mathrm{MPa}$$

空气的绝对温度 T，由式（1-2）得

$$T = t + 273 = 27 + 273 = 300\mathrm{K}$$

又由式（1-11）得

$$m = \frac{pV}{RT} = \frac{0.621 \times 10^6 \times 4}{287 \times 300} = 28.85\mathrm{kg}$$

又由式（1-7）和式（1-8）得比体积为

$$v = \frac{m}{V} = \frac{4}{28.85} \approx 0.139\mathrm{m}^3/\mathrm{kg}$$

1.3.3 气体常数

根据阿佛伽德罗定律的推论，在同温同压下，摩尔数相同的理想气体具有相同的体积。如在标准状态下（即 $p_0 = 1\mathrm{atm} = 760\mathrm{mmHg} = 101325\mathrm{Pa}$，$T_0 = 273\mathrm{K}$），1kmol 的任何气体所占有的容积为 22.4m³，即 $V_{\mathrm{m0}} = 22.4\mathrm{Nm}^3/\mathrm{kmol}$。将以上数值代入式（1-12），可得通用气体常数 R_0（或 μR）为

$$R_0 = \mu R = \frac{p_0 V_{\mathrm{m0}}}{T_0} = \frac{101325 \times 22.4}{273.15} = 8314.4\mathrm{J/kmolK}$$

由此可得出 1kg 的各种气体的气体常数 R，即

$$R = \frac{8314.4}{\mu}\mathrm{J/kgK} \tag{1-13}$$

气体常数 R，对不同的气体有不同的数值，但对某一指定的气体它是一常数。表 1-2 是几种常见气体的气体常数。

【例题 1-3】试计算在标准状态下氧气、空气的比体积和密度。

【分析】标准状态：$p_0 = 101325\mathrm{Pa}$，$T_0 = 273\mathrm{K}$

【解】由理想气体状态方程式（1-10）知

$$p_0 v_0 = R T_0$$

几种常见气体的气体常数

表 1-2

物质 名称	化学式	分子量	R [J/kgK]	物质 名称	化学式	分子量	R [J/kgK]
氢	H_2	2.016	4124.0	氮	N_2	28.013	296.8
氦	H_e	4.003	2077.0	一氧化碳	CO	28.011	296.8
甲烷	CH_4	16.043	518.3	二氧化碳	CO_2	44.010	188.9
氨	NH_3	17.031	488.2	氧	O_2	32.0	259.8
水蒸气	H_2O	18.015	461.5	空气	—	28.97	287.0

得

$$v_0 = \frac{RT_0}{p_0}$$

则氧气在标准状态下的比体积和密度

$$v_0(氧气) = \frac{RT_0}{p_0} = \frac{259.8 \times 273}{101325} \approx 0.70 \text{m}^3/\text{kg}$$

$$\rho_0(氧气) = \frac{1}{v_0} = \frac{1}{0.7} \approx 1.43 \text{kg/m}^3$$

则空气在标准状态下的比体积和密度

$$v_0(空气) = \frac{RT_0}{p_0} = \frac{287 \times 273}{101325} \approx 0.77 \text{m}^3/\text{kg}$$

$$\rho_0(空气) = \frac{1}{v_0} = \frac{1}{0.77} \approx 1.30 \text{kg/m}^3$$

1.3.4 理想气体定律

当理想气体从状态 1 变化到状态 2，且无质量变化时，则由式（1-10）不难得出状态 1 和状态 2 的基本状态参数 T、p 和 v 之间有如下关系：

$$\frac{p_1 v_1}{T_1} = \frac{p_2 v_2}{T_2} = \frac{pv}{T} = R \qquad (1-14a)$$

或

$$\frac{p_1 V_1}{T_1} = \frac{p_2 V_2}{T_2} = \frac{pV}{T} = mR \qquad (1-14b)$$

式（1-14）就是理想气体定律的数学表达式，它反映了一定质量的理想气体任意两个状态的温度 T、压力 p 和体积 V 之间的关系。式（1-14）虽是由理想气体状态方程式推导而来，但理想气体状态方程式是反映理想气体任一状态下温度 T、压力 p 和体积 V 之间的关系式。使用式（1-14）时，应注意气体 1、2 状态的质量没有发生变化。

【例题 1-4】当压力 $p = 850\text{mmHg}$、温度 $t = 300℃$ 时，鼓风机的送风量为 $V = 10200\text{m}^3/\text{h}$。试求在标准状态下的送风量为多少 m^3/h。

【分析】本题是已知空气某一状态的三个状态参数，求空气标准状态下的其余一个参数。

【解】由公式（1-14b）得：

$$\frac{pV}{T} = \frac{p_0 V_0}{T_0}$$

则在标准状态下，鼓风机的送风量为

$$V_0 = \frac{T_0}{T} \frac{p}{p_0} V = \frac{273}{273+300} \times \frac{850}{760} \times 10200 \approx 5435.2 \text{m}^3/\text{h}$$

单 元 小 结

本单元首先介绍了一些基本概念及工质及其基本状态参数，然后讨论了能量（热量和功量）及其传递，并阐述了理想气体及其状态方程。主要内容如下：

1. 介绍了热力系统、热力状态、热力平衡、热力过程、热力循环等基本概念。重点理解热力系统这个最基本的问题，一般可将系统分为开口系统和闭口系统，其区别主要在于系统与外界有无物质交换。

2. 讲述了工质及其基本状态参数。状态参数是描述工质热力状态的物理量，是点函数。压力、温度、比体积是可以直接测量的基本状态参数，要熟练掌握它们的意义、单位及换算关系。

3. 阐述了理想气体的概念、状态方程及其定律应用。

所谓理想气体是一种不考虑分子间相互作用力，分子本身不占体积的理想气体。理想气体的假设，可使气体分子的运动规律得以简化，从而从理论上推导气体工质的普遍规律。

理想气体状态方程是反映理想气体在某一平衡状态下压力 p、比体积 v、温度 T 之间关系的方程，即：$pv = RT$ 或 $pV = mRT$。当理想气体的类型已知时（即气体常数 R 已知），则当已知气体的压力 p、比体积 v 和温度 T 三状态参数中的任意二个状态参数时，可使用理想气体状态方程来求出第三个未知状态参数。

理想气体定律则是反映了一定质量的理想气体从一种状态变化到另一状态时（或任意两个状态），状态参数压力 p_1、p_2、比体积 v_1、v_2 和温度 T_1、T_2 之间关系的定律，即：

$$\frac{p_1 v_1}{T_1} = \frac{p_2 v_2}{T_2} \; 。$$

思 考 题 与 习 题

1. 试说明热力状态、热力状态参数的含义及它们的相互关系。

2. 铁棒一端浸入冰水混合物中，另一端浸入沸水中。经过一段时间，铁棒各点温度保持恒定。试问该铁棒是否处于平衡状态？

3. 热力平衡状态有何特征？平衡状态是否一定是均匀状态？为什么？

4. 表压力、真空度与绝对压力之间的关系如何？为何表压力和真空度不能作为状态参数来进行热力计算？

5. 什么是准静态过程？什么是可逆过程？两者有何联系和区别？

6. 一容器被一刚性壁分为两部分，在容器的不同部位安装了压力表，如图1-8所示。压力表 D 的读数为 175kPa，

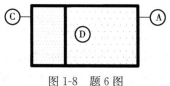

图1-8　题6图

压力表 C 的读数为 110kPa，若大气压力为 97kPa。试求压力表 A 的读数。

7. 由于水银蒸气对人体有害，所以在 U 形管测压计的水银液面上注入一些水，如图 1-9 所示。若测压力时，水银柱高度 $h_{Hg}=450mm$，水柱高度 $h_{H_2O}=100mm$，当地大气压力 $p_b=740mmHg$。试求容器内气体的绝对压力 p 为多少？

8. 用具有倾斜管子的微压计来测定烟道的真空度，如图 1-10 所示。管子的倾斜角 $\varphi=30°$，管内水柱长度 $l=160mm$，当地大气压力 $p_b=740mmHg$。求烟道的真空度和绝对压力各为多少 Pa？

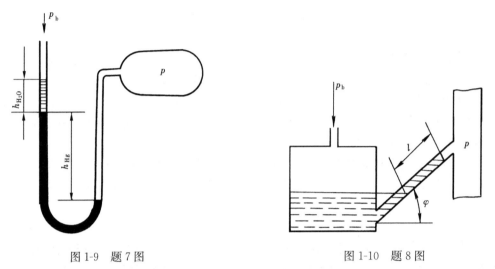

图 1-9　题 7 图　　　　　　　　　　图 1-10　题 8 图

9. 用 U 形管压力计测量容器的压力 p，如图 1-11 所示。玻璃管末端盛以空气，弯曲部分为水银。已知在 $t_0=15℃$、$p_0=0.1MPa$ 时，两边管子的水银面高度相等。若空气部分温度 $t=30℃$，水银面高度差 $h_1=300mm$，水银面上水柱高度 $h_2=1000mm$，空气部分玻璃管高度 $h_3=400mm$。求容器的压力 p。

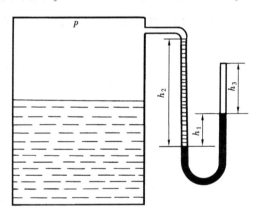

图 1-11　题 9 图

10. 某容器内的理想气体经过放气过程放出一部分气体。若放气前后均为平衡状态，是否符合下列关系式：

(1) $\dfrac{p_1 v_1}{T_1}=\dfrac{p_2 v_2}{T_2}$；　(2) $\dfrac{p_1 V_1}{T_1}=\dfrac{p_2 V_2}{T_2}$。

11. 活塞式压气机每分钟将温度为 15℃、压力为 0.1MPa 的空气 1m³ 压缩后充入容积为 6m³ 的贮气筒内。已知充气前筒内温度为 15℃、压力为 0.15MPa。设充气后筒内温度升高到 45℃。试问经过多少分钟才能将贮气筒压力提高至 0.8MPa。

12. 压力为 13.7MPa、温度为 27℃的氮气被贮存在 0.05m³ 的钢瓶中。钢瓶被一易熔塞保护防止超压（即温度超过允许温度时，易熔塞熔化使气体泄出）。问（1）钢瓶中容纳多少千克氮？（2）当瓶中压力超过最高压力 16.5MPa 时，易熔塞将熔化，此时的熔化温度为多少？

13. 鼓风机每小时向锅炉炉膛输送 $t=300$℃、$p=15.2$kPa 的空气 1.02×10^5 m³。锅炉房大气压力 $p_b=101$kPa。求鼓风机每小时输送的标准状态风量。

教学单元 2　热力学第一定律和第二定律

【教学目标】通过本单元的教学，使学生了解热力系统储存能的构成及其概念；掌握热力学第一定律的实质及其在闭口、开口热力系统中的方程描述和工程应用；熟悉基本热力过程（定容、定压、等温、绝热、多变过程）的特征及其热力学第一定律的表达应用（过程中内能、焓、热量、功量的计算）；理解热力学第二定律的实质、表述及工程意义；掌握热力正向循环（热机）、逆向循环（制冷机与热泵）的实质和性能参数（热效率、制冷系数和供热系数）概念与计算；熟悉正向、逆向卡诺循环的构成和效率（制冷系数和供热系数）的计算及卡诺定律的表述。

2.1　系统储存能及与外界传递的能量

2.1.1　系统的储存能

系统的储存能包括两部分：一是存储于系统内部的能量，称为内部储存能，或简称为内能；二是系统作为一个整体在参考坐标系中由于具有一定的宏观运动速度和一定的高度而具有的机械能，即宏观动能和重力位能，它们又称为外部储存能。

1. 系统内部储存能

系统内部储存能是工质内部所具有的分子动能与分子位能的总和。主要包括以下几项：

（1）分子热运动而具有的内动能

内动能的大小取决于工质的温度，温度越高，内动能越大。

（2）分子间存在相互作用力而具有的内位能

内位能的大小与分子间距离有关，即与工质的比体积有关。

（3）为维持一定的分子结构和原子结构而具有的化学能和原子核能等

在讨论热能与机械能相互转换时，仅涉及内能的变化量。对于不涉及化学反应和核反应的系统，化学能量和原子核能量保持不变，即这两部分能量的变化量为零，可不必考虑。因此，工程热力学中的内能可以认为只包括内动能和内位能两项。

内能用符号 U 表示，单位为 J，1kg 工质所具有的内能用符号 u 表示，单位为 J/kg。由于内动能取决于工质的温度，而内位能取决于工质的比体积，所以工质的内能是其温度和比体积的函数，即

$$u = f(T, v) \tag{2-1}$$

显然，内能也是状态参数，它具有状态参数的一切数学特征。

对于理想气体，由于分子之间没有相互作用力，则不存在内位能，所以理想气体的内能仅包括内动能，是温度的单值函数，即

$$u = f(T) \tag{2-2}$$

2. 系统外部储存能

外部储存能包括宏观动能 E_k 和重力位能 E_p

（1）宏观动能

质量为 m 的物体以速度 c 运动时具有的宏观动能为

$$E_k = \frac{1}{2}mc^2$$

（2）重力位能

在重力场中，质量为 m 的物体相对于系统外的参考坐标系的高度为 z 时具有的重力位能为

$$E_p = mgz$$

3. 系统储存能

系统储存能为内部储存能与外部储存能之和，用符号 E 表示，即

$$E = U + E_k + E_p$$

或

$$E = U + \frac{1}{2}mc^2 + mgz \qquad (2-3)$$

对于 1kg 工质，其储存能为

$$e = u + \frac{1}{2}c^2 + gz \qquad (2-4)$$

对于没有宏观运动，并且高度为零的系统，系统储存能就等于内能，即

$$E = U$$

或

$$e = u$$

2.1.2 系统与外界的能量传递

系统与外界的能量传递，除了物质通过边界时所携带的能量外，还可以通过做功和传热两种方式来实现。

1. 功量

做功是系统与外界传递能量的一种方式。除温度差以外，不平衡势差作用下系统与外界传递的能量称为功量。不平衡势差的存在导致了过程的进行，功量只有在过程中才能发生、才有意义。过程停止了，系统与外界的功量传递也相应停止。所以，功量与状态变化过程有关，功量也是一个过程量。

外界功源有不同的形式，如电、磁、机械装置等，相应地，功也有不同的形式，如电功、磁功、膨胀功、轴功等等。工程热力学主要研究的是热能与机械能的转换，而膨胀功是热转换为功的必要途径。另外，热工设备的机械功往往是通过机械轴来传递的。因此，膨胀功与轴功是工程热力学主要研究的两种功量形式。

（1）膨胀功

由于系统容积发生变化（增大或缩小）而通过界面向外界传递的机械功称为膨胀功，或称为容积功。

膨胀功用符号 W 表示，单位为 J，1kg 工质传递的膨胀功用符号 w 表示，单位为 J/kg。热力学中一般规定：系统容积增大，系统对外做膨胀功，功量为正值；系统容积减小，外界对系统作压缩功，功量为负值。

下面通过图 2-1 所示的气缸—活塞机构来推导可逆过程容积功的计算式。

气缸内有一个可移动无摩擦的活塞，设气缸内有 1kg 气体，取其为热力系统。当系统克服外力 F 推动活塞移动微小距离 ds 时，系统对外所作的微小膨胀功 dw 为

$$dw = Fds$$

若热力过程为可逆过程，则内外没势差，即作用在活塞上的外力与系统作用在活塞上的力相等，外力就可以用系统内部的状态参数来表示，即

$$F = pf$$

式中　f——活塞的截面积；

　　　p——系统的压力。

故　　　　　　　　　　　　　$dw = pfds = pdv$　　　　　　　　　　(2-5)

式中　dv——系统容积的微小变化。

对于可逆过程 1→2，系统所作的膨胀功为

$$w = \int_1^2 pdv \quad (\text{J/kg}) \qquad (2\text{-}6)$$

式 (2-6) 不仅适用于膨胀过程，也适用于压缩过程。

可以看出，在 p-v 图上，膨胀功 w 的值为过程曲线下的面积 $12nm1$，因此，又称 p-v 图为示功图。显然，在初、终状态相同的情况下，若系统经历的过程不同，则膨胀功的大小也不同。由此可知，膨胀功的大小不仅与系统的初、终状态有关，还与系统经历的过程有关。因此，膨胀功是一个与过程特征有关的过程量而不是状态量。

（2）轴功

系统通过机械轴与外界传递的机械功称为轴功。如图 2-2 (a) 所示，外界功源向刚性绝热闭口系统输入轴功，该轴功转换成热量而被系统吸收，使系统的内能增加。由于刚性容器中的工质不能膨胀，热量不可能自动地转换成机械功，所以刚性闭口系统不能向外界输出轴功。但开口系统可与外界传递轴功（输入或输出），如图 2-2 (b) 所示。工程上

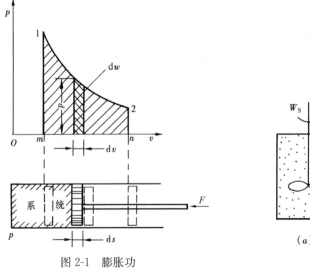

图 2-1　膨胀功

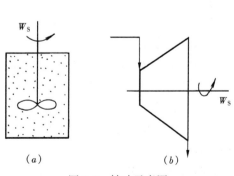

图 2-2　轴功示意图

许多动力机械，如汽轮机、内燃机、风机、压气机等都是靠机械轴传递机械功，故可以说，轴功是开口系统与外界交换的机械功形式。它也是过程量而不是状态量。

轴功用符号 W_s 表示，单位为 J，1kg 工质传递的轴功用符号 w_s 表示，单位为 J/kg。热力学中一般规定：系统向外输出的轴功为正值；外界输入的轴功为负值。

2. 热量

当温度不同的两个物体相互接触时，高温物体的温度会逐渐下降，低温物体的温度会逐渐升高。显然，有一部分能量从高温物体传给了低温物体。这种仅仅在温差作用下系统与外界传递的能量称为热量。

热量是系统与外界之间所传递的能量，而不是系统本身具有的能量，故我们不应该说"系统在某状态下具有多少热量"，而只能说"系统在某个过程中与外界交换了多少热量"。也就是说，热量的值不仅与系统的状态有关，还与传热时所经历的具体过程有关，因此，热量是一个与过程特征有关的过程量而不是状态量。

热量用符号 Q 表示，单位为 J，1kg 工质传递的热量用 q 表示，单位为 J/kg，热力学中一般规定：系统吸收的热量为正值；系统放出的热量为负值。

系统中工质吸收或放出的热量的多少可利用比热来计算，即

$$q = c(t_2 - t_1) \tag{2-7}$$

或

$$Q = cm(t_2 - t_1) \tag{2-8}$$

式中　q——1kg 工质的吸热量，kJ/kg；

　　　　Q——mkg 工质的吸热量，kJ；

　　　　c——工质的比热容，kJ/kg℃；

　　　　t_1——工质变化前的温度，℃；

　　　　t_2——工质变化后的温度，℃。

热量与功量都是系统与外界通过边界交换的能量，且都是与过程有关的量，因此二者之间必定存在相似性。在可逆过程中，膨胀功可用 $dw = pdv$ 表示，其中参数 p 是功量传递的推动力，dv 是有无膨胀功传递的标志；热量传递中参数 T 是推动力，与做功情况相应，热量可用下式表示：

$$dq = Tds \tag{2-9}$$

对于可逆过程 1→2，传递的热量为

$$q = \int_1^2 Tds \tag{2-10}$$

式中　s——熵，同 v 一样是一个状态参数。

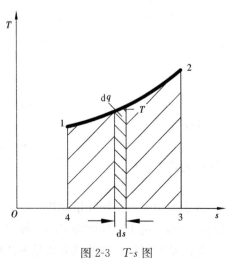

图 2-3　T-s 图

与示功图 p-v 相应，以热力学温标 T 为纵坐标，以熵 s 为横坐标构成 T-s 图，如图 2-3 所示。可以看出，在 T-s 图中，热量 q 的值为过程曲线下的面积 12341，因此，又称 T-s 图为示热图。从图中分

析可知，系统的初、终状态相同，但经历的过程不同，其传热量也不相同。再次说明热量是过程量，它与过程特性有关。

2.2 热力学第一定律

2.2.1 热力学第一定律的实质

热力学第一定律是能量守恒与转换定律在热力学上的应用，其实质是讲热能与机械能之间的转换关系和守恒原则。可以表述为，热可以变为功；功也可以变为热。一定量的热消失时，必产生一定量的功；同样，消耗了一定量的功，必出现与之对应的一定量的热。热力学第一定律说明了热功相互转换时，存在着一个确定的数量关系，所以热力学第一定律也称为当量定律，是进行热工分析和热工计算的主要依据。

热力学第一定律的基本表达式：

输入系统的能量－系统输出的能量＝系统储存能的变化量

2.2.2 闭口系统第一定律的能量方程

1. 闭口系统热力学第一定律解析式

热力学第一定律解析式是热力系统在状态变化过程中的能量平衡方程式，也是分析热力系统状态变化过程的基本方程式。由于不同的系统能量交换的形式不同，所以能量方程有不同的表达形式，但它们的实质是一样的。

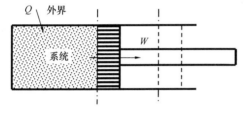

图 2-4　闭口系统的能量转换

闭口系统与外界没有物质的交换，只有热量和功量交换。如图 2-4 所示，取气缸内的工质为系统，在热力过程中，系统从外界热源吸取热量 Q，对外界作膨胀功 W。根据热力学第一定律，系统总储存能的变化应等于进入系统的能量与离开系统的能量差，即

$$E_2 - E_1 = Q - W$$

式中　E_1——系统初状态的储存能；

E_2——系统终状态的储存能。

对于闭口系统涉及的许多热力过程而言，系统储存能中的宏观动能 E_k 和重力位能 E_p 均不发生变化，因此，热力过程中系统储存能的变化等于系统内能的变化，即

$$E_2 - E_1 = \Delta U = U_2 - U_1$$

故　　　　　　　　　　$$U_2 - U_1 = Q - W$$

或　　　　　　　　　　$$Q = \Delta U + W \tag{2-11}$$

对于 1kg 工质

$$q = \Delta u + w \tag{2-12}$$

对于微元热力过程

$$\mathrm{d}q = \mathrm{d}u + \mathrm{d}w \tag{2-13}$$

以上各式均为闭口系统能量方程。它表明，加给系统一定的热量，一部分用于改变系统的内能，一部分用于对外做膨胀功。闭口系统能量方程反映了热功转换的实质，是热力学第一定律的基本方程。虽然该方程是由闭口系统推导而得，但因热量、内能和膨胀功三

者之间的关系不受过程性质限制（可逆或不可逆），所以它同样适用于开口系统。

2. 闭口系统第一定律能量方程的应用

【例题 2-1】定量工质经历一个由四个过程组成的循环。试填充下表中所缺数据。

过程	Q/kJ	W/kJ	$\Delta U/kJ$
1→2	1390	0	
2→3	0		−395
3→4	−1000	0	
4→1	0		

【分析】闭口系统中，每个热力过程中的三量（热量、功量和内能变化量）是守恒的，因此，当已知过程中的其中两个量，就能计算得出第三个未知量；另工质循环一周后，工质内能的变化量为零，当已知（四个过程组成的）循环中三个热力过程的内能变化量时，就能计算出第四个热力过程的内能变化量。

【解】根据式（2-11），可得

$$\Delta U_{12}=Q_{12}-W_{12}=(1390-0)kJ=1390kJ$$

$$W_{23}=Q_{23}-\Delta U_{23}=[0-(-395)]kJ=395kJ$$

$$\Delta U_{34}=Q_{34}-W_{34}=(-1000-0)kJ=-1000kJ$$

由于 $$\oint dU=0$$

故 $$\Delta U_{41}=-(\Delta U_{12}+\Delta U_{23}+\Delta U_{34})=[-(1390-395-1000)]kJ=5kJ$$

再根据式（2-11），可得

$$W_{41}=Q_{41}-\Delta U_{41}=(0-5)kJ=-5kJ$$

【例题 2-2】5kg 气体在热力过程中吸热 70kJ，对外膨胀做功 50kJ。该过程中内能如何变化？每 kg 气体内能的变化为多少？

【分析】这是已知定质量的气体在过程中与外界的热量、功量交换，求气体的内能变化的题，用式（2-11）和 $\Delta U=m\Delta u$ 即可解知。

【解】根据式（2-11），可得

$$\Delta U=Q-W=(70-50)kJ=20kJ$$

由于 $\Delta U=20kJ>0$，所以系统内能增加。

每 kg 气体内能的变化为

$$\Delta u=\frac{\Delta U}{m}=\frac{20}{5}kJ/kg=4kJ/kg$$

【例题 2-3】一定量气体由状态 a 经状态 1 变化到状态 b，如图 2-5 所示，在此过程中，气体吸热 8kJ，对外做功 5kJ。问气体的内能改变了多少？如果气体从状态 b 经状态 2 回到状态 a 时，外界对气体做功 3kJ。问气体与外界交换了多少热量？

【分析】过程 $a→1→b$ 与过程 $b→2→a$ 初、终状态互为相反，因此，两过程内能的变化量 ΔU 互为相反数，即 $\Delta U_{a-1-b}=-\Delta U_{b-2-a}$。

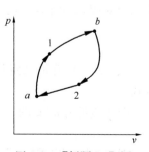

图 2-5　【例题 2-3】图

【解】 由公式（2-11）得过程 $a \to 1 \to b$ 的内能的变化量 ΔU_{a-1-b}

$$\Delta U_{a-1-b} = Q_{a-1-b} - W_{a-1-b} = 8 - 5 = 3\text{kJ}$$

由于
$$\Delta U_{b-2-a} = -\Delta U_{a-1-b} = -3\text{kJ}$$

则
$$Q_{b-2-a} = \Delta U_{b-2-a} + W_{b-2-a} = -3 + (-3) = -6\text{kJ}$$

因此，气体在 $b \to 2 \to a$ 过程中放出 6kJ 的热量。

2.2.3 开口系统稳定流动的能量方程

实际工程中的很多设备属于开口系统，即系统与外界不但有能量的转移与转换，而且还有物质交换。如：锅炉设备、制冷压缩机、通风机、换热器等。所谓稳定流动，是指在稳定工况下，流动工质在各个截面上的状态参数保持不变；单位时间内流过各截面的工质质量不变；系统与外界的功量和热量交换也不随时间而改变。热力学第一定律应用于稳定流动的开口系统的解析式称为稳定流动能量方程式。

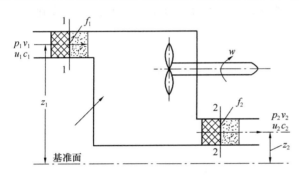

图 2-6 开口系统稳定流动示意图

如图 2-6 所示为一开口系统稳定流动示意图。假设在同一时间内，有 1kg 的工质通过截面 1-1 流入系统，同时也有 1kg 的工质通过截面 2-2 流出系统。外界对系统加入热量 q，工质对外界作的功为 w，流经 1-1 截面的工质参数为 p_1、t_1、v_1、u_1，流速 c_1，截面积为 f_1，标高为 z_1；流经 2-2 截面的工质参数为 p_2、t_2、v_2、u_2，流速 c_2，截面积为 f_2，标高为 z_2。

工质流入 1-1 截面时，带入的能量包括：内能 u_1，外界将工质推入系统所做的推动功 $p_1 v_1$，工质所具有的动能 $c_1^2/2$，工质所具有的重力位能 gz_1。工质流出 2-2 截面时，带出的能量包括：内能 u_2，系统对外所做的推动功 $p_2 v_2$，工质所具有的动能 $c_2^2/2$，工质所具有的重力位能 gz_2。

根据能量守恒和转换定律，工质流入系统的能量总和等于流出系统的能量总和，即

$$u_1 + p_1 v_1 + \frac{c_1^2}{2} + gz_1 + q = u_2 + p_2 v_2 + \frac{c_2^2}{2} + gz_2 + w \tag{2-14}$$

则
$$q = (u_2 + p_2 v_2) - (u_1 + p_1 v_1) + \frac{c_2^2 - c_1^2}{2} + g(z_2 - z_1) + w \tag{2-15}$$

令 $h = u + pv$，因为 u、p、v 都是工质的状态参数，所以 h 也是状态参数，这个参数叫焓，单位与 u 和 pv 相同，为 J/kg。这样上式成为

$$q = h_2 - h_1 + \frac{c_2^2 - c_1^2}{2} + g(z_2 - z_1) + w \tag{2-16}$$

式（2-16）就是稳定流动的能量方程式，也称为开口系统热力学第一定律能量方程式。

对于质量为 $m$kg 的工质，焓用 H 来表示，单位是 J。则

$$H = mh = U + pV \tag{2-17}$$

对于 $m$kg 的工质，式（2-16）可写成

$$Q = (H_2 - H_1) + m\frac{c_2^2 - c_1^2}{2} + mg(z_2 - z_1) + W \tag{2-18}$$

式中　Q——$m\text{kg}$ 工质与外界交换的热量，J；

　　　H——$m\text{kg}$ 工质与外界交换的功量，J。

2.2.4 稳定流动能量方程式在工程上的应用

稳定流动的能量方程式在工程上应用非常广泛。对于一些具体的设备，稳定流动的能量方程可简化为不同的形式。

1. 热交换器

工质流过锅炉、蒸发器、冷凝器、空气加热器、等热交换设备时，由于系统与外界没有功量交换，故 $w=0$，又由于动能、位能变化很小，故 $\frac{c_2^2 - c_1^2}{2} \approx 0, g(z_2 - z_1) \approx 0$，这样稳定流动的能量方程式就成为

$$q = h_2 - h_1 \tag{2-19}$$

所以，在锅炉等热交换设备中，工质吸收的热量等于焓的增加量。

2. 动力机

工质流过汽轮机、燃气轮机等动力机械设备时，工质压力减低，对外界做功，外界并未对工质加热，工质向外散热又很小，故认为 $q \approx 0$，又由于动能、位能变化很小，故 $\frac{c_2^2 - c_1^2}{2} \approx 0, g(z_2 - z_1) \approx 0$，这样稳定流动的能量方程式就成为

$$w = h_1 - h_2 \tag{2-20}$$

这样，工质在动力机械设备中，工质对外界所做的功等于工质的焓降。

在汽轮机中，若已知蒸汽的流量为 $m\text{kg/s}$，则可求出汽轮机的理论功率

$$P = W = m(h_1 - h_2)\text{W} \tag{2-21}$$

3. 压气机

与动力机相反，压气机是消耗机械功而获得高压气体的。工质流过叶轮式压气机时，由于转速快，来不及向外界散热，故 $q \approx 0$，又由于动能、位能变化很小，故 $\frac{c_2^2 - c_1^2}{2} \approx 0$，$g(z_2 - z_1) \approx 0$，这样稳定流动的能量方程式就成为

$$-w = h_2 - h_1 \tag{2-22}$$

这样，工质在叶轮式压气机中所消耗的绝热压缩功等于工质的焓增。

对于活塞式压气机，在气缸外部有散热片或冷却水套，来加快散热过程，达到降温和省功的目的。这样 $q \neq 0$，稳定流动的能量方程式就成为

$$-w = (h_2 - h_1) + (-q) \tag{2-23}$$

活塞式压气机所消耗的压缩功等于工质的焓增与对外散热量之和。

4. 喷管

用以使气流加速的一种短管称为喷管。如图 2-7 所示，工质流过喷管时，与外界没有功量交换，且工质流过喷管的时间短，系统与外界来不及交换热量，位能的变化也很小，故可认为

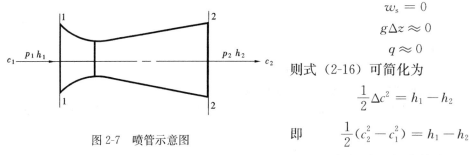

$$w_s = 0$$
$$g\Delta z \approx 0$$
$$q \approx 0$$

则式（2-16）可简化为

$$\frac{1}{2}\Delta c^2 = h_1 - h_2$$

即

$$\frac{1}{2}(c_2^2 - c_1^2) = h_1 - h_2$$

图 2-7　喷管示意图

上式表明，在喷管中，工质动能的增加等于其焓的减少。

【例题 2-4】一蒸汽锅炉，蒸发量为 2t/h，进入锅炉的水的焓 $h_1 = 65kJ/kg$，产出蒸汽的焓 $h_2 = 2700kJ/kg$。若天然气的发热量为 $40000kJ/Nm^3$，问锅炉每小时的燃气量为多少 Nm^3？

【分析】首先算出水的加热量。根据热平衡原理，燃气的放热量即为水的吸热量。

【解】由公式 2-18 得

$$q = h_2 - h_1 = 2700 - 65 = 2635kJ/kg$$

每小时水的吸热量

$$Q = 2 \times 1000 \times 2635 = 5.27 \times 10^6 kJ$$

锅炉每小时的燃气量

$$V = \frac{5.27 \times 10^6}{40000} = 131.75Nm^3$$

【例题 2-5】一氟 R12 制冷压缩机，吸入工质的焓为 228.81kJ/kg，排出工质的焓为 351.48kJ/kg，进入压气机的工质流量为 200kg/h，试计算压气机压缩工质所需要的功率。

【分析】首先要求出需要的功，然后才能求出功率。

【解】由公式（2-22），压缩 1kg 工质所需的功为

$$w = h_2 - h_1 = 351.48 - 228.81 = 122.67kJ/kg$$

压气机所需要的功率为

$$P = mw = \frac{200}{3600} \times 122.67 = 6.87kW$$

【例题 2-6】空气在某压气机中被压缩，压缩前空气的参数为 $p_1 = 100kPa$、$v_1 = 0.845m^3/kg$；压缩后空气的参数为 $p_2 = 800kPa$、$v_2 = 0.175m^3/kg$。在压缩过程中每 1kg 空气的内能增加 150kJ，同时向外界放出热量 50kJ，压气机每分钟生产压缩空气 10kg。试求：（1）压缩过程中对每 1kg 气体所作的压缩功；（2）每生产 1kg 压缩空气所需的轴功；（3）带动此压气机要用多大功率的电动机？

【分析】空气压缩可看成在闭口系统中进行，其所做的压缩功应符合式（2-12）的要求；在一般的工程设备中，往往可以不考虑工质动能和位能的变化，则技术功 w_t 就等于轴功 w_s，而技术功等于膨胀功与流动功的代数和，即

$$w_t = w_s = w + p_1 v_1 - p_2 v_2$$

其所需消耗的功率应等于技术功 w_t 与压气机的质流量 $\dot{m}$ 乘积。

【解】（1）根据式（2-12），可得

$$w = q - \Delta u$$
$$= (-50 - 150)\text{kJ/kg} = -200\text{kJ/kg}$$

（2）由式（2-15），可推得

$$w_s = w + p_1 v_1 - p_2 v_2$$
$$= -200 + 100 \times 0.845 - 800 \times 0.175 = -255.5\text{kJ/kg}$$

（3）带动此压气机所需电动机的功率为

$$P = \dot{m} w_s$$
$$= \frac{10 \times 255.5}{60}\text{kW} = 42.6\text{kW}$$

【例题 2-7】 工质以 $c_1 = 3\text{m/s}$ 的速度通过截面 $f_1 = 45\text{cm}^2$ 的管道进入动力机。已知进口处 $p_1 = 689.48\text{kPa}$，$v_1 = 0.3373\text{m}^3/\text{kg}$，$u_1 = 2326\text{kJ/kg}$，出口处 $h_2 = 1395.6\text{kJ/kg}$。若忽略工质的动能及位能的变化，且不考虑散热，求该动力机的功率。

【分析】 忽略工质的动能及位能的变化，过程又可看成为绝热过程，所以动力机的功率 P 为工质的质量流量 $\dot{m}$ 与 1kg 工质焓的变化量 $(h_2 - h_1)$ 的乘积。而质流量 $\dot{m}$ 和进口处的焓均可由工质的流速 c_1、管道截面面积 f_1 及工质的状态参数 (p_1, v_1, u_1) 求得。

【解】 工质的质量流量为

$$\dot{m} = \frac{c_1 f_1}{v_1} = \frac{3 \times 45 \times 10^{-4}}{0.3373}\text{kg/s} = 0.0400\text{kg/s}$$

进口处焓值为

$$h_1 = u_1 + p_1 v_1 = (2326 + 689.48 \times 0.3373)\text{kJ/kg} = 2558.6\text{kJ/kg}$$

动力机的功率为

$$P = \dot{m}(h_1 - h_2) = [0.04 \times (2558.6 - 1395.6)]\text{kW} = 46.5\text{kW}$$

2.3 基本热力过程及其热力学第一定律的表达应用

热力工程中，系统与外界的能量交换是通过热力过程来实现的。实际的热力过程多种多样，有些复杂，有些简单。热力学对复杂过程进行科学抽象，把实际复杂过程按其特点近似地简化为简单过程，或几个简单过程的组合。以下先讨论四个基本的热力过程——定容过程、定压过程、定温过程和绝热过程，再讨论一般的多变热力过程。

2.3.1 定容过程

在容积保持不变的情况下进行的过程，叫做定容过程。例如密闭容器内气体的加热或冷却就属于这个过程。

定容过程的过程方程式为

$$v = 常数 \quad 或 \quad V = 常数 \tag{2-24}$$

在 $p\text{-}v$ 图上，定容过程是一条平行于纵轴的直线，如图 2-8 所示。从图上可知，当对气体加热时，由于气体温度升高，压力也就随之升高，过程线升向上方，从 1 上升到 2；反之，在冷却时，气体温度降低，压力也就随之降低，过程线指向下方，从 1 下降到 2'。

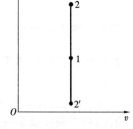

图 2-8 定容过程的 $p\text{-}v$ 图

根据公式（1-14），定容过程初、终状态参数的关系为

$$\frac{p_1}{T_1} = \frac{p_2}{T_2} \text{ 或 } \frac{p_1}{p_2} = \frac{T_1}{T_2}$$ (2-25)

上式表明，在定容过程中，气体的压力与绝对温度成正比。即温度升高时，压力升高；温度降低时，压力降低。

在定容过程中，虽然气体状态发生了变化，但由于容积不变，所以气体没有对外界做功，外界也没有对气体做功，故 $w = 0$。

根据热力学第一定律可得

$$q = \Delta u + w = \Delta u + 0 = \Delta u$$

上式说明，在定容过程中，若外界对气体加热，则这份热量全部用来增加气体的内能，从而使温度升高；若气体向外界放热，这份热量是由内能转换而来，此时气体的内能减少，温度随之降低。因此，定容过程内能的增加就等于加入的热量。

定容过程的热量和内能变化，也可由比热容求得。根据公式（2-7），得

$$q_v = \Delta u = c_v(T_2 - T_1)$$ (2-26)

式中　c_v——气体的定容比热容，kJ/kg℃。

对于理想气体，内能只是温度的单值函数，因此理想气体内能的变化，不论在何种过程，都可以用式（2-26）来求得。

2.3.2　定压过程

气体在状态变化时压力保持不变的过程称定压过程。在很多热力设备中，加热与放热过程是在接近定压的情况下进行的，如水在锅炉中的汽化过程，表面式换热器的加热和冷却过程等均为定压过程。

定压过程的过程方程式为

$$p = 常数$$ (2-27)

在 p-v 图上，由于压力不变，定压过程是一条水平线，如图 2-9 所示。从图上可知，当气体被加热时，温度升高，比体积增大，过程线向右方，从 1 上到 2；反之，在当气体被冷却时，温度降低，比体积减小，过程线伸向左方，从 1 下降到 2′。

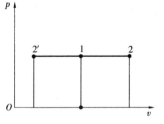

图 2-9　定压过程的 p-v 图

初、终状态参数的关系式，同样可根据过程方程式 p =常数和状态方程式 $pv = RT$ 得到：

$$\frac{v}{T} = \frac{R}{p} = 常数$$

即

$$\frac{v_1}{T_1} = \frac{v_2}{T_2} \text{ 或 } \frac{v_1}{v_2} = \frac{T_1}{T_2}$$ (2-28)

上式表明，在定压过程中，气体的比体积与绝对温度成正比。即温度升高时，比体积升高；温度降低时，比体积降低。

在定压过程中气体所作的功可用下式求得

$$w = p(v_2 - v_1)$$

在 p-v 图上，1-2 线下面的矩形面积就是气体所作的膨胀功。同样在 p-v 图上，1-2′线下面的矩形面积就是气体所作的压缩功。

定压过程中气体的内能变化为

$$\Delta u = u_2 - u_1$$

根据热力学第一定律可得

$$q = \Delta u + w = u_2 - u_1 + p(v_2 - v_1) = h_2 - h_1$$

上式说明，在定压过程中的热量等于终、初状态的焓之差。

定压过程的热量也可由比热容求得。根据公式（2-7），得

$$q_p = c_p(T_2 - T_1) \tag{2-29}$$

式中　c_p——气体的定压比热容，kJ/kg℃。

2.3.3　定温过程

在温度不变的情况下进行的过程叫做定温过程。例如在气缸外面设冷却水套的活塞式压缩机，用冷却水将压缩过程产生的热量带走，这个过程可近似认为定温过程。

定温过程的过程方程式为

$$T = 常数$$

或
$$pv = 常数 \tag{2-30}$$

在 p-v 图上，定温过程是一条等边双曲线，如图 2-10 所示。图中 1→2 表示定温膨胀过程，1→2′ 表示定温压缩过程。

定温过程中初、终状态参数的关系式为 $T=$ 常数，所以 $p_1v_1 = p_2v_2 = RT =$ 常数。即

$$\frac{p_1}{p_2} = \frac{v_2}{v_1} \tag{2-31}$$

上式表明，在定温过程中，气体的温度不变，压力与比体积成反比。

由于定温过程中的温度不变，所以理想气体的内能没有变化，即 $u_2 = u_1 =$ 常数。同样，定温过程中的焓也不变，即 $h_1 = h_2 =$ 常数。

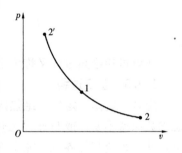

图 2-10　等温过程的 p-v 图

定温过程的功可用积分的方法求得：

$$w_T = RT\ln\frac{v_2}{v_1} \text{ 或 } w_T = RT\ln\frac{p_1}{p_2} \tag{2-32}$$

在 p-v 图上，曲线 1-2 下面的面积，即相当于气体所作的膨胀功。而曲线 1-2′ 下面的面积为压缩功。

在定温过程中，由于气体的内能没有变化，即：$\Delta u = 0$，所以根据热力学第一定律可知：

$$q_T = \Delta u + w = 0 + w_T = w_T$$

上式说明，在定温过程中，外界对气体所加的热量，全部用来对外膨胀做功。反之，若气体向外界放出热量，此热量必须由外界压缩气体所作的功转化而来。

2.3.4　绝热过程

气体与外界没有热量交换的情况下进行的过程称为绝热过程。所以绝热过程的热量 $q = 0$。这种过程事实上是不存在的。但当过程进行很快以至工质与外界来不及交换热量时，或者热绝缘材料很好，交换的热量很少时，则这种过程可近似看作绝热过程。例如空气在压气机中的压缩过程；工质在汽轮机或内燃机中的膨胀过程；工质流过喷管的过程；工质

的节流过程。

绝热过程方程式为

$$pv^k = 常数 \qquad (2\text{-}33)$$

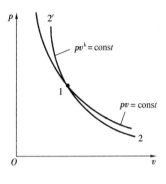

图 2-11 绝热过程的 $p\text{-}v$ 图

在 $p\text{-}v$ 图上,绝热过程是一条不等边双曲线,它比等温线陡,如图 2-11 所示。图中 $1\rightarrow2$ 表示绝热膨胀过程,$1\rightarrow2'$ 表示绝热压缩过程。根据热力学第一定律,在绝热过程中:

$$q = \Delta u + w = 0$$

所以
$$-\Delta u = w$$

上式说明,在绝热过程中气体内能的减少,全部用于对外膨胀做功;外界对气体所做的压缩功,则全部用于增加气体的内能。

在绝热过程中,由于 $\mathrm{d}q=0$,根据熵的定义式(2-9),可得

$$\mathrm{d}s = \frac{\mathrm{d}q}{T} = 0$$

即
$$s = 常数$$

所以可逆绝热过程又称为定熵过程。

2.3.5 多变过程

定容、定温、定压、绝热四种基本热力过程,在工质的状态发生变化时,都有一个状态参数保持不变,或与外界无热量交换。而在实际热力过程中,各状态参数往往都在变化,并且系统与外界也不完全绝热。对于这些实际过程的研究,就需要有一种比基本热力过程更一般化,但仍按一定规律变化的理想过程,即所谓的多变热力过程来分析。

如图 2-12 所示,在 $p\text{-}v$ 图上表示了 n 的变化规律。实际过程中的 n 值可根据具体情况而定。

多变过程方程式为

$$pv^n = 常数 \qquad (2\text{-}34)$$

式中 n——多变指数,不同的热力过程,n 有不同的数值。

当多变指数 n 取不同值时,就代表了不同的过程。如

$n=0$ 时,$pv^0=$常数,即 $p=$常数,为定压过程;

$n=1$ 时,$pv=$常数,为定温过程;

$n=k$ 时,$pv^k=$常数,为可逆绝热过程或定熵过程;

$n=\pm\infty$ 时,$p^{1/n}v$ 常数,$v=$常数,为定容过程。

由此看出,四种基本热力过程是多变过程在一定条件下的特例。

若实际过程的 n 变化不大,仍可近似地将其视为 n 为定值的多变过程;若实际过程的 n 变化较大,可将其

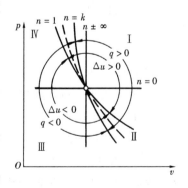

图 2-12 多变过程的 $p\text{-}v$ 图

分为几段 n 值不同的多变过程，每段过程中的 n 仍可视为常数。

根据多变过程方程式，可得初、终基本状态参数之间的关系为

$$\frac{p_2}{p_1} = \left(\frac{v_1}{v_2}\right)^n \tag{2-35}$$

$$\frac{T_2}{T_1} = \left(\frac{p_2}{p_1}\right)^{\frac{n-1}{n}} \tag{2-36}$$

$$\frac{T_2}{T_1} = \left(\frac{v_1}{v_2}\right)^{n-1} \tag{2-37}$$

多变过程内能变化为

$$\Delta u = c_v(T_2 - T_1)$$

多变过程所做的功

$$w_n = \int_1^2 p\mathrm{d}v = \int_1^2 pv^n \frac{\mathrm{d}v}{v^n} = \int_1^2 p_1 v_1^n \frac{\mathrm{d}v}{v^n} = p_1 v_1^n \int_1^2 \frac{\mathrm{d}v}{v^n}$$

$$= \frac{1}{n-1}(p_1 v_1 - p_2 v_2) = \frac{R}{n-1}(T_1 - T_2) \tag{2-38}$$

多变过程中的换热量为

$$q_n = \Delta u + w_n = \left(1 - \frac{R}{n-1}\right)(T_2 - T_1) \tag{2-39}$$

【例题 2-8】将 $0.3\mathrm{Nm}^3$ 温度 $t_1 = 45℃$、压力 $p_1 = 103.2\mathrm{kPa}$ 的氧气盛于一个具有可移动活塞的圆筒中，氧气先在定压下吸热，过程为 $1 \rightarrow 2$；然后在定容下冷却到初温 $45℃$，过程为 $2 \rightarrow 3$。设在定容冷却终了时氧气的压力 $p_3 = 58.8\mathrm{kPa}$。试求这两个过程中所加入的热量、内能的变化、焓的变化以及所做的功。

【分析】将过程 $1 \rightarrow 2 \rightarrow 3$ 表示在 p-v 图上，如图 2-13 所示。由于气体终了状态 3 与初始状态 1 温度相同，系统内能的变化和焓的变化只与始、终状态有关，而与过程无关，因此，所求两个过程中所加入的热量、内能的变化、焓的变化和所做的功等同于图中 $1 \rightarrow 3$ 等温过程所加入的热量、内能的变化、焓的变化和所做的功。

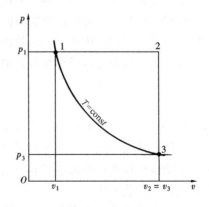

图 2-13　例题 2-8 图

【解】由于理想气体内能和焓都是温度的单值函数，而过程始、终温度不变，$T_1 = T_3$，故

$$\Delta U_{13} = \Delta U_{12} + \Delta U_{23} = 0$$

$$\Delta H_{13} = \Delta H_{12} + \Delta H_{23} = 0$$

因为等温过程 $\Delta U = 0$，所以过程中所加入的热量和所做的功相等，即

$$Q_T = W_T = mw_T = mRT \ln\frac{p_3}{p_1}$$

已知氧气的气体常数 $R = 259.8\mathrm{J/kgK}$，$T = T_3 = T_1 = 318℃$，氧气的质量为

$$m = \frac{p_1 V_1}{R T_1} = \left(\frac{103.2 \times 10^3 \times 0.3}{259.8 \times (273 + 45)} \right) = 0.3747 \text{kg}$$

所以 $$Q_\text{T} = W_\text{T} = 0.3747 \times 259.8 \times 318 \ln \frac{58.8}{103.2} = 23.22 \text{kJ}$$

2.4 热力学第二定律及卡诺循环定理

2.4.1 热力学第二定律的实质

热力学第二定律是说明各种热力过程进行的方向、条件和限度问题的，其中最根本的是热力过程的方向问题。

1. 自发过程与非自发过程

我们将可以无条件（即自然条件下）进行的过程称为自发过程，将不能无条件进行的过程称为非自发过程。显然，自发过程都是不可逆过程。但必须指出，自发过程的不可逆性并不是说自发过程的逆过程不能进行。自发过程的逆过程是可能实现的，但必须有另外的补偿过程同时进行。例如，要使热量由低温物体传向高温物体，可以通过制冷机消耗一定的机械能来实现，这一消耗机械能的过程就是补偿过程，所消耗的机械能转变为热能，这是一个自发过程。又如，热能转变为机械能也是一个非自发过程，但可通过热机来实现，热机使一部分热量转变为功，另一部分热量从热源流向冷源，后者是自发过程，它使前者得到了补偿。由此可知，非自发过程进行的必要条件是要有一个自发过程进行补偿。

2. 热力学第二定律的表述

针对各种具体过程，热力学第二定律可有不同的表述形式。由于各种表述方式所阐明的是同一个客观规律，所以它们是彼此等效的。这里只介绍两种经典说法。

（1）克劳修斯（Clausius）表述

不可能把热量从低温物体传向高温物体而不引起其他变化。

这种说法指出了传热过程的方向性，是从热量传递过程来表达热力学第二定律的。它说明，热量从低温物体传至高温物体是一个非自发过程，要使之实现，必须花费一定的代价，即需要通过制冷机或热泵装置消耗功量进行补偿来实现。

（2）开尔文—普朗克（Kelvin-Plank）表述

不可能制造只从一个热源取得热量使之完全变为机械功而不引起其他变化的循环发动机。这种说法也可以简化为"第二类永动机是不能制成的"。

这种说法是从热功转换过程来表达热力学第二定律的。它说明，从热源取得的热量不能全部变成机械能，因为这是非自发过程。但若伴随以自发过程作为补偿，那么热能变成机械能的过程就能实现。

上述两种说法是根据不同类型的过程所做出的特殊表述，热力学第二定律还有很多不同的说法，通过论证，可以证明其实质都是一致的。

2.4.2 热力正循环和热力逆循环

根据热力循环所产生的效果不同，可将其分为正循环和逆循环。

1. 正循环及其热效率

使热能转变为机械能的循环称为正循环。一切热力发动机所进行的循环都是正循环。

设 1kg 工质在气缸中进行一个正循环 12341，如图 2-14（a）所示。过程 1→2→3 表示膨胀过程所作的膨胀功在 p-v 图上以面积 123561 表示；过程 3→4→1 为压缩过程，所消耗的压缩功在 p-v 图上以面积 341653 表示。正循环所做的净功 w_0 为膨胀功与压缩功之差，即循环所包围的面积 12341（正值）。这一热力循环在 p-v 图上是按顺时针方向进行的。

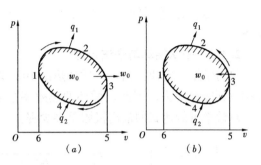

图 2-14 热力循环

对于正循环 12341，在膨胀过程 1→2→3 中，工质从热源吸收热量 q_1；在压缩过程 3→4→1 中，工质向冷源放出热量 q_2（取绝对值）。由于工质在经历一个循环后回到初态，其状态没有变化，所以其内部所具有的能量也没有发生变化。根据热力学第一定律可知，在循环过程中，工质从热源吸收的热量 q_1 与向冷源放出的热量 q_2 的差值必然等于循环所得到的净功 w_0，即

$$q_1 - q_2 = w_0$$

无数热机实践表明，在正循环中，工质从热源得到的热量不能全部转变为机械功，所获得的机械功与所付出的热量的比值称为热效率，用符号 η_t 表示。其定义式为

$$\eta_t = \frac{w_0}{q_1} = \frac{q_2 - q_1}{q_1} = 1 - \frac{q_2}{q_1} \tag{2-40}$$

热效率反映了热能转变为机械能的程度。热效率越大，热能转变为机械能的百分比越大，循环的经济性就越好。由于向冷源的放热量 $q_2 \neq 0$，所以热效率 η_t 总是小于 1 的，即在正循环中，热能不可能全部变为机械能。

2. 逆循环及其性能系数

消耗机械能，使热量从低温物体传向高温物体的循环称为逆循环。逆循环可以达到两种目的，一种是对低温物体制冷，即从冷源提取冷量，由制冷装置来完成；另一种是向高温物体供热，即向热源供给热量，由热泵装置来完成。

由于逆循环要消耗机械能，所以其循环净功 $w_0 < 0$。在状态图上，逆循环必然按逆时针方向进行。

设 1kg 工质在气缸中进行一个逆循环 14321，如图 2-14（b）所示。在循环过程中，若消耗净功 w_0（取绝对值），工质从冷源吸收热量 q_2，向热源放出热量 q_1（取绝对值），则

$$q_1 - q_2 = w_0$$

通常用性能系数来衡量逆循环的经济性，性能系数是所获得的收益与所花费的代价之比。对于制冷装置，制冷量与消耗净功之比称为制冷系数，用符号 ε_1 表示。其定义式为

$$\varepsilon_1 = \frac{q_2}{w_0} = \frac{q_2}{q_1 - q_2} \tag{2-41}$$

对于热泵装置，供热量与消耗净功之比称为供热系数，用符号 ε_2 表示。其定义式为

$$\varepsilon_2 = \frac{q_1}{w_0} = \frac{q_1}{q_1 - q_2} \tag{2-42}$$

制冷系数与供热系数之间存在下列关系：

$$\varepsilon_2 = 1 + \varepsilon_1 \tag{2-43}$$

对于逆循环来说，无论是用于制冷还是供热，性能系数越大，循环的经济性越好。制冷系数 ε_1 可能大于、等于或小于 1，而供热系数总是大于 1。

由于在式（2-40）～式（2-42）的推导过程中，只用到了热力学第一定律，而热力学第一定律是普遍适用的，所以式（2-40）～式（2-42）适用于任何可逆循环与不可逆循环。

2.4.3 卡诺循环与卡诺定理

热力学第二定律指出，工质从热源中吸取的热量不能完全转变为机械能，必须有一部分排放到冷源中去。因此，循环的热效率总是小于 1。那么在给定冷、热源温度的条件下，热效率可能达到的最高极限是多少呢？卡诺循环解决了这一问题。

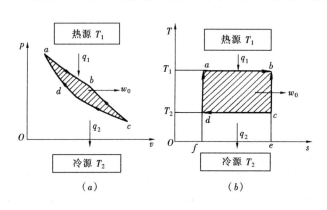

图 2-15　卡诺循环

(a) p-v 图；(b) T-s 图

1. 卡诺循环

卡诺循环是一个理想的热力循环，它由两个可逆的定温过程和两个可逆的绝热过程组成。将卡诺循环表示在 p-v 图和 T-s 图上，如图 2-15（a）、（b）所示。工质先经过等温过程 $a{\to}b$，在热源温度 T_1 下膨胀，从热源吸取热量 q_1；又经过绝热过程 $b{\to}c$，工质继续膨胀，温度降低；再经过等温过程 $c{\to}d$，工质在冷源温度 T_2 下被压缩，向冷源放出热量 q_2；最后经过绝热过程 $d{\to}a$，工质继续被压缩，温度升高，回到初态，完成循环。

从 T-s 图上，工质从热源吸取的热量 q_1 为面积 $abefa$，即

$$q_1 = T_1(s_b - s_a)$$

工质向冷源放出的热量 q_2 为面积 $dcefd$，即

$$q_2 = T_2(s_c - s_d)$$

则卡诺循环热效率为

$$\eta_{t \cdot c} = 1 - \frac{q_2}{q_1} = 1 - \frac{T_2(s_c - s_d)}{T_1(s_b - s_a)}$$

由于过程 $b{\to}c$、$d{\to}a$ 为定熵过程，故 $s_b - s_a = s_c - s_d$

则

$$\eta_{t \cdot c} = 1 - \frac{T_2}{T_1} \tag{2-44}$$

由上式可得到下列结论：

（1）卡诺循环热效率仅取决于热源温度 T_1 和冷源温度 T_2，而与工质的性质无关。且随热源温度 T_1 的提高或冷源温度 T_2 的降低而增大。

（2）卡诺循环热效率永远小于 1。这是因为 $T_1 = \infty$ 或 $T_2 = 0$ 是不可能达到的。

（3）当 $T_1 = T_2$ 时，卡诺循环热效率为零，即只有单一热源存在时，不可能将热能转

变为机械能。

2. 逆卡诺循环

逆向进行的卡诺循环称为逆卡诺循环。将其表示在 p-v 和 T-s 图上，如图 2-16 (a)、(b) 所示。

工质先经过等温过程 $d \to c$，在冷源温度 T_2 下膨胀，从冷源吸收热量 q_2；又经过绝热过程 $c \to b$，工质被压缩，温度升高；再经过等温过程 $b \to a$，工质在热源温度 T_1 下继续被压缩，向热源放出热量 q_1；最后经过绝热过程 $a \to d$，工质膨胀，温度降低，回到初态，完成循环。在 T-s 图上，工质从冷源吸取的热量 q_2 为面积 $dcefd$，即

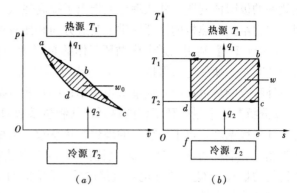

图 2-16 逆卡诺循环
(a) p-v 图；(b) T-s 图

$$q_2 = T_2(s_c - s_d)$$

工质向热源放出的热量 q_1 为面积 $abefa$，故

$$q_1 = T_1(s_b - s_a)$$

则逆卡诺循环的制冷系数为

$$\varepsilon_{1 \cdot c} = \frac{q_2}{q_1 - q_2} = \frac{T_2(s_c - s_d)}{T_1(s_b - s_a) - T_2(s_c - s_d)}$$

逆卡诺循环的制热系数为

$$\varepsilon_{2 \cdot c} = \frac{q_1}{q_1 - q_2} = \frac{T_1(s_b - s_a)}{T_1(s_b - s_a) - T_2(s_c - s_d)}$$

由于过程 $a \to d$、$c \to b$ 为等熵过程，故 $s_b - s_a = s_c - s_d$

则

$$\varepsilon_{1 \cdot c} = \frac{T_2}{T_1 - T_2} \tag{2-45}$$

$$\varepsilon_{2 \cdot c} = \frac{T_1}{T_1 - T_2} \tag{2-46}$$

由式（2-45）和式（2-46）可得到下列结论：

（1）逆卡诺循环的制冷系数和制热系数只取决于热源温度 T_1 和冷源温度 T_2。且随热源温度 T_1 的降低或冷源温度 T_2 的提高而增大。

（2）逆卡诺循环的制热系数总是大于 1，而其制冷系数可以大于 1、等于 1 或小于 1。在一般情况下，由于 $T_2 > (T_1 - T_2)$，所以制冷系数也是大于 1 的。

3. 卡诺定理

卡诺定理可表述为：

（1）在同温热源和同温冷源之间工作的一切热机，可逆热机的热效率最高。

（2）在同温热源和同温冷源之间工作的一切可逆热机，不论采用什么工质，其热效率均相等。

卡诺循环与卡诺定理在热力学的研究中具有重要的理论和实际意义。它们解决了热机

热效率的极限值问题，并从理论上指出了提高热效率的途径。虽然卡诺循环实际上无法实现，但它给实际热机的循环提供了改进方向和比较标准。

【例题 2-9】利用以逆卡诺循环工作的热泵为一住宅的采暖设备。已知室外环境温度为 $-10℃$，为使住宅内保持 $20℃$，每小时需供给 10^5 kJ 的热量。试求（1）该热泵每小时从室外吸取的热量；（2）热泵所需功率；（3）若直接用电炉取暖，电炉的功率应为多少？

【分析】逆卡诺循环工作的热泵，其制热系数只与冷热源的温度相关。因此通过已知的室外环境温度，可求得热泵的理想制热系数，再根据制热系数的定义概念（制热系数等于制热量与消耗的功量 $Q_1 - Q_2$ 之比值），可求得从室外的吸热量 Q_2；热泵所需功率就是消耗的功量 $Q_1 - Q_2$，它比电炉直接取暖所需的功量 Q_1 肯定要小得多，所以用热泵来采暖是非常经济的事情。

【解】（1）该热泵的制热系数为

$$\varepsilon_{2 \cdot c} = \frac{T_1}{T_1 - T_2} = \frac{273 + 20}{(273 + 20) - (273 - 10)} = 9.77$$

又由于

$$\varepsilon_{2 \cdot c} = \frac{Q_1}{Q_1 - Q_2}$$

故从室外的吸热量为

$$Q_2 = Q_1 - \frac{Q_1}{\varepsilon_{2 \cdot c}} = \left(10^5 - \frac{10^5}{9.77}\right) \text{kJ/h} = 89765 \text{kJ/h}$$

（2）热泵所需功率为

$$P = Q_1 - Q_2 = (10^5 - 89765)\text{kJ/h} = 10235\text{kJ/h} = 2.84\text{kW}$$

（3）电炉采暖所需功率为

$$P_1 = Q_1 = 10^5\text{kJ/h} = 27.78\text{kW}$$

【例题 2-10】有一汽轮机工作于 $500℃$ 及环境温度 $30℃$ 之间。试求（1）该热机可能达到的最高热效率；（2）若从热源吸热 10000kJ，则该热机能产生多少净功？

【分析】热机的最高热效率就是卡诺循环的热效率，它只取决于汽轮机的冷热源的温度，并由此可求得热机的最高热效率；通过热效率的概念（热效率等于输出功量与所消耗热源热量之比）便可求知热机可产生的净功量。

【解】（1）热机可能达到的最高热效率为卡诺循环的热效率，即

$$\eta_{t \cdot c} = 1 - \frac{T_2}{T_1} = 1 - \frac{30 + 273}{500 + 273} = 0.608$$

（2）该热机可产生的净功为

$$W_0 = Q_1 \eta_{tc} = 10000 \times 0.608\text{kJ} = 6080\text{kJ}$$

由上述结果可以看出，在本题给定的温度范围内，热机的最高热效率仅为 60% 左右，而实际热机在相同温度范围内的热效率将远低于该数值。

单 元 小 结

热力学第一定律是热工学的重要定律，是能量守恒和转换定律在热力学中的应用，由它推导出的能量方程是进行热工分析计算的主要依据。本单元主要内容如下：

1. 系统的储存能及系统与外界传递的能量（热量和功量）

系统的储存能由内部储存能和外部储存能二部分组成。

工程热力学中的系统内部储存能只包括分子热运动而具有的内动能和分子间存在相互作用力而具有的内位能；系统外部储存能是系统作为一个整体在参考坐标系中具有宏观运动速度的动能和具有一定高度的重力位能。内动能和内位能都是与工质状态参数相关的状态量，速度动能和重力位能则是与工质宏观速度、位置相关的状态量。

系统与外界传递的能量除了物质通过边界时所携带的能量外，还可以通过做功和传热两种方式来实现。功量和热量都是与工质热力状态变化联系，伴随热力过程进行的过程量。

2. 热力学第一定律的描述与实质

热力学第一定律是讲热能与机械能在转换过程中的能量守恒，其实质是讲热能与机械能之间的转换关系和守恒原则。即热可以变为功，功也可以变为热。一定量的热消失时，必产生一定量的功；同样，消耗了一定量的功，必出现与之对应的一定量的热。热功相互转换时，存在着一个确定的数量关系，所以热力学第一定律也称为当量定律。

3. 闭口系统能量方程及各项意义

闭口系统热力学第一定律方程：$Q = \Delta U + W$

它表示加给系统的热量，一部分用于增加系统的内能，储存于系统的内部，余下部分以容积功的形式与外界进行交换。

4. 稳定流动能量方程解析式及其在工程中的应用

开口系统（稳定流动的）热力学第一定律能量方程式：

$$Q = (H_2 - H_1) + m \frac{c_2^2 - c_1^2}{2} + mg(z_2 - z_1) + W_s$$

它表示加给系统的热量，除了一部分用于系统工质焓增加和输出轴功外，还有余下部分用于工质动能与位能的增加。

其中，工质的焓 H 等于工质的内能 U 加上工质具有的推动功（或流动功）pV，它是由状态参数 u、p、v 所决定的状态量。

5. 技术功 W_t、膨胀功 W、流动功 W_f 和轴功 W_s 的概念及其之间的关系

膨胀功又称容积功，是系统通过工质容积的变化（膨胀或压缩）与外界进行的能量交换；

流动功又称推动功，是流体推动前面流体流动而需的能量；

轴功是指通过系统工质膨胀冲击叶片轴（或叶片轴压缩工质）与外界进行的能量交换；

技术功是热力过程中可被直接利用来做功的机械能统称，如稳定流动能量方程中的动能变化 $\frac{1}{2}\Delta c^2$、位能变化 $g\Delta z$ 及轴功 w_s 等，即技术功 $w_t = \frac{1}{2}\Delta c^2 + g\Delta z + w_s$。当不考虑工程设备中工质动能和位能的变化时，则技术功就等于轴功，即 $w_t = w_s$。

根据稳定流动能量方程 $q = \Delta h + w_t$，技术功等于膨胀功与流动功的代数和，即 $w_t = w_s = w + p_1 v_1 - p_2 v_2$。

6. 热力学第二定律

它是说明热力过程（能量转换或传递过程）进行的方向、条件及深度问题的定律。

热力过程方向：（1）自发过程：在自然条件下能自发进行的能量转换过程；（2）非自发过程：在自然条件下不能自发进行的能量转换过程。

热力过程条件：非自发过程进行能量转换的条件——要有一个自发过程进行能量补偿。

热力过程深度：指能量转换的程度或效率。

克劳修斯表述和开尔文表述是一致的，必须充分理解并掌握这两种经典表述的内容及实质。

7. 根据热力循环所产生的效果不同，热力循环可分为正循环和逆循环

正循环是将热能转变为机械能的循环，可用性能系数（热机效率 $\eta_t = \dfrac{w_0}{q_1} = 1 - \dfrac{q_2}{q_1}$）反映热能转变为机械能的程度；逆循环则是消耗能量将热量从低温物体传向高温物体的循环，又可分为制冷逆循环和制热逆循环，可用性能系数（制冷系数 $\varepsilon_1 = \dfrac{q_2}{w_0} = \dfrac{q_2}{q_1 - q_2}$ 和制热系数 $\varepsilon_2 = \dfrac{q_1}{w_0} = \dfrac{q_1}{q_1 - q_2}$）反映逆循环制冷和制热的效果。应尽可能地提高正循环和逆循环的性能系数。

8. 卡诺循环

它是由两个等温过程和两个绝热（或定熵）过程组成的理想可逆循环，是最佳的动力循环方案，热效率为 $\eta_{t\cdot c} = 1 - \dfrac{T_2}{T_1}$。它与卡诺定理在理论与实践上都有很重要的指导作用。

思 考 题 与 习 题

1. 下列各式适用于何种条件？
$$\delta q = \mathrm{d}u + \delta w; \quad \delta q = \mathrm{d}u + p\mathrm{d}w; \quad \delta q = \mathrm{d}h$$

2. 说明以下论断是否正确。

（1）气体吸热后一定膨胀，内能一定增加；

（2）气体膨胀时一定对外做功；

（3）气体压缩时一定消耗外功；

（4）气体放热，其内能一定减小。

3. 膨胀功、流动功、轴功和技术功有何区别和联系？试在 $p\text{-}v$ 图上表示它们。

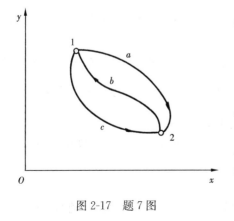

图 2-17 题 7 图

4. "任何没有容积变化的过程就一定不对外做功"这种说法对吗？为什么？

5. 气体在某一过程中吸热 12kJ，同时内能增加 20kJ。问此过程是膨胀过程还是压缩过程？对外所作的功为多少？

6. 2kg 气体在压力 0.5MPa 下定压膨胀，体积增大了 0.12m³，同时吸热 65kJ。求气体比内能的变化。

7. 某一闭口系统从状态 1 经过 a 变化到状态 2，如图 2-17 所示；又从状态 2 经过 b 回到状态 1；再从状态 1 经过 c 变化到状态 2。在这个过程中，热量和功量的某些值已知，如下表中所列，还有某些量未知（表中空白栏），试确定这些未知量。

过程	热量 Q/kJ	膨胀功 W/kJ	
$1 \rightarrow a \rightarrow 2$	10		
$2 \rightarrow b \rightarrow 1$	-7	-4	
$1 \rightarrow c \rightarrow 2$		8	

8. 将满足下列要求的多变过程表示在 p-v 图及 T-s 图上（工质为空气）。

(1) 工质压力升高、温度升高且放热；

(2) 工质膨胀、温度降低且放热；

(3) $n=1.6$ 的膨胀过程，并判断 q、w、Δu 的正负；

(4) $n=1.3$ 的压缩过程，并判断 q、w、Δu 的正负。

9. 1kg 空气在可逆多变过程中吸热 40kJ，其容积增大为 $v_2=10v_1$，压力降低为 $p_2=p_1/8$。设比热容为定值。求过程中内能的变化、焓的变化及膨胀功。

10. 质量为 5kg 的氧气，在 30℃ 的温度下等温压缩。容积由 3m³ 变成 0.6m³。问该过程中工质吸收或放出多少热量？输入或输出了多少功量？内能、焓的变化各为多少？

11. 6kg 空气由初态 $p_1=0.3$MPa、$t_1=30$℃ 经过下列不同的过程膨胀到同一终压 $p_2=0.1$MPa。(1) 等温过程；(2) 定熵过程；(3) 指数为 $n=1.2$ 的多变过程。试比较不同过程中空气对外所作的功、所交换的热量和终态温度。

12. 已知空气的初态为 $p_1=0.6$MPa、$v_1=0.236$m³/kg，经过一个多变过程后状态变化为 $p_2=0.12$MPa、$v_2=0.815$m³/kg。试求该过程的多变指数、每 kg 气体所作的功、所吸收的热量以及内能、焓的变化。

13. 热力学第二定律的下列说法能否成立？

(1) 功量可以转换成热量，但热量不能转换成功量。

(2) 自发过程是不可逆的，但非自发过程是可逆的。

(3) 从任何具有一定温度的热源取热，都能进行热变功的循环。

14. 何谓正循环与逆循环？它们的作用结果有何不同？在状态参数坐标图上的表示又有何不同？

15. 循环的热效率越高，则循环净功越多；反过来，循环的净功越多，则循环的热效率也越高。这种说法对吗？为什么？

16. 任何热力循环的热效率均可用公式 $\eta_t = 1 - \dfrac{q_2}{q_1} = 1 - \dfrac{T_2}{T_1}$ 来表达。这种说法对吗？为什么？

17. 某热机从热源 $T_1=2000$K 得到热量 Q_1，并将热量 Q_2 排向冷源 $T_2=300$K。在下列条件下确定该热机是可逆、不可逆或无法实现。

(1) $Q_1=1000$kJ，$W_0=900$kJ；

(2) $Q_1=2000$kJ，$Q_2=300$kJ；

(3) $Q_2=500$kJ，$W_0=1500$kJ。

18. 卡诺循环工作于 600℃ 及 40℃ 两个热源之间。设卡诺循环每秒钟从高温热源吸热 100kJ。求（1）卡诺循环的热效率；（2）卡诺循环产生的功率；（3）每秒钟排向冷源的热量。

19. 某一正循环工作于温度为 $T_1=1000$K 的热源及 $T_2=300$K 的冷源之间，循环过程为 1231。其中 $1 \rightarrow 2$ 为定压吸热过程；$2 \rightarrow 3$ 为可逆绝热膨胀过程；$3 \rightarrow 1$ 为等温放热过程。点 1 的参数为 $p_1=0.1$MPa，$T_1=300$K；点 2 的参数为 $T_2=1000$K。若循环中空气的质量为 1kg，其 $c_p=1.01$kJ/（kg·K）。求循环的热效率及净功。

20. 如上题，在热源及冷源之间进行一个卡诺循环 12341。其中 $1 \rightarrow 2$ 是绝热压缩过程；$2 \rightarrow 3$ 是等温吸热过程；$3 \rightarrow 4$ 是绝热膨胀过程；$4 \rightarrow 1$ 是等温放热过程。点 1 的参数与上题相同，也是 $p_1=0.1$MPa、

$T_1=300K$，定温过程 2→3 中的吸热量等于上题中定压过程 1→2 中的吸热量。若循环中空气的质量也是 1kg。求循环热效率及净功；并将本题及上题两个循环过程画在同一张 $T\text{-}s$ 图上进行比较。

21. 假定利用一逆卡诺循环作为一住宅的采暖设备。已知室外环境温度为－10℃，为使住宅内保持 20℃，每小时需供给 100000kJ 的热量。试求（1）该热泵每小时从室外吸取多少热量；（2）热泵所需的功率；（3）如直接用电炉采暖，则需要多大功率？

22. 有一热泵用来冬季采暖和夏季降温。室内要求保持 20℃，室内外温度每相差 1℃，每小时通过房屋围护结构的热损失是 1200kJ。设热泵按逆卡诺循环工作。求（1）当冬季室外温度为 0℃时，该热泵需要多大功率？（2）若夏季该热泵仍用上述功率工作，问室外空气温度在什么情况下还能维持室内为 20℃？

23. 若用热效率为 30％的热机来拖动供热系数为 5 的热泵，将热泵的放热量用于加热某采暖系统的循环水。若热机每小时从热源取热 10000kJ，则建筑物将得到多少热量？

教学单元 3 水 蒸 气

【教学目标】通过本单元的教学，使学生了解汽化与沸腾的概念（机理、差异、特点与实际工程中的应用）；了解饱和水蒸气压力与温度的概念及其关系；充分理解汽化热和凝结热的概念、关系及潜热、显热的概念；熟悉水蒸气定压生产的基本过程及过程中有关参数量（液体热、干度、过热度、过热热量等）的概念；了解水蒸气生产的 $p\text{-}v$ 图过程线及水蒸气的 $p\text{-}v$ 图的形成与含义；熟悉水蒸气焓-熵图构成（一点、两线、三区、五种状态及各等值参数线的走势、分布）；掌握水蒸气焓-熵图的应用与工程分析计算（利用 $h\text{-}s$ 图求状态点其他未知状态参数，求热力过程中的热量交换，举例说明；水蒸气定容、定压、等温、等熵等过程中工质与外界热量、功量及内能变化的确定和有关未知初、终状态参数的确定）。

水蒸气是热力工程中常用的工质之一。水蒸气不同于理想气体，是一种刚刚离开液态而又比较接近液态的实际气体。而且它在工作过程中常发生相态变化，分子之间的作用力及分子本身占有的容积不能忽略。

实际气体的热力性质远比理想气体复杂，其状态参数之间的关系不能用理想气体状态方程来描述，也很难用单纯的数学方法来描述水蒸气的物理性质，常用经过实验和计算所制定出来的水蒸气图来解决有关水蒸气的计算问题。

本单元主要讲述液体的物态变化；定压下水蒸气的生产过程及在 $p\text{-}v$ 图上的描述；水蒸气状态参数和水蒸气表；水蒸气的焓-熵图及其应用。

3.1 水蒸气的基本概念

3.1.1 汽化

物质由液态变为气态的过程称为汽化，并有蒸发与沸腾两种方式。汽化的方式及其特点见表 3-1。

汽化方式及特点 　　　　　　　　　　　　　　　　　　　　表 3-1

汽化方式	蒸　　发	沸　　腾
特点	1. 在液体的自由表面进行； 2. 任何温度下均能发生； 3. 液体温度会有所下降； 4. 汽化速度较慢，且与液体温度有关； 5. 凝结过程同时进行； 6. 在自由空间，蒸发速度大于凝结速度； 7. 在封闭空间，随着过程的进行将会出现蒸发速度等于凝结速度	1. 在液体内部进行； 2. 程度比蒸发剧烈； 3. 只有在沸点温度以上才可进行； 4. 实现方式有加热和减压两种； 5. 同一物体的沸点温度与压力有关

1. 蒸发

它是在液体表面进行的汽化过程。蒸发可在任何温度下进行，但液体的温度越高，蒸发越快。蒸发可分两种情况，一种是靠消耗自身的内能汽化的自然蒸发（表现为液体温度的下降），另一种是获取外界供给能量来蒸发。

2. 沸腾

在一定条件下，当液体被加热到某一温度时，在液体内部和表面同时进行的剧烈汽化现象，称为沸腾。

工业上所用的水蒸气都是用沸腾的方式来生产。实验证明，液体在沸腾时，虽然对它继续加热，但液体的温度仍保持不变，而且液体与蒸汽的温度相同。液体沸腾时的温度称为沸点（或饱和温度）。

工程上，把1kg饱和水完全变成同温度干饱和水蒸气所需的热量称为该温度下的汽化潜热，简称汽化热，以 γ 表示，单位 kJ/kg。则

$$\gamma = h_2 - h_1 \tag{3-1}$$

式中　h_1——饱和水的焓值（kJ/kg）；

　　　h_2——饱和水蒸气的焓值（kJ/kg）。

3. 升华

当固体直接相变到气体时产生升华现象，升华热为 $h_{ig} = h_2 - h_g$。其中 h_g 为固体的焓值。

升华热对于压力或温度的变化相对不敏感，其升华热大约是2040kJ/kg，而汽化热随压力和温度变化较大，其值可参见附表3-1和附表3-2。

3.1.2　凝结

物质由气态变为液态的过程称为凝结（也叫液化）。液体的沸点温度也就是蒸汽的凝结温度。蒸汽凝结过程与汽化过程相反，并在凝结时放出热量。蒸汽供采暖系统就是用蒸汽凝结放热来向房间内供暖的。

1kg蒸汽转变成同温度的液体的过程所放出的热量称为凝结热。凝结热和汽化热数值相等。

物质在不发生相变，而温度增加或减少时所吸收或释放的热量称为显热。

3.1.3　饱和状态

当液体在有限的密闭空间内汽化时，液体表面有分子脱离液面逸入空间，且液体的温度越高，进入液面上部空间的分子越多。随着液面上空单位容积内蒸汽分子数（密度）的增大，撞回液体的分子就越多。当液体上空单位容积内蒸汽分子数（密度）达到一定程度时，在单位时间内逸出液面的分子数目将与回到液体的分子数目相等，即表面汽化速度与液化速度相等。这种汽液两相处于动态平衡的状态，称为饱和状态。

饱和状态下的水和蒸汽分别称为饱和水和饱和蒸汽。饱和蒸汽的压力称为饱和压力，用 p_s 表示。此状态下的温度称为饱和温度，用 t_s 表示。饱和压力与饱和温度之间是一一对应关系，且饱和压力随饱和温度升高而升高。其原因是，当液体温度升高时，液体分子的平均动能增大，单位时间内逸出液面的分子数增多，因而蒸汽的密度增大。同时，随着温度的升高，蒸汽分子运动的平均速度增大，使得蒸汽分子撞击液面和器壁的次数增多，撞击的作用加强，所以饱和压力增大。由于达到饱和状态时，饱和温度一定，蒸汽分子浓

度不再改变，分子的平均动能也一定，故所产生的饱和压力也是定值。饱和温度与饱和压力的单值对应关系可用实验直接测定，也可用下式表示：

$$t_s = f(p_s) \tag{3-2}$$

3.2 水蒸气的定压生产过程及其水蒸气表

3.2.1 水蒸气的生产过程

工程上所用的水蒸气都是在定压加热设备中对水加热，使之持续沸腾而得到的，其产生过程如图 3-1 所示。定压容器中（图中以活塞上加载重物来保持定压，实际设备中以工质的连续加入和流出维持定压）盛有定量的（假定为 1kg）未饱和液态工质。根据水在定压下变为蒸汽时状态参数变化的特点，水蒸气的发生过程可分为三个阶段，包含五种状态。

1. 定压预热阶段

对 1kg 温度为 t_0 的工质水加热，工质吸热后温度不断升高，升到该压力所对应的饱和温度 t_s。在该过程中，水的比热容稍有增加，如图 3-1 （b）所示。温度 $t < t_s$ 的水，称为未饱和水或过冷水；等温度达到 t_s 时水即为饱和水。

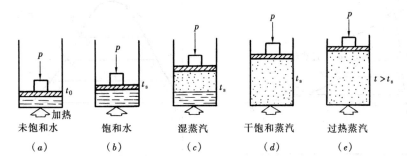

未饱和水　　饱和水　　湿蒸汽　　干饱和蒸汽　　过热蒸汽
（a）　　　（b）　　　（c）　　　（d）　　　（e）

图 3-1　水蒸气定压发生过程示意图

2. 饱和水的定压汽化阶段

当水温达到压力 p 所对应的饱和温度 t_s 时，水开始沸腾产生水蒸气；继续加热，水持续沸腾。最终全部变成 t_s 温度下的水蒸气，即称为干饱和蒸汽或简称饱和蒸汽，如图 3-1 （d）所示。在此过程中，设备中的工质始终处于饱和状态。压力 p 不变，温度 t_s 也不变，比体积却不断增大。从饱和水变为饱和蒸汽的过程，是汽液共存，即饱和水与饱和蒸汽的混合物，称为湿饱和蒸汽，简称湿蒸汽如图 3-1 （c）所示。

由于湿蒸汽处于饱和状态，其压力与温度也有一一对应关系，其压力与温度不是相互独立的参数。因此要确定湿蒸汽的状态，还需知道饱和水或饱和蒸汽的含量。把 1kg 湿蒸汽中所含的饱和蒸汽的质量称为湿蒸汽的干度，用 x 表示。

$$x = \frac{m_{vap}}{m_{vap} + m_{wat}} \tag{3-3}$$

式中　m_{vap}——湿蒸汽中的饱和蒸汽的质量，kg；

m_{wat}——湿蒸汽中的饱和水的质量，kg。显然 $x = 0 \sim 1$。对饱和水 $x = 0$；对饱和蒸汽 $x = 1$。

3. 饱和蒸汽的定压过热阶段

干饱和蒸汽继续加热，蒸汽温度自饱和温度起再往上升高，比体积增大。这一过程就是蒸汽的定压过热阶段，如图 3-1（e）所示。由于这时蒸汽的温度 t 已超过相应压力下的饱和温度 t_s，故称为过热蒸汽。其温度超过饱和温度的值称为过热度 Δt，即

$$\Delta t = t - t_s \tag{3-4}$$

3.2.2 水蒸气的 p-v 图和 T-s 图

1. 绘制原理及构成

将水蒸气在定压下发生的过程表示在图上，如图 3-2 和图 3-3 中 $a_0 \rightarrow a' \rightarrow a'' \rightarrow a$ 所示。其中 $a_0 \rightarrow a'$ 为未饱和水的定压预热；$a' \rightarrow a''$ 为饱和水的定压汽化；$a'' \rightarrow a$ 为饱和蒸汽的过热。因为整个过程压力不变，故在 p-v 图上为一水平线。又由于过程中比体积不断增大，过程线由 $a_0 \rightarrow a$ 进行。在 T-s 图上，水预热中，由于温度升高，且吸热，有 $\mathrm{d}T > 0$，$\mathrm{d}s > 0$，故 $a_0 \rightarrow a'$ 是一条向右倾斜的指数曲线。$a' \rightarrow a''$ 下的面积就是汽化潜热 γ 的值。在过热过程中，同样是温度升高，且吸热，有 $\mathrm{d}T > 0$、$\mathrm{d}s > 0$，故 $a'' \rightarrow a$ 也是一条向右倾斜的指数曲线。

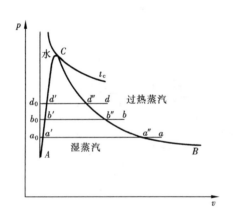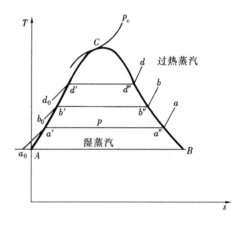

图 3-2　水蒸气的 p-v 图　　　　图 3-3　水蒸气的 T-s 图

在不同压力下重复试验，可在 p-v 图上得到一系列水蒸气定压发生的过程线。如在压力 p_a 下有 $a_0 \rightarrow a' \rightarrow a'' \rightarrow a$；在压力 p_b 下有 $b_0 \rightarrow b' \rightarrow b'' \rightarrow b$；在压力 p_d 下有 $d_0 \rightarrow d' \rightarrow d'' \rightarrow d$；等等。若将各过程线上的相应状态点连接起来，就得到 $a_0 - b_0 - d_0 \cdots\cdots$；$a'' - b'' - d'' \cdots\cdots$ 这三条线分别称为未饱和水线、饱和水线（或下界线）及饱和蒸汽线（或上界线）。

由于液体的压缩性很小，不同压力下温度相同的水的比体积基本相等，故在 p-v 图上 $a_0 - b_0 - d_0 \cdots\cdots$ 基本为一条垂直于横坐标轴的直线。由于饱和温度随压力升高而增大，饱和水比体积又随温度升高而增加，使得饱和水比体积随饱和压力的升高而增加，故饱和水线 $a' - b' - d' \cdots\cdots$ 随压力升高而向右倾斜。饱和蒸汽比体积随压力升高而减小，同时随温度升高而增加，但其比体积随压力而减小的程度大于随温度升高而增加的程度，使得饱和水蒸气比体积随饱和压力升高而减小，故饱和水蒸气线 $a'' - b'' - d'' \cdots\cdots$ 随压力升高向左倾斜。这样随压力升高，饱和水线和饱和水蒸气线将接近，汽化过程将变短，最终必交于一点 C。在 C 点汽液两相完全消失，汽化过程不再存在，汽液相变将在瞬间完成。该状态称为临界状态，C 点称为临界点。

在 $T\text{-}s$ 图上同样可得到饱和水线、饱和蒸汽水线及临界点 C。

2. 区域划分及特征

相交于 C 点的上界线、下界线及临界定温线 t_c 将 $p\text{-}v$ 图、$T\text{-}s$ 图分为三个区域、并表示了五个状态。水蒸气的定压发生过程在 $p\text{-}v$ 图、$T\text{-}s$ 图上的特征可用表 3-2 表示。

相应于临界点 C 的参数称为临界状态参数，记作 p_c、t_c、v_c 等。表 3-3 列出一些物质的临界参数值，由表可看出不同物质其临界参数不同。

水蒸气的定压发生过程在 $p\text{-}v$ 图、$T\text{-}s$ 图上的特征　　　　　表 3-2

序号	类　型	特　　征
1	一点	临界点 C
2	两线	饱和水线 AC、饱和蒸汽线 BC
3	三区	未饱和水区（AC 线左侧和 t_c 线左下方区）、湿饱和蒸汽区（AC 与 BC 曲线之间）、过热蒸汽区（BC 线和 t_c 线右侧区）
4	五种状态	未饱和水状态、饱和水状态、湿饱和蒸汽状态、干饱和蒸汽状态、过热蒸汽状态

临界参数值　　　　　表 3-3

物质名称	T_c（K）	p_c（MPa）	物质名称	T_c（K）	p_c（MPa）
He	5.3	0.22901	NH_3	405.5	11.29830
H_2	33.3	1.29702	H_2O	647.3	22.12970
N_2	126.2	3.39456	CH_4	190.7	4.64091
O_2	154.8	5.07663	CO	133.0	3.49589
CO_2	304.2	7.38696			

对于水的汽液相变的研究，在工程上有重要意义。如随压力升高，汽化过程缩短，所需汽化潜热减少，而水的预热及蒸汽过热所需热量增加，这对锅炉中受热面安排有重要指导作用。还可看出，当工质温度高于其临界温度，即 $t > t_c$ 时，物质只能以气态形式存在，无论多大压力无法使之液化。要想使其液化，必须将温度降到其临界温度以下。

3.2.3　水蒸气热力性质表

1. 水蒸气表的构成和类型

制表依据

（1）零点的规定

根据 1963 年第六届国际水蒸气会议决定，以水的三相（纯水的冰、水和汽）点作为基准点。规定在三相点时饱和水的内能和熵为零。其参数为：

$$t_0 = 0.01℃$$
$$p_0 = 0.6112\text{kPa}$$
$$v_0' = 0.00100022\text{m}^3/\text{kg}$$
$$u_0' = 0\text{kJ/kg}$$
$$s_0' = 0\text{kJ/(kgK)}$$
$$h_0' = u_0' + p_0 u_0' = 0.000611\text{kJ/kg} \approx 0$$

（2）内能 u、焓 h、熵 s 都是与规定零点的差值。

（3）根据工程需要，依据实验结果列出常用性质参数。

2. 水蒸气表

水蒸气表一般有三种，见表 3-4。这三种蒸汽表的整套数据详见本书附表 3-1～附表
3-3。

水蒸气表的种类 表 3-4

序号	1	2	3
名称	按温度排列的饱和水与饱和蒸汽表（见附表 3-1）	按压力排列的饱和水与饱和蒸汽表（见附表 3-2）	按压力和温度排列的未饱和水与过热蒸汽表（见附表 3-3）

（1）饱和水与饱和蒸汽表

因为在饱和线上和饱和区，只有一个变量温度或压力，所以表中为方便工程计算均以
整数值列出，见附表 3-1 和附表 3-2。

（2）未饱和水与过热蒸汽表

由于液体和过热蒸汽都是单相物质，需要两个独立变量才能确定状态，见附表 3-3。
表中粗黑线的上方是未饱和水参数值，粗黑线下方是过热蒸汽的参数值。

（3）湿蒸汽时饱和水与饱和蒸汽的混合物，其状态参数可由饱和水和饱和蒸汽的参数
求得。

$$v_x = xv'' + (1-x)v' = v' + x(v'' - v') \approx xv'' \tag{3-5}$$

$$h_x = xh'' + (1-x)h' = h' + x(h'' - h') = h' + x\gamma \tag{3-6}$$

$$s_x = xs'' + (1-x)s' = s' + x(s'' - s') = s' + x\frac{\gamma}{T} \tag{3-7}$$

$$u_x = h_x - p_s v_x \tag{3-8}$$

（4）工程计算中，通常可用饱和水的数据代替同温度下未饱和水的数据。

3. 水蒸气表的应用

在工程计算中，水蒸气表可用来确定水蒸气的状态、状态参数，还可进行水蒸气热力
过程量计算。

【例题 3-1】如水的温度 $t = 120℃$，压力分别为 0.1MPa、0.5MPa、1MPa 时，试确定
其所处状态。

【分析】有两种方法来判断。第一种方法是把水相应压力下的饱和温度 t_s 查出，与已
知的水温 t 比较，若 $t_s < t$，则水处于过热蒸汽状态；若 $t_s > t$，则水处于未饱和水状态；
若 $t_s = t$，则水处于饱和水（或湿蒸汽，或饱和蒸汽）状态。第二种方法是根据已知的水
温，查出这一温度所对应的饱和压力 p_s，与水所处的各压力 p 进行比较，若 $p_s > p$，则
水处于过热蒸汽状态；若 $p_s < p$，则水处于未饱和水状态；若 $p_s = p$，则水处于饱和水
（或湿蒸汽，或饱和蒸汽）状态。

【解】用第二种方法判断。查附表 3-1，当 $t = 120℃$ 时，$p_s = 0.19854MPa$。

所以 $p_1 = 0.1MPa < p_s$，水处于过热蒸汽状态；

$p_2 = 0.5MPa > p_s$，水处于未饱和水状态；

$p_3 = 1MPa > p_s$，水处于未饱和水状态。

【例题 3-2】$1m^3$ 的封闭容器内有 4kg 水，加热至温度为 150℃。用水蒸气表求（1）
压力；（2）蒸汽的质量；（3）蒸汽的体积。

【分析】本题先根据水的温度和比体积，判断水所处的状态，再来求相关的参数。

【解】由附表 3-1 查得 150℃时，饱和水的比体积 $v'=0.0010908\text{m}^3/\text{kg}$，饱和蒸汽的比体积 $v''=0.39261\text{m}^3/\text{kg}$；由于已知水的比体积 $v=1/4=0.25\text{m}^3/\text{kg}$，$v'<v<v''$，所以容器中水处于饱和的湿蒸汽状态。因此

（1）由温度 150℃，查附表 3-1，知湿蒸汽的压力为 $p_s=475.97\text{kPa}$；

（2）据式（3-5），得 $v_x=v'+x(v''-v')$，即 $1/4=0.0010908+x(0.39261-0.0010908)$ 可得干度 $x=0.6356$，由式（3-3）得蒸汽质量

$$m_{\text{vap}}=mx=4\times0.6356=2.542\text{kg}$$

（3）蒸汽的体积 $V_{\text{vap}}=v''m_{\text{vap}}=0.39261\times2.542=0.99801\text{m}^3$

【例题 3-3】5m^3 的过热蒸汽，在压力 0.5MPa 下从 200℃定压加热到 300℃。试求该过程的吸热量。

【分析】在定压下，水从状态 1 到状态 2 加热过程中所吸收的热量 $Q=mq=m(h_2-h_1)$。

【解】由附表 3-3，知 0.5MPa、200℃时，过热蒸汽的焓 $h_1=2855.4\text{kJ/kg}$，比体积 $v_1=0.4249\text{m}^3/\text{kg}$；0.5MPa、300℃时，过热蒸汽的焓 $h_2=3064.2\text{kJ/kg}$

那么

$$q=\Delta h=h_2-h_1=3064.2-2855.4=208.8\text{kJ/kg}$$

所以
$$Q=m\times q=\frac{V}{v_1}\times q=\frac{5}{0.4249}\times208.8=2457\text{kJ}$$

3.3 水蒸气的焓-熵图

3.3.1 水蒸气焓-熵图的构成

应用水蒸气表可以查出状态参数，对水蒸气热力过程或循环进行分析计算。但是，由于水蒸气表上的数据不能连续列出，难免要用线性内插法，这给分析过程和循环带来不便，且不直观，尤其是有相变发生时，更是困难。如果将水蒸气各参数间的关系和实验结果绘制成线图，则使用起来更加明了、简便。水蒸气线图有很多种，前面已讨论过 $p\text{-}v$ 图和 $T\text{-}s$ 图，这里重点介绍以焓为纵坐标、以熵为横坐标的水蒸气焓-熵（$h\text{-}s$）图，或称莫里尔图。

图 3-4 为 $h\text{-}s$ 图的结构示意图。图上绘有上界线（$x=1$ 的干饱和蒸汽线）、下界线（$x=0$ 的饱和水线）及其交点——临界点 C，还有定焓线、定熵线、定压线、定温线及定容线，在湿蒸汽区还有定干度线。

在图 3-4 中，定容线斜率要大于定压线斜率，即在 $h\text{-}s$ 图上定容线比定压线陡峭，为醒目起见，定容线用红色显示出，见附图 3-1。

在饱和蒸汽区的汽化过程中，压力、温度保持恒定对应关系，即定压线也就是定温线，定压线与定温线重合为一条直线。但进入过热蒸汽区后，定压下的 $\left(\dfrac{\partial h}{\partial s}\right)_p$ 要大于定温下的 $\left(\dfrac{\partial h}{\partial s}\right)_T$，此时定压线较陡峭，而定温线较为平坦。随着温度升高，压

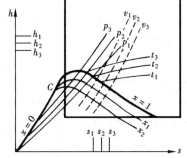

图 3-4 水蒸气的焓熵（$h\text{-}s$）图

力降低，蒸汽愈来愈接近理想气体的特性，这时定温线将趋于水平直线。

定干度线，即 x＝常数的线。将蒸汽区各定压线上相应的等分点相连，就可得出 x＝常数的定干度线。所有的定干度线会合于临界点。定干度线包括 x＝0 的饱和液体线和 x＝1 的饱和蒸汽线。提醒注意，只有在湿蒸汽区才有干度的概念和定干度线。

由于工程上所用蒸汽多为干度较大的湿蒸汽、饱和蒸汽或过热蒸汽，故实用的 h-s 图只保留图中右上部分，如图 3-4 中粗黑线框中部分。详见附图 3-1。干度较低的湿蒸汽和水的参数，仍然用水蒸气表查取，也可用公式计算。

3.3.2 水蒸气焓-熵图的应用

h-s 图是根据水蒸气表上的数据绘制。它和其他状态参数坐标图一样，图上的一点表示一个确定的平衡状态，用经过该点的各定值线可查相应的各状态参数值。图上一条线表示一个确定的热力过程，查取初、终状态的参数值，就可进行该过程的热工计算。

所以，应用水蒸气的 h-s 图，（1）可以根据已知参数确定状态点在图上的位置；（2）查得其余参数；（3）在图上表示水蒸气的热力过程；（4）对过程的热量、功量、内能等的变化进行计算；（5）直观看出某一状态时水蒸气所处的区域和状态。

【例题 3-4】某锅炉，由锅筒出来的蒸汽，经测定压力 p＝0.8MPa，干度 x＝0.9，进入过热器在定压下加热，温度升高至 t_2＝250℃，试利用 h-s 图确定：

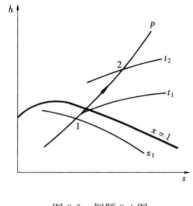

图 3-5　例题 3-4 图

（1）锅筒出来的蒸汽的状态及其焓值；

（2）1kg 蒸汽在过热器中吸收的热量。

【分析】根据压力 p 和干度 x，在 h-s 图上确定锅筒出来的蒸汽状态点 1，再沿过 1 点的定压线与 t_2＝250℃线交于点 2，得蒸汽经过热器后的状态，见图 3-5示意，便可进行有关的计算。

【解】1. 在 h-s 图上确定的点 1，即为由锅筒出来的蒸汽的状态点，查得此点的焓值 h_1＝2570kJ/kg。

2. 在确定的状态点 2 上，查得焓值 h_2＝2955kJ/kg，所以蒸汽在过热器中的吸热量为 q＝h_2－h_1＝2955－2577＝385kJ/kg。

3.4　水蒸气的热力过程

水蒸气热力过程的分析计算与前边讨论的气体的热力过程的分析方法步骤类似，可用表 3-5 说明。

水蒸气的热力过程分析计算表　　　　　　　　　　　　　　　　　　　表 3-5

水蒸气基本热力过程	定容过程	定压过程	定温过程	绝热过程
分析计算热力过程的任务	1. 过程初态、终态参数； 2. 过程的变化量如热量、功量、内能等			
分析计算热力过程的方法	1. 无适当而简单的状态方程，不便于用分析法计算求解； 2. 一般依据水蒸气图（p-v、T-s、h-s 图）表进行			

水蒸气基本热力过程	定容过程	定压过程	定温过程	绝热过程
一般步骤		1. 用水蒸气图表由初态的两个已知参数求其他参数; 2. 根据题示的过程性质及另一个终态参数,表示在坐标图上; 3. 根据已求得的初、终参数,应用热力学第一、第二定律等基本方程计算 q、w		

3.4.1 定压过程

锅炉内水吸热而形成蒸汽的过程,水蒸气通过各种换热器进行热量交换的过程等,均可视为可逆定压过程,如图 3-6 所示。

$$q = h_2 - h_1$$
$$w = q - \Delta u \text{ 或 } w = p(v_2 - v_1)$$
$$w = p(v_2 - v_1) \Delta u = h_2 - h_1 - p(v_2 - v_1)$$
$$\Delta h = h_2 - h_1$$
$$\Delta s = s_2 - s_1$$

【例题 3-5】用水蒸气 h-s 图求【例题 3-3】所示热力过程中的热量、功量、内能的变化及终态体积。

【分析】由 $p_1 = 0.5\text{MPa}$ 定压线与 $t_1 = 200℃$ 定温线交点定出状态 1 点,如图 3-7 所示。由 $p_2 = p_1$、$t_2 = 300℃$ 可确定终态点 2。从而查出相应的参数值并进行相关的计算。

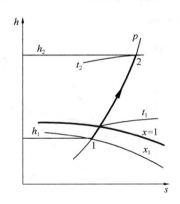

图 3-6　水蒸气的定压过程

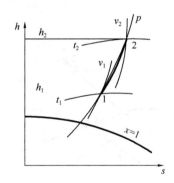

图 3-7　例题 3-5 图

【解】在附图 3-1 中确定的状态点 1,查得:$h_1 = 2860\text{kJ/kg}$,$v_1 = 0.43\text{m}^3/\text{kg}$;由终态点 2,查得:$h_2 = 3060\text{kJ/kg}$,$v_2 = 0.53\text{m}^3/\text{kg}$;由于

$$m = \frac{V_1}{v_1} = \frac{5}{0.43} = 11.63\text{kg}$$

所以终状态 2 的体积为

$$V_2 = m \cdot v_2 = 11.63 \times 0.53 = 6.16\text{m}^3$$

热力过程中的热量为

$$Q = m \cdot q = m \cdot \Delta h = m(h_2 - h_1)$$
$$= 11.63 \times (3060 - 2860) = 2326\text{kJ}$$

功量为

$$W = m \cdot w = mp(v_2 - v_1)$$
$$= 11.63 \times 0.5 \times 10^6 \times (0.53 - 0.43) \times 10^{-3}$$
$$= 581.5\text{kJ}$$

内能的变化量

$$\Delta U = Q - W = 2326 - 581.5 = 1744.5\text{kJ}$$

或

$$\Delta U = m(u_2 - u_1) = m[(h_2 - p_2 v_2) - (h_1 - p_1 v_1)]$$
$$= 11.63 \times [(3060 - 0.5 \times 10^3 \times 0.53) - (2860 - 0.5 \times 10^3 \times 0.43)]$$
$$= 1744.5\text{kJ}$$

3.4.2 定容过程

如图 3-8 所示，有

$$q = \Delta u; \quad w = \int p\mathrm{d}v = 0$$
$$\Delta u = h_2 - h_1 - \Delta(pv) = h_2 - h_1 - v(p_2 - p_1)$$
$$\Delta h = h_2 - h_1$$

3.4.3 定温过程

如图 3-9 所示，有

$$q = T(s_2 - s_1); w = q - \Delta u$$
$$\Delta u = h_2 - h_1 - \Delta(pv) = h_2 - h_1 - (p_2 v_2 - p_1 v_1)$$
$$\Delta h = h_2 - h_1$$

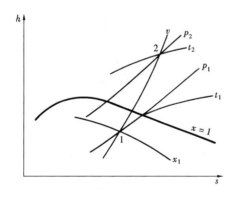 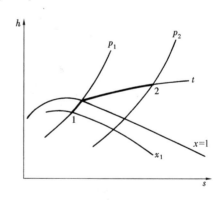

图 3-8　水蒸气的定容过程　　　　　图 3-9　水蒸气的定温过程

3.4.4 绝热过程

绝热过程在工程上也是常见的，如水蒸气流过汽轮机膨胀对外做功的过程，若忽略散热等不可逆因素，则可视为可逆绝热过程，即定熵过程。还有水蒸气流过喷管的过程等等。如图 3-10 所示，有

$$q = 0$$
$$w = q - \Delta u = -\Delta u$$
$$\Delta u = h_2 - h_1 - \Delta(pv) = h_2 - h_1 - (p_2 v_2 - p_1 v_1)$$
$$\Delta h = h_2 - h_1$$

$$\Delta s = 0$$

若过程不可逆，则确定过程变化方向和终态时，还需知道不可逆过程的熵增 Δs，如图 3-11 所示。

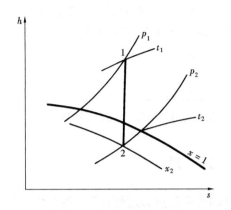

图 3-10 可逆绝热过程

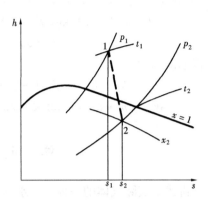

图 3-11 不可逆绝热过程

【例题 3-6】一台汽轮机，进入的水蒸气压力为 $p_1 = 5\text{MPa}$、温度为 $650℃$ 的过热蒸汽，可逆绝热膨胀后排出的是干饱和蒸汽，见图 3-12。如果蒸汽的质量流量为 450kg/min，试求：（1）蒸汽的终态参数及蒸汽在汽轮机中所做理论功；（2）若过程不可逆，在 $\Delta s = 0.3\text{kJ/(kg·K)}$ 时，再求蒸汽的终态参数和在汽轮机中做功。

【分析】可逆绝热膨胀为定熵过程，参看图 3-13 所示的 $1 \rightarrow 2$，状态点在干饱和蒸汽线上 2 处；若过程不可逆，有熵增 Δs 时，则状态点在干饱和蒸汽线上 $2'$ 处。

【解】参看图 3-13。由 $p_1 = 5\text{MPa}$、温度 $t_1 = 650℃$ 可确定初态点 1，查相应的参数

$$h_1 = 3770\text{kJ/kg}, \quad s = 7.46\text{kJ/(kg·K)}, \quad v_1 = 0.084\text{m}^3/\text{kg}$$

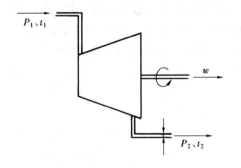

图 3-12 汽轮机工作示意图

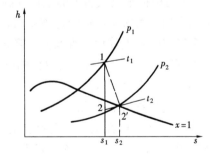

图 3-13 例题 3-6 图

（1）可逆绝热膨胀时，过点 1 作垂直向下的定熵线与 $x_2 = 1$ 定干度线交于点 2 为终态。查得终态参数

$$s_1 = s_2 = 7.46\text{kJ/(kg·K)}, \quad h_2 = 2690\text{kJ/kg},$$
$$t_2 = 100℃, \quad v_2 = 1.70\text{m}^3/\text{kg}, \quad p_2 = 0.1\text{MPa}。$$

忽略动能和位能变化，汽轮机所做理论功为

$$w = w_s = -\Delta h = h_1 - h_2 = 3770 - 2690 = 1080\text{kJ/kg},$$

$$W = m \cdot w = 450 \times 1080 = 486000 \text{kJ/min} = 8100 \text{kW}$$

（2）对于不可逆绝热膨胀 $\Delta S = 0.3 \text{kJ/(kg} \cdot \text{K)}$ 时

$$s'_2 = s_1 + \Delta s = 7.46 + 0.3 = 7.76 \text{kJ/(kg} \cdot \text{K)}$$

由 s'_2 定熵线与 $x_2 = 1$ 等干度线交于 $2'$ 点，见图 3-13。可查得终态参数为

$$h'_2 = 2645 \text{kJ/kg}, \quad t'_2 = 78 \text{℃}, \quad s_2 = 7.46 \text{kJ/(kg} \cdot \text{K)},$$

$$v'_2 = 4.0 \text{m}^3/\text{kg}, \quad x_2 = 1, \quad p'_2 = 0.04 \text{MPa}$$

可求得输出功为

$$w'_s = h_1 - h'_2 = 3770 - 2645 = 1125 \text{kJ/kg}$$

$$W'_s = m \cdot w'_s = 450 \times 1125 = 506250 \text{kJ/min} = 84375 \text{kW}$$

单 元 小 结

本单元讲述了实际气体的一种——水蒸气的性质和热力过程计算。通过学习应当进一步了解实际气体与理想气体的差别，全面了解水蒸气的性质、掌握水蒸气图表的用法，并能对水蒸气的热力过程进行计算。学习中应注意：

1. 物质由液态变为气态的过程称为汽化，有蒸发与沸腾两种方式。蒸发可在任何温度下进行，且液体的温度越高，蒸发越快。液体在沸腾时，虽然对它继续加热，但液体的温度仍保持不变，而且液体与蒸汽的温度相同。

2. 饱和蒸汽的压力称为饱和压力，用 p_s 表示。此状态下的温度称为饱和温度，用 t_s 表示。饱和压力与饱和温度之间是一一对应关系，且饱和压力随饱和温度升高而升高。

3. 工程上所用的水蒸气都是在定压加热设备中对水加热，使之持续沸腾而得到的，其产生过程可分为定压预热、饱和水的定压汽化、饱和蒸汽的定压过热三个阶段；包含未饱和水、饱和水、湿饱和蒸汽、干饱和蒸汽、过热蒸汽五种状态。

4. h-s 图是根据水蒸气表上的数据绘制。它和其他状态参数坐标图一样，图上的一点表示一个确定的平衡状态，用经过该点的各定值线可查得相应的各状态参数值。图上一条线表示一个确定的热力过程，查取初、终状态的参数值，就可进行该过程的热工计算。所以，应用水蒸气的 h-s 图，（1）可以根据已知参数确定状态点在图上的位置；（2）查得其余参数；（3）在图上表示水蒸气的热力过程；（4）对过程的热量、功量、内能等的变化进行计算；（5）直观看出某一状态时水蒸气所处的区域和状态。

5. 水蒸气的热力过程主要为定容、定压、定温及绝热过程。其热力过程的计算一般依据水蒸气图（p-v、T-s、h-s 图）表进行。首先，用水蒸气图表由初态的两个已知参数求其他参数；其次，根据题示的过程性质及另一个终态参数，表示在坐标图上；最后，根据已求得的初、终参数，应用热力学第一、第二定律等基本方程计算 q、w。

思 考 题 与 习 题

1. 有没有 400℃ 的水？有没有 0℃ 以下的水蒸气？为什么？

2. 为什么将气态物质分为气体和蒸汽？它们的主要区别有哪些？

3. 已知湿蒸汽的压力和干度，如何利用 h-s 图确定其 t、v、h、s。

4. 利用水蒸气图表填充下表中的空白

	p(MPa)	t(℃)	x	v(m³/kg)	h(kJ/kg)	s(kJ/kg·K)	蒸汽状态
1	0.005		0.88				
2	3		1				
3		200		0.2060			
4					3650	7.34	
5	5	500					
6		150			2500		

5. 气缸中盛有 0.5kg、$t=120$℃的干饱和蒸汽，在定容下冷却至 80℃。求此冷却过程中蒸汽放出的热量。

6. 某空调系统 $p_1=0.3$MPa、$x=0.94$ 的湿蒸汽来加热空气。暖风机空气的流量为 4000m³/h，空气通过暖风机被从 0℃加热到 120℃。若是蒸汽流过暖风机后成为 0.3MPa 下的饱和水，求每小时需要多少千克湿蒸汽？

7. 压力 $p_1=14$MPa、温度为 550℃的蒸汽通过汽轮机可逆绝热膨胀到 0.006MPa，若蒸汽流量为 110kg/s。试求汽轮机理论功率及乏汽的干度和温度。

8. 压力 $p_1=1$MPa、温度 $t_1=350$℃的过热蒸汽 5m³，被定压加热到 500℃。求过程中的加热量、内能变化及蒸汽的终态体积；并在水蒸气 $h\text{-}s$ 图上表示该过程。

9. 湿蒸汽进入干度计前的压力 $p_1=1.5$MPa，经节流后的压力 $p_2=0.2$MPa，温度 $t_2=130$℃。试用 $h\text{-}s$ 图确定湿蒸汽的干度。

教学单元 4　湿　空　气

【教学目标】通过本单元的教学，使学生了解湿空气的一般构成、性质及其影响因素；熟悉湿空气的有关状态参数（湿空气的压力与水蒸气分压力的关系，未饱和空气与饱和空气的概念，温度、干、湿球温度、露点温度的概念及其关系，绝对湿度和相对湿度的定义与概念，含湿量、湿空气焓的概念）；熟悉湿空气焓-湿图的构成及其区域的划分；掌握焓-湿图的简单应用（用来确定湿空气的状态及求状态点未知状态参数，求露点温度，由干、湿球温度确定空气的状态，并求相对湿度，空气热力过程的热、湿计算）；熟悉湿空气的基本热力过程（湿空气加热或冷却、绝热加湿、等温加湿和绝热混合过程处理中含湿量、焓、温度、相对湿度等参数的变化分析以及它们在焓-湿图上的过程曲线）。

　　自然界存在的空气都是湿空气，即干空气和水蒸气的混合物。由于地球表面大部分被海洋、江河和湖泊所覆盖，势必有大量水分蒸发，变为水蒸气飞散到大气中，这样在自然界中绝对干空气是很少存在的。

　　在湿空气中，水蒸气的含量很少，在一般工程中可以忽略其影响。但是在空气调节、物料干燥、水冷却以及精密仪器仪表电热绝缘材料的防潮工程中，就不能将水蒸气的影响忽略，必须对湿空气中的水蒸气含量及其性质进行分析研究和计算。本单元主要讨论下述四个问题：（1）湿空气的组成和物理性质；（2）湿空气的状态参数；（3）焓湿图的绘制和应用；（4）湿空气的热工过程及计算。

4.1　湿　空　气　的　性　质

4.1.1　湿空气的概念

　　在湿空气的有关过程和计算中，其中干空气的成分不发生变化如表 4-1，因此在研究湿空气时对干空气的成分不予讨论，而是将干空气看作一个整体，并将其视为理想气体。

干空气的主要组成成分　　　　　　　　　　　　　　　表 4-1

主要组成成分	分子量	体积百分比（%）
氮	28.016	78.084
氧	32.000	20.946
氩	39.944	0.934
二氧化碳	44.010	0.033

　　相对来说，湿空气中的水蒸气的数量很少，它来源于地球上的海洋、江河、湖泊表面水分的蒸发，各种生物的代谢过程，以及生产工艺过程。在湿空气中，水蒸气所占的百分比是不固定的，常常随着海拔、地区、季节、气候、湿源等各种条件的变化而变化。虽然

湿空气中水蒸气的含量少，但它的变化有时对热工过程和人们生活影响却很大。例如，在南方多雨地区，空气比较潮湿，湿衣服就不容易干。夏天，会感到身上的汗老不干，很不舒服；而在西北的兰州，乌鲁木齐等地区，由于空气干燥，在同样的温度下，就要舒适的多。空气中水蒸气的多少，除了对人们的日常生活有影响外，对工业生产也十分重要。例如，在纺织车间，相对湿度小时，纱线变粗变脆，容易产生飞花和断头；可是空气太潮湿也不行，纱线会粘结，不好加工。

湿空气中的水蒸气分压力很低，比体积很大，且含量很少，也可视为理想气体。所以把湿空气视为由干空气和水蒸气组成的混合理想气体。遵循理想气体的一般规律，可以用理想气体状态方程描述其参数变化及关系。对其他一些特有的状态参数，由于会影响其热工过程，需讨论说明。

在空气调节系统的设计计算、空调设备的选择及运行管理中往往要涉及湿空气的状态参数和状态变化等问题。湿空气的物理性质也是由它的组成成分和所处的状态决定的。湿空气的状态通常可以用压力、温度、相对湿度、含湿量及焓等参数来度量和描述。这些参数称为湿空气的状态参数。

干空气的气体常数为

$$R_{\mathrm{dry}} = \frac{8314}{28.97} = 287\mathrm{J/(kg \cdot K)}$$

水蒸气的气体常数为

$$R_{\mathrm{vap}} = \frac{8314}{18.02} = 461\mathrm{J/(kg \cdot K)}$$

4.1.2 湿空气的压力

1. 大气压力

气体的压力是指单位面积上所受到的气体的作用力，地球表面单位面积上所受到的大气的压力称为大气压力或大气压。大气压力不是一个定值，它会随着地理位置、海拔高度及季节因素的影响而变化。如随着海拔高度的增加，大气压力减小，图 4-1 是大气压力与海拔高度的关系。即使在同一个海拔高度在不同的季节和不同的天气状况下，大气压力也有变化。通常把在 0℃ 以下、北纬 45 度处海平面上作用的大气压力作为一个标准大气压（atm），其数值为

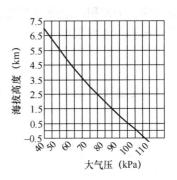

图 4-1 大气压力与海拔高度的关系

$$1\mathrm{atm} = 101325\mathrm{Pa} = 1.01325\mathrm{bar}$$

如果没有特别指出，空气的压力都是指绝对压力。由于大气压力不是定值，因地而异，因此在工程设计和运行中应当考虑由于当地大气压的不同所引起的误差修正，也就是绝对压力，这才是空气的一个基本状态参数。湿空气的压力符合道尔顿定律，有

$$p = p_{\mathrm{dry}} + p_{\mathrm{vap}} \tag{4-1}$$

式中　p——湿空气的总压力，Pa；

　　　p_{dry}——干空气分压力，Pa；

　　　p_{vap}——水蒸气分压力，Pa。

但在通风空调工程中，一般采用大气做工质，往往用当地大气压作为湿空气的压力，即

$$B = p = p_{dry} + p_{vap} \tag{4-2}$$

2. 水蒸气分压力与饱和水蒸气分压力

湿空气中水蒸气的分压力，是指湿空气中的水蒸气单独占有湿空气的体积，并具有与湿空气相同温度时所具有的压力。根据气体动理论的学说，气体分子越多，撞击容器壁面的机会越多，表现出的压力也就越大。因而，水蒸气分压力的大小也就反映了水蒸气含量的多少。

在一定温度下，空气中的水蒸气含量越多，空气就越潮湿，水蒸气分压力也越大。如果空气中水蒸气的数目超过某一限量时，多余的水蒸气就会凝结成水从空气中析出。这说明，在一定温度条件下，湿空气中的水蒸气含量达到最大限度时，则称湿空气处于饱和状态，亦称为饱和空气；此时相应的水蒸气分压力称之为饱和水蒸气分压力，又称饱和压力，用 p_s 表示。p_s 值仅取决于温度，饱和状态下的温度称为饱和温度，用 t_s 表示。各种温度下的饱和水蒸气分压力值，可以从湿空气性质表中查出，见附表4-1。

4.1.3 温度

湿空气是由干空气和水蒸气组成的混合气体，而混合气体各组成成分的温度都等于混合气体的温度，所以干空气和水蒸气的温度等于湿空气的温度，即

$$T = T_g = T_{zq} \quad K \tag{4-3}$$

4.1.4 绝对湿度和相对湿度

这两个参数是说明湿空气中水蒸气含量的。

每 $1m^3$ 湿空气中所含水蒸气的质量，称为绝对湿度。由于湿空气中的水蒸气也充满湿空气的整个容积，故绝对湿度在数值上等于水蒸气在其分压力及温度下的密度 ρ_{vap}。按理想气体状态方程求得

$$\rho_{vap} = \frac{m_{vap}}{V} = \frac{p_{vap}}{R_{vap} T} \quad kg/m^3 \tag{4-4}$$

在一定温度下饱和空气的绝对湿度达到最大值，称为饱和绝对湿度 ρ_s，其计算式为

$$\rho_s = \frac{p_s}{R_{vap} T} \quad kg/m^3 \tag{4-5}$$

显然绝对湿度表示在单位容积的湿空气中水蒸气的绝对含量。但绝对湿度不能说明湿空气干燥或潮湿的程度以及吸湿能力。

在一般情况下，湿空气中水蒸气的分压力小于同空气温度所对应的水蒸气的饱和压力，即 $\rho_{vap} < \rho_s$，这时湿空气中水蒸气处于过热状态，如图4-2中 a 点所示。这种由干空气和过热水蒸气组成的湿空气，称为未饱和湿空气。

湿空气的绝对湿度与同温度下的饱和绝对湿度的比值，称为相对湿度：

$$\varphi = \frac{\rho_{vap}}{\rho_s} \times 100\% \tag{4-6}$$

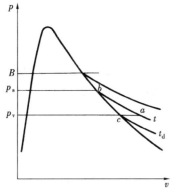

图 4-2 湿空气中水蒸气的 p-v 图

显然，相对湿度 $\varphi=0\sim1$，反映湿空气中水蒸气的实际含量与同温度下的最大可能含量的接近程度，也就是未饱和湿空气接近同温度下饱和湿空气的程度，或湿空气中水蒸气接近饱和状态的程度，所以 φ 又称饱和度。

在某一温度下，φ 值小，表示空气干燥，具有较大的吸湿能力；反之，φ 值大，表示空气潮湿，吸湿能力小。当 $\varphi=0$ 时为干空气；$\varphi=1$ 时则为饱和空气。应用理想气体状态方程，相对湿度又可表示为

$$\varphi = \frac{\rho_{vap}}{\rho_s} = \frac{p_{vap}}{p_s} \tag{4-7}$$

4.1.5 含湿量

在空气的加湿和减湿处理过程中，常用含湿量这个参数来衡量空气中水蒸气的变化情况。其中干空气的质量保持不变，只是水蒸气含量的增减。所以，提出以干空气质量为基准，这对湿空气过程分析计算带来方便。其定义为：在湿空气中与 1kg 干空气并存的水蒸气量称为含湿量，单位为 g/kg（d，a），符号为 d，即

$$d = \frac{m_{vap}}{m_{dry}} \times 10^3 \, g/kg(d,a) \tag{4-8}$$

式中　m_{vap}——水蒸气的质量，（kg）；

　　　m_{dry}——干空气的质量，（kg）；

（d，a）——干空气，即 dry air。

若湿空气中含有 1kg 干空气和 $10^{-3}d$ kg 水蒸气，那么，湿空气的质量应当是（$1+10^{-3}d$）kg。含湿量就是（$1+10^{-3}d$）kg 湿空气中所含水蒸气的克数。

如果对于湿空气中的干空气和水蒸气分别应用气体状态方程式，则由道尔顿分压力定律有：

$$p_{dry}V = m_{dry}R_{dry}T \quad 或 \quad m_{dry} = \frac{p_{dry}V}{R_{dry}T}$$

$$p_{vap}V = m_{vap}R_{vap}T \quad 或 \quad m_{vap} = \frac{p_{vap}V}{R_{vap}T}$$

代入含湿量的定义式（4-8），有：

$$d = \frac{R_{dry}P_{vap}}{R_{vap}P_{dry}} = 622 \frac{P_{vap}}{P_{dry}} \quad g/kg(d,a) \tag{4-9}$$

若湿空气为大气，那么 $p_{dry}=B-p_{vap}$，则有

$$d = 622 \frac{p_{vap}}{B-P_{vap}} \tag{4-10}$$

式（4-10）表明，当大气压力 B 一定时，含湿量 d 是水蒸气分压力 p_{vap} 的函数，即 $d = f(p_{vap})$，显然这时 d 和 p_{vap} 是相互不独立的参数。

由式（4-7）可得 $p_{vap}=\varphi p_s$，代入式（4-10）有

$$d = 622 \frac{\varphi p_s}{B-P_{vap}} \tag{4-11}$$

式（4-11）表明当大气压力和空气温度一定时，p_s 也是定值，那么相对湿度 φ 将随含湿量 d 的增加而减少。

又由于 $B \gg p_{vap}$、$B \gg p_s$，所以 $B-p_{vap} \approx B-p_s$，有

$$\frac{d}{d_s} = \frac{622\frac{p_{vap}}{B-p_{vap}}}{622\frac{p_s}{B-p_s}} \approx \frac{p_{vap}}{p_s} = \varphi$$

式中 d_s——与湿空气同温度的饱和湿空气的含湿量，或称饱和含湿量。

含湿量在过程中变化 Δd，表示 1kg 干空气组成的湿空气在过程中所含水蒸气质量的改变，也是湿空气在过程中吸收或析出的水分，这对空气的加湿和去湿处理很重要。

表 4-2 中所列的数据说明了 p_s、d_s 和温度 t 之间的关系。

空气温度与饱和水蒸气分压力、饱和含湿量的关系（$B=101325Pa$）　　　　表 4-2

空气温度（℃）	饱和水蒸气分压力 p_s（Pa）	饱和含湿量 d_s（g/kg（d，a））
10	1225	7.63
20	2331	14.70
30	4232	27.20

从表 4-2 中可以看到，当温度增加时，湿空气的饱和水蒸气分压力和饱和含湿量也随之增加。那么，怎样才能判断空气的潮湿程度呢？相对湿度这个参数可以解决这个问题。

需要提醒注意：

1. φ 和 d 的区别：φ 表示空气接近饱和的程度，也就是空气在一定温度下吸收水分的能力，但并不反映空气中水蒸气含量的多少；而 d 可表示空气中水蒸气的含量，但却无法直观地反映出空气的潮湿程度和吸收水分的能力。

例如有温度为 $t=10℃$，$d=7.63$g/kg（d，a）和 $t=30℃$，$d=15$g/kg（d，a）两种状态的空气。从表面上看，似乎第一种状态的空气要干燥些。其实却并非如此。从表 4-2 中可知，第一种状态的空气已是饱和空气，而第二种状态的空气距离饱和状态的含湿量 $d_s=27.2$g/kg（d，a）还很远。这时，$\varphi=55\%$ 左右，还有很大的吸湿能力。

2. 饱和水蒸气分压力是温度的单值函数，即 $p_s = f(t)$

4.1.6　湿空气的焓

湿空气的焓也是以 1kg 干空气做为计算基础。即（$1+10^{-3}d$）kg 湿空气的焓，仍用 h 表示。这样湿空气的焓 h 应是 1kg 的焓与 $10^{-3}d$kg 水蒸气的焓之和。有

$$h = h_{dry} + 10^{-3}dh_{dry} \quad \text{g/kg(d,a)} \tag{4-12a}$$

在工程中，取 0℃的干空气的焓为零，则湿空气的焓可用下式表示：

$$h_{dry} = c_{pm}\Delta t = 1.01(t-0) = 1.01t$$

在低压下，水蒸气的焓可近似用下式表示

$$h_{vap} = \gamma_0 + c_{pm}t$$

式中 γ_0——0℃时水的汽化潜热，（kJ/kg）；

c_{pm}——水蒸气在低压下的平均定压比热容，为 1.85kJ/（kg·K）。

那么：

$$h = 1.01t + 10^{-3}d(2501+1.85t) \tag{4-12b}$$

4.1.7　露点温度，干、湿球温度

1. 露点温度

如保持未饱和空气温度不变，不断加入水蒸气，使水蒸气分压力不断提高，最终将达

到饱和湿空气状态，空气中水蒸气状态变化过程如图 4-2 中 $a \to b$ 所示。另一方面若保持湿空气的水蒸气分压力不变，降低其温度，也可使湿空气达到饱和状态，其中水蒸气状态变化如图 4-2 中 $a \to c$ 所示。c 点即饱和状态，其温度就是湿空气中水蒸气分压力 p_{vap} 所对应的饱和温度，又称湿空气的露点温度，或简称露点温度，用符号 t_{ld} 表示。过程 $a \to c$ 就是湿空气中水蒸气在分压力 p_{vap} 不变时，由过热状态向饱和蒸汽的变化过程。

湿空气的露点可由湿度计或露点仪测定。它也是湿空气的状态参数。若湿空气的露点知道，可由饱和湿空气参数表（附表 4-1）查出水蒸气的分压力。

结露现象无论在工程上还是生活中，都是普遍存在的。如：秋天早晨室外花草树叶上的露水；冬天房屋窗玻璃内侧的水雾；空调机组蒸发器表面的水珠等等，都是由于湿空气遇到了低于其露点温度的冷表面时，其中的水蒸气在冷表面凝结为水的结露现象。在空气调节工程中，常常利用露点来控制空气的干、湿程度，若空气太潮湿，就可将其温度降至其露点温度以下，使多余的水蒸气凝结为水析出去，从而达到去湿的目的。以上结露过程，就是湿空气处理过程中的冷却干燥过程。

2. 干、湿球温度

图 4-3 所示为一干湿球温度计的示意图。干湿球温度计由两支相同的玻璃杆温度计组成。一支称为干球温度计，另一支的水银球用浸在水中的湿纱布包起来（由于毛细作用，纱布上总有水，温度计的水银球也总是湿的），称之为湿球温度计。两支温度计上的读数分别称为干球温度 t_{dry} 和湿球温度 t_{wet}。显然干球温度 t_{dry} 即通常所谓的空气温度。

若温度计周围为未饱和湿空气，湿纱布上的水将向空气蒸发，使水温下降，即湿球温度计上的读数将下降。这样水与周围空气间产生了温度差，从而导致周围空气向水传热，阻止水温下降。当两者达到平衡时，即水蒸发所需要的热量正好等于

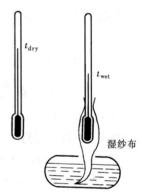

图 4-3　干、湿球温度计

水从周围空气中所获得的热量时，湿球温度计上的读数不再下降保持一个定值，即 t_{wet}。此时湿球温度计的水银球表面形成了很薄的饱和空气层，其温度与水温十分接近，故湿球温度 t_{wet} 即为这一薄层饱和湿空气的温度。

从上述过程可见，湿纱布上水分的蒸发能力是与空气的相对湿度有关的。如果周围空气为饱和湿空气，即 $\varphi = 1$，那么上述过程就完全不同。因为饱和湿空气中的水蒸气已处于饱和态，从宏观上看水分将不会蒸发，从而有 $t_{wet} = t_{dry}$；如果 φ 愈小，湿纱布上水分蒸发愈多，湿球温度将愈低，从而 t_{wet} 与 t_{dry} 相差将愈大。显然可通过干湿球温度来确定湿空气的相对湿度 φ，但是由于 t_{wet}、t_{dry} 与 φ 之间的关系不能用简单的公式来表示，所以一般是通过图表来表明这种关系的。显然这也是确定湿空气相对湿度的一种方法。

最后指出，由于湿纱布上水分的蒸发和空气向水的传热过程，还与空气的流速有关。严格地说干湿球温度计所测得的湿球温度还与空气流速有关，并不完全取决于湿空气的热力状态。但该湿球温度与完全取决于湿空气热力状态的热力学湿球温度（或称绝热饱和温度）十分接近。实验表明，当空气流速为 $2 \sim 40 m/s$ 时，空气流速对湿球温度的影响很小，可不予考虑。在工程上一般是用干湿球温度计所测得的湿球温度作为湿空气的状态参数，用它来代替热力学湿球温度。

【例题 4-1】 已知湿空气总压力 $B=0.1\text{MPa}$，温度 $t=30℃$，其中相对湿度 $\varphi=60\%$，求水蒸气分压力、含湿量 d、露点温度、绝对湿度和湿空气焓。

【分析】 本题已知湿空气的温度 t 和相对湿度 φ 两个独立状态参数，空气状态已确定，故可以通过查附表 4-1 及有关公式求得此状态点空气的其他状态参数。

【解】 (1) 水蒸气分压力

由附表 4-1 查出当 $t=30℃$ 时，水蒸气的饱和压力 $p_s=4241\text{Pa}$，由式 (4-7) 得水蒸气分压力

$$p_{vap}=\varphi p_s=60\%\times4241=2545\text{Pa}$$

(2) 含湿量

由式 (4-10) 得

$$d=622\frac{p_{vap}}{B-P_{vap}}=622\frac{2545\times10^{-6}}{0.1-2545\times10^{-6}}=16.2\text{g/kg (d, a)}$$

(3) 露点温度

查附表 4-1，当水蒸气分压力 $p_{vap}=2545\text{Pa}$ 时，饱和温度也即露点温度为

$$t_{ld}=21.5℃$$

(4) 绝对湿度

$$\rho_{vap}=\frac{p_{vap}}{R_{vap}T}=\frac{2545}{461(273+30)}=18.2\text{g/m}^3=0.0182\text{kg/m}^3$$

(5) 湿空气焓

由式 (4-12) 可得

$$h=1.01t+10^{-3}d(2501+1.85t)$$
$$=1.01\times30+10^{-3}(2501+1.85\times30)=71.8\text{kJ/kg(d,a)}$$

4.2 湿空气的焓-湿图

4.2.1 湿空气的焓-湿图的引出

湿空气的状态参数可以用上节介绍的各种关系式确定。但是在工程计算中，这样计算是比较繁琐的，尤其对湿空气热力过程分析更是繁琐，且直观性不强。因此，为了便于工程应用，通常根据湿空气状态参数间的关系式绘制成焓-湿图，简称 h-d 图，见附图 4-1。其结构示意图如图 4-4 所示。

4.2.2 焓-湿图的构成及绘制原理

在一定大气压力 B 下，取两个独立参数焓 h 和含湿量 d 作纵、横坐标轴，绘出定焓线、定含湿量线、定温线、定相对湿度线、水蒸气分压力和含湿量关系线等，由此构成焓-湿图 (h-d 图)。

1. 等焓线与等湿线。图 4-4 中 d 为横坐标，h 为纵坐标。与 h 轴平行的各条线是等焓线，与 d 轴平行的直线是等含湿量线。为了使曲线清楚起见，两坐标轴之间的夹角不是直角而是 135°，在纵坐标上标出焓值零点，由于 $h=0$ 时，$d=0$，所以纵坐标也代表了 $d=0$ 的定含湿量线。在纵坐标上，原点以上 h 为正值，原点以下 h 为负值。

由于通过坐标原点的以下部分没有用，因此，将斜角横坐标 d 上的刻度值仍投影标

注在水平辅助轴上。

2. 等温线（等干球温度线）

等温线是根据公式 $h = 1.01t + (2500 + 1.85t)d$ 绘制的。当 $t =$ const（常数）时，上式是一直线方程。其中 $1.01t$ 是截距，$(2500 + 1.84t)$ 是斜率。所以，等温线群在 h-d 图上是斜率略有不同，并随 t 值的增加有微小增加，各条等温线是不平行的。但由于 $1.85t$ 的数值比 2500 小的多，t 值变化对等温线斜率的影响很小，因此，各条等温线可近似看做是平行的。

3. 定相对湿度线

等相对湿度线是根据公式 $d = 622\varphi p_s / (B - \varphi p_s)$ 绘制。从公式可知，含湿量是大气压力 B、相对湿度 φ 和饱和水蒸气分压力 p_s 的函数。即 $d = f(B, \varphi, p_s)$。由于大气压力 B 在作图时已取为定值，在本式中作为一常数。饱和水蒸气分压力 p_s 是温度的单值函数，可根据空气温度 t 从水蒸气性质表中查取。所以，实际上有：

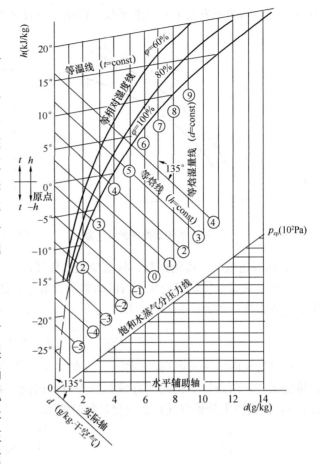

图 4-4 湿空气的焓-湿图

$$d = f(\varphi, t)$$

这样当 φ 取一系列的常数时，即可根据 d 与 t 的关系在 h-d 图上绘出等 φ 线。例如当 $\varphi = 90\%$ 时有

$$d = 622 \times 0.9 p_s / (B - 0.9 p_s)$$

任取温度 t 查取 p_s，然后由上式计算出含湿量 d。当 t 取不同的值 t_i（$i = 1, 2, \cdots\cdots n$）时，可从水蒸气性质表中查取 p_s，计算出相应的 d_i。由于每一对（t_i，d_i）可在 h-d 图上定出一个状态点，把 n 个状态点连接起来，就得出了 $\varphi = 90\%$ 的等相对湿度线，如图 4-5 所示。当 φ 取不同的值重复上面的过程时，就可做出不同的等相对湿度线。

定相对湿度线是一组由左下向右上的上凸形曲线。其中，当 $\varphi = 100\%$ 的是饱和湿度线，其下方是过饱和区，蒸汽已开始凝结为水，湿空气呈雾状，又称为雾区；饱和湿度线的上方是湿空气区（未饱和区）。在湿空气区中的水蒸气处于过热状态。

$\varphi = 0\%$ 的等相对湿度线为干空气线，含湿量 $d = 0$，故与纵坐标重合。

4. 水蒸气分压力线

由含湿量的计算式 $d = 622 p_{vap} / (B - p_{vap})$ 可知：当大气压力 B 等于常数时，$p_{vap} = f(d)$，即水蒸气的分压力 p_{vap} 和含湿量 d 是一一对应的。有一个 d 就可确定出一个 p_{vap}。

所以，在 d 轴的上方设了一条水平线，标出了与 d 所对应的 p_{vap} 值。

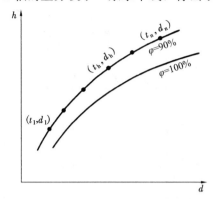
图 4-5　等相对湿度线的绘制

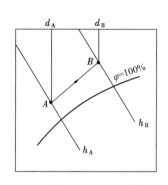
图 4-6　热湿比与状态变化过程线

5. 热湿比线（又称角系数、状态变化过程线）

工程上常用空气状态变化前后的焓差和含湿量差的比值，即称为热湿比 ε 的参数来说明空气状态变化的方向和特征。即

$$\varepsilon = \frac{h_2 - h_1}{10^{-3}(d_2 - d_1)} = 10^3 \frac{\Delta h}{\Delta d} \tag{4-13}$$

从热湿比的定义式可知，ε 实际上是直线 AB 的斜率（图 4-7）。因为直线的斜率与起始位置无关，两条斜率相同的直线必然平行。因此，在 h-d 图的右下方做出了一簇射线（ε 线），供在图上分析空气状态变化过程时使用。

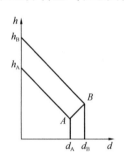
图 4-7　角系数定义图

图 4-8　h-d 图上的四个象限内 ε 的特征

在 h-d 图上，用等焓线和等含湿线可将图划分为四个象限，如图 4-8 所示。由公式 4-13 知，等焓过程 $\Delta h = 0$，角系数 $\varepsilon = 0$；等湿过程 $\Delta d = 0$，角系数 $\varepsilon = \pm \infty$。各象限间角系数 ε 的情况为：

第 I 象限：$\Delta h > 0$，$\Delta d > 0$，即增焓增湿过程，$\varepsilon > 0$；

第 II 象限：$\Delta h > 0$，$\Delta d < 0$，即增焓减湿过程，$\varepsilon < 0$；

第 III 象限：$\Delta h < 0$，$\Delta d < 0$，即减焓减湿过程，$\varepsilon > 0$；

第 IV 象限：$\Delta h < 0$，$\Delta d > 0$，即减焓增湿过程，$\varepsilon < 0$。

【例题 4-2】已知大气压力 $B = 101325Pa$，空气初状态 A 的温度 $t_A = 20℃$，相对湿度 $\varphi_A = 60\%$。当空气吸收 $Q = 10000kJ/h$ 的热量和 $W = 2kg/h$ 湿量后，空气的焓值为 $h_B = 59kJ/kg$（d，a），求终状态 B。

【分析】本题已知空气的初状态 A 和热湿比 $\varepsilon = Q/W$ 过程线及终状态 B 的焓值，来确定终状态点的位置。它可用以下两种作图方法求得。

【解】(1) 平行线法

在大气压力 $B = 101325\text{Pa}$ 的 h-d 图上，由 $t_A = 20℃$，$\varphi_A = 60\%$ 确定出空气的初状态 A。求出热湿比 $\varepsilon = Q/W = 10000/2 = 5000\text{kJ/kg}$。

根据 ε 值，在 h-d 图的 ε 标尺上找出 $\varepsilon = 5000\text{kJ/kg}$ 的线。然后过 A 点作与 $\varepsilon = 5000\text{kJ/kg}$ 线的平行线。此过程线与 $h = 59\text{kJ/kg}$（d，a）的等焓线的交点，就是所求的终状态点 B。如图 4-9 所示。

由图中可查得：$t_B = 28℃$，$\varphi_B = 51\%$，$d_B = 12\text{g/kg}$（d，a）。

(2) 辅助点法

由 $\varepsilon = \Delta h / \Delta d = 10000/2 = 5000$，任取 $\Delta d = 4\text{g/kg}$（d，a）$= 0.004\text{kg/kg}$（d，a），则有 $\Delta h = 5000 \times 0.004 = 20\text{kJ/kg}$（d，a）

现分别作过初状态点 A，$\Delta h = 20\text{kJ/kg}$（d，a）的等焓线和 $\Delta d = 4\text{g/kg}$（d，a）的等含湿量线。设两线的交点为 B'，则 AB' 连线就是 $\varepsilon = 5000\text{kJ/kg}$ 的空气状态变化过程线。

此过程与 $h = 59\text{kJ/kg}$（d，a）的等焓线的交点 B，就是所求的终状态点。如图 4-10 所示。图中 B' 点称为辅助点。

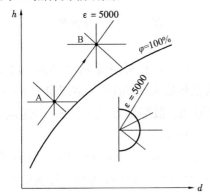 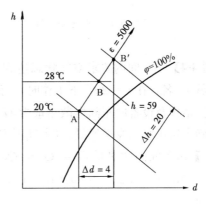

图 4-9　平行线法绘热湿比线　　　　图 4-10　辅助点法绘制热湿比线

4.2.3　焓湿 h-d 图的简单应用

1. 湿空气的 h-d 图和其他坐标图一样，图上的点可表示一个确定的湿空气状态。从通过该点的各定值线，可查出该点的各状态参数值。所以，湿空气的 h-d 图可用来确定湿空气的状态点和其状态点的未知状态参数值。

2. 求湿空气的露点温度和相对湿度。

3. 进行湿空气的热、湿计算，求出交换热量及功量等。

4. 在图上直观地表示湿空气状态和热力过程进行的方向。

【例题 4-3】已知大气压力 $B = 101325\text{Pa}$，空气的温度 $t = 20℃$，相对湿度 $\varphi = 60\%$，试用 h-d 图求露点温度 t_{ld} 和湿球温度 t_{wet}。

【分析】将不饱和空气定压冷却达到饱和时，所对应的温度即为露点温度。所在 h-d 图上，其过程是不饱和状态空气由状态点 A 沿等湿线 d_A 冷却到与 $\varphi = 100\%$ 的饱和线相交，则交点 C 的温度即为 A 状态空气的露点温度 t_{ld}，如图 4-11 所示；空气的干、湿球温度状态点之间具有等焓关系，且湿球温度状态点处在饱和线上，据此可过点 A 作等焓线交饱和线 B，B 点的温度即为要求的湿球温度，如图 4-11 所示。

【解】已知 $B=101325Pa$，$t=20℃$，$\varphi=60\%$，在 h-d 图上确定空气状态点 A，见图 4-11。过 A 点作等湿线（垂直线）与饱和线相交于点 C，查得点 C 的温度，即所求的露点温度 $t_{ld}=12℃$。

过 A 点引等焓线 $h=42.5kJ/kg$（d，a）与 $\varphi=100\%$ 线相交，则交点 B 的温度即为 A 状态空气的湿球温度，$t_{wet}=15.2℃$（如图 4-11 所示）。

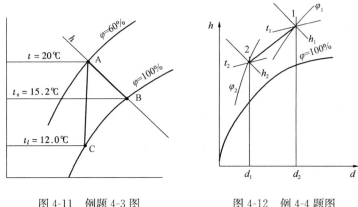

图 4-11　例题 4-3 图　　　　　图 4-12　例 4-4 题图

【例题 4-4】某车间内要求空气状态达到 $t_1=20℃$，相对湿度 $\varphi_1=50\%$。已知车间共有工作人员 10 名，在 $t_2=20℃$ 下工作时，每人散热量为 530kJ/h、散湿量为 80g/h。并知车间的围护结构及设备向车间内散热量为 4700kJ/h、散湿量为 1200g/h。若送风温度 $t_2=12℃$，试确定送风状态及送风量。（大气压 $B=0.1MPa$）

【分析】由车间的散热量 $Q(=Q_1=Q_2=10×530+4700=10000kJ/h)$ 和散湿量 $M_{wat}(=m_{wat1}\Delta d_1+m_{wat2}\Delta d_2=80×10+1.2×1000=2000g/h)$，可知该过程的热湿比（或角系数）为

$$\varepsilon = 10^3 \frac{\Delta h}{\Delta d} = 10^3 \times \frac{Q}{M_{wat}} = 10^3 \times \frac{10000}{2000} = 5000$$

然后根据车间要求达到的空气状态 $t_1=20℃$、$\varphi_1=50\%$，在 h-d 图上确定状态点 1，见图 4-12；通过状态点 1，作与角系数 $\varepsilon=5000$ 平行的直线交 $t_2=20℃$ 的定温线于点 2，即得送风状态点；再由空气的热平衡等式最后求得送风量。

【解】由图中确定的状态点 1，查出 $h_1=39kJ/kg$（d，a），并查出送风状态点 2 的参数为：

$$\varphi_2 = 48\%; \quad h_2 = 23kJ/kg(d,a); \quad d_2 = 4g/kg(d,a)$$

所以，送风量为

$$m_{dry} = \frac{Q}{\Delta h} = \frac{10000}{39-23} = 625kg(d,a)/h$$

或送湿空气量

$$m_w = (1+10^{-3}d_2)m_{dry} = (1+10^{-3}×4)×625 = 627.5kg/h$$

4.3 湿空气的热力过程

湿空气的热力过程主要是湿空气处理中的加热、冷却、加湿、减湿等，工程上进行空气处理的实际过程一般是上述典型过程的组合。本节对湿空气的典型过程进行讨论。

4.3.1 加热过程

空气调节中常用表面式空气加热器（或电加热器）来处理空气。当空气通过加热器时获得了热量，提高了温度，但含湿量并没变化。因此，空气状态变化是等湿增焓升温过程，如图 4-13 中过程线为 1→2。在状态变化过程中空气吸热、温度升高、焓增加 $h_2 > h_1$、相对湿度减小、含湿量不变 $d_1 = d_2$。所以，在过程 1→2 中 1kg 干空气所组成湿空气所吸收的热量为

$$q = \Delta h = h_2 - h_1 \quad kJ/kg(d,a)$$

在过程 1→2 中，由于 $\Delta h > 0$，$\Delta d = 0$，故其热湿比 ε 为：

$$\varepsilon = 10^{-3} \frac{\Delta h}{\Delta d} = +\infty$$

湿空气的单纯加热过程常用于干燥空气。在物料干燥过程中，首先使空气通过加热器，降低其相对湿度，增大其吸湿能力，然后再让其通过干燥室，吸收被干燥物料的水分，达到干燥物料的目的。

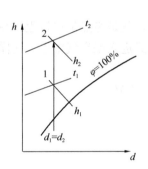

图 4-13 湿空气的加热过程

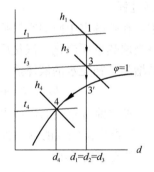

图 4-14 湿空气的冷却过程

4.3.2 冷却过程

湿空气的冷却过程是在空气冷却器中进行的。可分为单纯冷却和冷却去湿两种情况。

1. 单纯冷却

图 4-14 中过程 1→3 所示为单纯冷却过程。可以看出在过程 1→3 中，湿空气放热、温度降低、焓减小、相对湿度增大，含湿量保持不变。1kg 干空气组成的湿空气在过程中的放热量为

$$q = \Delta h = h_3 - h_1 \quad kJ/kg(d,a)$$

在过程 1→3 中，由于 $\Delta h < 0$，$\Delta d = 0$，

故

$$\varepsilon = 10^{-3} \frac{\Delta h}{\Delta d} = -\infty$$

显然冷却器表面温度比空气露点温度高，则空气将在含湿量不变的情况下冷却，其焓

值必相应减少。因此，空气状态为等湿、减焓，降温过程。

2. 冷却去湿过程

在上述冷却过程中，若一直冷却到饱和湿空气状态，即温度降到其露点温度，再继续冷却，将有水蒸气凝结为水析出。这是湿空气仍处于饱和状态，$\varphi=1$ 的定相对湿度线，向含湿量减小的方向进行，如图 4-14 中 $1\rightarrow3'\rightarrow4$ 所示，该过程就是冷却去湿过程。在过程 $1\rightarrow3'\rightarrow4$ 中，湿空气温度降低、焓减小、含湿量先不变后减小，相对湿度先增大而后保持 $\varphi=1$ 不变。1kg 干空气组成的湿空气在过程中的放热量为

$$q = \Delta h = h_4 - h_1 \quad \text{kJ/kg(d,a)}$$

所析出水分为

$$\Delta d = d_4 - d_3 = d_4 - d_1 \quad \text{g/kg(d,a)}$$

在过程 $1\rightarrow3'\rightarrow4$ 中，$\Delta h<0$，$\Delta d<0$，

故

$$\varepsilon = 10^{-3} \frac{\Delta h}{\Delta d} > 0$$

该过程即空调工程中常用的冷却干燥过程。

4.3.3 加湿过程

对湿空气加湿有两种方法：其一是在绝热的条件下，对湿空气加入水分，来增加其含湿量，称为绝热加湿过程；其二是保持温度不变的情况下，向湿空气中加入有限量水蒸气，称为定温加湿过程。下面分别加以介绍。

1. 绝热加湿过程

空调工程中，在喷淋室中向湿空气喷入循环水，就是绝热加湿过程。在该过程中，水分从湿空气本身吸取热量而汽化，汽化后的水蒸气又进入湿空气中去。这样湿空气本身焓变化很小，只是增加了补充水的液体热，有

$$h_2 = h_1 + 10^{-3}(d_2 - d_1)h_{\text{wat}}$$

式中　h_1、d_1——加湿前湿空气的焓和含湿量；

$\quad\quad h_2$、d_2——加湿后湿空气的焓和含湿量；

$\quad\quad h_{\text{wat}}$——补充水的焓值。

由于 $10^{-3}(d_2-d_1)h_{\text{wat}}$ 与湿空气的焓 h_1 和 h_2 相比是很小的，可以忽略不计，故有 $h_1=h_2$。

绝热加湿过程可视为定焓过程，如图 4-15 中 $1\rightarrow2$ 所示。过程沿定焓线进行，过程中温度降低，含湿量和相对湿度均增大。过程中 1kg 干空气组成的湿空气增加的水分为

$$\Delta d = d_2 - d_1 \quad \text{g/kg(d,a)}$$

又由于过程中，$\Delta h=0$，$\Delta d>0$，

故

$$\varepsilon = 10^{-3} \frac{\Delta h}{\Delta d} = 0$$

在干燥物料的过程中，空气通过干燥室吸收物料中的水分，空气进行的就是绝热加湿过程。

2. 定温加湿过程

若向湿空气加入有限量的大气压力 B 下的饱和蒸汽或稍过热的蒸汽，使空气仍处于未饱和状态。这样虽然蒸汽温度较高，但加入量有限，使湿空气温度没有明显提高，即可

视为定温加湿过程，如图 4-16 中 1→2 所示。对该过程还可作如下说明。

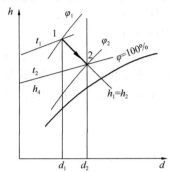

图 4-15　绝热加湿过程

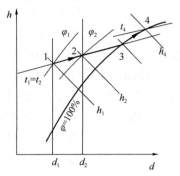

图 4-16　定温加湿过程

若将 Dkg 压力为 0.1MPa 饱和蒸汽喷入 $m$kg 干空气所组成的湿空气中。通过水蒸气表查得该饱和蒸汽焓为 $h''=2676$kJ/kg。

在该过程中，$\Delta h=\dfrac{Dh''}{m}=2676\dfrac{D}{m}$，$\Delta d=10^3\dfrac{D}{m}$

故该加湿过程的角系数为 $\varepsilon=10^3\dfrac{\dfrac{D}{m}}{\quad}=2676$

从 h-d 图上的角系数辐射线可看出，$\varepsilon=2676$ 的过程与定温过程十分接近，故将该过程视为定温加湿过程，在工程上是完全可行的。

在定温加湿过程 1→2 中，湿空气温度不变、焓增大、含湿量增大、相对湿度增大。过程中由于 $\Delta h>0$，$\Delta d>0$，故 $\varepsilon=10^{-3}\dfrac{\Delta h}{\Delta d}>0$。

在上述过程中，若喷入蒸汽量过多，将使湿空气达到饱和状态，如图 4-16 中 1→3 所示。

这时喷入蒸汽量为（$\Delta d=d_3-d_1$）g/kg（d，a）。若继续喷入蒸汽，将会发生蒸汽凝结为水而析出，在蒸汽凝结中放出潜热，使湿空气温度升高。湿空气状态沿 $\varphi=1$ 的饱和湿空气线，向含湿量增加、温度升高、焓增大的方向变化。

4.3.4　绝热混合过程

将两股或多股状态不同的湿空气相混合，可以得到温度、湿度和洁净度均符合要求的空气，是空调工程中经常采用的方法。工程上可将一部分循环空气（又称为回风）加以利用，以节省部分热量或冷量来提高空调系统的经济性。若上述混合过程与外界没有热量交换，即为绝热混合过程。可以看出绝热混合后所得到的湿空气状态取决于混合前各股湿空气的状态及它们参与混合的流量比例。

不同状态的空气互相混合，在空气调节过程中是最基本、最节能的处理过程。例如：新回风的混合，冷热风的混合，干湿风的混合等等。为此，必须研究不同状态的空气混合规律及空气混合时在 h-d 图上的表示。具体方法如下：

设有两种状态分别为 A 和 B 的空气相混合，根据能量和质量守恒原理，有

$$G_A h_A+G_B h_B=(G_A+G_B)h_C \tag{4-14}$$

$$G_A d_A+G_B d_B=(G_A+G_B)d_C \tag{4-15}$$

混合后空气的状态点即可从式（4-14）和（4-15）中解出，即

$$h_C = (G_A h_A + G_B h_B)/(G_A + G_B) \qquad (4-16)$$

$$d_C = (G_A d_A + G_B d_B)/(G_A + G_B) \qquad (4-17)$$

这里需要注意的是：G 的单位本应当是 kg（d，a），但是由于空气中的水蒸气量是很少的，因此用湿空气的质量代替干空气的质量计算时，所造成的误差处于工程计算所允许的范围。在后面的讨论中，都是用湿空气的质量代替干空气的质量进行，将不再特别说明。

由式（4-14）和式（4-15）可以分别解得

$$G_A/G_B = (h_B - h_C)/(h_C - h_A)$$

$$G_A/G_B = (d_B - d_C)/(d_C - d_A)$$

即

$$(h_B - h_C)/(h_C - h_A) = (d_B - d_C)/(d_C - d_A)$$

由上式可以得出

$$(h_B - h_C)/(d_B - d_C) = (h_C - h_A)/(d_C - d_A)$$

上式中的左边是直线 BC 的斜率，右边是直线 CA 的斜率。两条直线的斜率相等，说明直线 BC 与直线 CA 平行。又因为混合点 C 是两直线的交点，说明状态点 A、B、C 是在一条直线上，如图 4-17 所示。

从图中可知，由平行切割定理

$$BC/CA = (d_B - d_C)/(d_C - d_A)$$

又因为

$$(d_B - d_C)/(d_C - d_A) = (h_B - h_C)/(h_C - h_A) = G_A/G_B$$

所以

$$BC/CA = G_A/G_B \qquad (4-18)$$

此结果表明：当两种不同状态的空气混合时，混合点在过两种空气状态点的连线上，并将过两状态点的连线分为两段。所分两段直线的长度之比与参与混合的两种状态空气的质量成反比（即混合点靠近质量大的空气状态点一端）。

如果混合点 C 出现在过饱和区，这种空气状态的存在只是暂时的，多余的水蒸气会立即凝结，从空气中分离出来，空气将恢复到饱和状态。多余的水蒸气凝结时，会带走水的显热。因此，空气的焓略有减少。空气状态的变化如图 4-18 所示。并存在如下的关系：

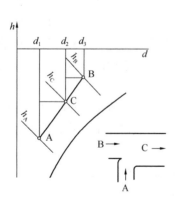

图 4-17　湿空气混合过程

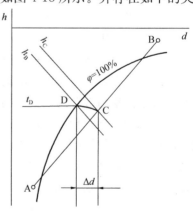

图 4-18　过饱和区空气状态的变化过程

66

$$h_\text{D} = h_\text{C} - 4.19\Delta d\, t_\text{D} \tag{4-19}$$

式中的 h_D、Δd 和 t_D 是三个互相有关的未知数，要确定 h_D 的值，需要用试算法。实际上，由于水分带走的湿热很少，空气的变化过程线也可近似看作是等熵过程。

【例题 4-5】在空调设备中，将温度为 30℃、相对湿度为 75% 的湿空气先冷却去湿达到温度为 15℃，然后再加热到温度为 22℃。干空气流量 $m_\text{dry} = 500$ kg（d，a）/min。试确定调节后空气的状态、冷却器中空气的放热量和凝结水量、加热器中的加热量。

【分析】先将空气处理过程表示在 h-d 图上，如图 4-19 所示。1→2→3 为冷却去湿过程，3→4 为加热过程。图中 $t_1 = 30$℃，$\varphi_1 = 75\%$，$t_3 = 15$℃，$t_4 = 22$℃为已知。

【解】从 h-d 图可查得：空气状态 1 的 $h_1 = 82$kJ/kg（d，a），$d_1 = 20.4$g/kg（d，a）；空气状态 3 的 $h_3 = 42$kJ/kg（d，a），$d_3 = 10.7$g/kg（d，a）；空气状态 4 的 $h_4 = 49$kJ/kg（d，a），$d_4 = d_3 = 10.7$g/kg（d，a），$\varphi_4 = 64\%$。所以

冷却器中空气的放热量：
$$Q = m_\text{dry}(h_3 - h_1) = 500(42 - 82) = -2 \times 10^4\,\text{kJ/min}$$

凝结水量：
$$m_\text{wat} = m_\text{dry}(d_1 - d_3) = 500(20.4 - 10.7)/1000 = 4.85\,\text{kg/min}$$

加热器中的加热量：
$$Q_2 = m_\text{dry}(h_4 - h_3) = 500(49 - 42) = 3500\,\text{kJ/min}$$

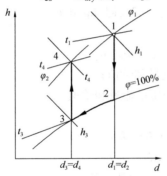　　　　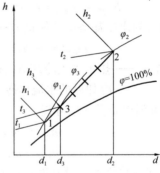

　　图 4-19　例题 4-5 图　　　　　图 4-20　例题 4-6 图

【例题 4-6】某空调系统采用新风和部分室内回风混合处理后送入空调房间。已知大气压力 $B = 101325$Pa，回风量 $m_1 = 10000$kg/h，回风状态的 $t_1 = 20$℃，$\varphi_1 = 60\%$。新风量 $m_2 = 2500$kg/h，新风状态的 $t_2 = 35$℃，$\varphi_2 = 80\%$。试确定出空气混合后的状态点 3。

【分析】两种不同状态空气的混合状态点可根据混合规律用作图法确定，如图 4-20 所示。

【解】在 h-d 图上，由已知条件确定出空气 1 和空气 2 的状态点 1 和 2，由式（4-18）知：
$$\frac{\overline{23}}{\overline{31}} = \frac{m_1}{m_2} = \frac{10000}{2500} = \frac{4}{1}$$

将线段 $\overline{12}$ 五等分，则状态点 3 位于靠近 1 点的一等分处。从 h-d 图上查得：
$$h_3 = 56\,\text{kJ/kg(d,a)}$$
$$d_3 = 12.8\,\text{g/kg(d,a)}$$

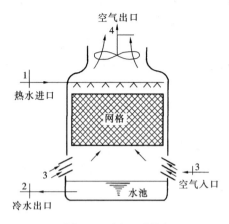

空气出口
4

1
热水进口

网格

3
空气入口
2
冷水出口
水池

图4-21　例4-7题图

$t_3 = 23℃$

$\varphi_3 = 72\%$。

【例题4-7】 冷却塔将水从 $t_1 = 38℃$ 冷却到 $t_2 = 23℃$，水进入塔时流量为 $m_{wat1} = 100 \times 10^3 \text{kg/h}$。从塔底进入的空气为 $t_3 = 15℃$、$\varphi = 50\%$，塔顶排出的空气为 $t_4 = 30℃$ 的饱和湿空气，如图4-21所示。若大气压力 $B = 0.1\text{MPa}$，求所需空气流量及过程中蒸发的水量。

【分析】 本题可通过冷却塔中的热平衡（空气进出冷却塔吸收的热量等于水进出冷却塔所放出的热量）和质量守恒定律（空气进出冷却塔所吸纳的水分质量应等于水进出冷却塔所蒸发的水分质量）来解得所需空气流量及过程中蒸发的水量。

【解】 1. 从 h-d 图可查得

$$d_3 = 5.2\text{g/kg(d,a)}, h_3 = 28.8\text{kJ/kg(d,a)}$$
$$d_4 = 27.7\text{g/kg(d,a)}, h_4 = 101\text{kJ/kg(d,a)}$$

而

$$h_{wat1} = c_{pwat} \cdot t_1 = 4.18 \times 38 = 159.1\text{kJ/kg(d,a)}$$
$$h_{wat2} = c_{pwat} \cdot t_2 = 4.18 \times 23 = 96.3\text{kJ/kg(d,a)}$$

2. 据题意可列出冷却塔中的能量方程为

$$m_{dry}(h_4 - h_3) = m_{wat1}h_{wat1} - m_{wat2}h_{wat2}$$

式中 m_{wat1}、h_{wat1}——热水进入冷却塔时的质量流量和焓值；

m_{wat2}、h_{wat2}——冷却后的水流出冷却塔时的质量流量和焓值。

对于水还可列出质量守恒方程

$$m_{wat1} - m_{wat2} = m_{dry}(d_4 - d_3)$$

或

$$m_{wat2} = m_{wat1} - m_{dry}(d_4 - d_3)$$

3. 将上式和参数代入能量方程，可求得所需干空气质量流量

$$m_{dry} = \frac{m_{wat}(h_{wat \cdot 1} - h_{wat \cdot 2})}{(h_4 - h_3) - (d_4 - d_3)h_{wat \cdot 2}}$$
$$= \frac{100 \times 10^3 \times (159.1 - 96.3)}{(101 - 28.2) - 10^{-3}(27.7 - 5.2) \times 96.3}$$
$$= 88910\text{kg(d·a)/h}$$

$$m_{day} = \frac{m_{wat}(h_{wat \cdot 1} - h_{wat \cdot 2})}{(h_4 - h_3) - (d_4 - d_3)h_{wat \cdot 2}}$$
$$= \frac{100 \times 10^3 \times (159.1 - 96.3)}{(101 - 28.2) - (27.7 - 5.2) \times 10^{-3} \times 96.3}$$
$$= 88910\text{kg(d,a)/h}$$

进入塔底的湿空气质量流量为

$$m_{wat3} = m_{dry}(1 + 10^{-3}d_3) = 88910(1 + 10^{-3} \times 5.2) = 89370\text{kg/h}$$

蒸发水量

$$m_{wat} = m_{dry}(d_4 - d_3) = 88910(27.7 - 5.2) \times 0^{-3} = 2000\text{kg/h}$$

单　元　小　结

1. 湿空气的组成及其状态参数。湿空气是由干空气和水蒸气组成的混合理想气体。其状态参数状态通常可以用压力、温度、相对湿度、含湿量及焓等参数来度量和描述。这些参数称为湿空气的状态参数。应当明确必须有三个独立的参数才能确定湿空气的状态。

2. 焓-湿图的绘制和应用。湿空气的 h-d 图是在一定大气压力下，依据其状态参数间的关系式绘制的。h-d 图的纵横坐标轴构成 135° 的斜角坐标系统，图上有定焓线、定含湿量线、定温线、定相对湿度线，并标有水蒸气的分压力及角系数辐射线。利用 h-d 图可解决以下计算问题：（1）湿空气的 h-d 图和其他坐标图一样，图上的点可表示一个确定的湿空气状态。从通过该点的各定值线，可查出该点的各状态参数值。所以，湿空气的 h-d 图可用来确定湿空气的状态点和其状态点的未知状态参数值。（2）求湿空气的露点温度和相对湿度。（3）进行湿空气的热、湿计算，求出交换热量及功量等。（4）在图上直观地表示湿空气状态和热力过程进行的方向。

3. 湿空气的热力过程。主要包括湿空气处理中的加热、冷却、加湿、减湿等过程，工程上进行空气处理的实际过程一般是上述典型过程的组合。工程中常利用 h-d 图查出这些过程的初、终态参数，进而进行分析计算。

思 考 题 与 习 题

1. 湿空气中的水蒸气分压力和饱和水蒸气分压力有什么不同？

2. 解释下列现象

(1) 夏天自来水管外表面出现水珠现象；

(2) 寒冷地区冬季，人在室外呼出的气是白色的。

3. 热湿比的物理意义是什么？

4. 已知某一状态湿空气的温度为 30℃，相对湿度为 50%，当地大气压力为 101325Pa。试求该状态湿空气的含湿量、水蒸气分压力和露点温度。

5. 已知某房间体积为 100m³，室内温度为 20℃，压力为 101325Pa，现测得水蒸气分压力为 1600Pa。试求：（1）相对湿度和含湿量；（2）房间内湿空气、干空气和水蒸气的质量；（3）空气的露点温度。

6. 有一空调冷水管通过空气温度为 20℃ 的房间，如果管道内的冷水温度为 10℃，且没有保温，为了防止水管表面结露，房间内所允许的最大相对湿度是多少？

7. 2kg 压力为 101325Pa、温度为 32℃、相对湿度为 50% 的湿空气，处理后的温度为 22℃，相对湿度为 85%。试求：（1）状态变化过程的热湿比；（2）空气处理过程中的热交换量和湿交换量。

8. 已知空气压力为 101325Pa，用 h-d 图确定下列各空气状态的其他状态参数，并填写在空格内。

参数	t	d	φ	h	t_{wat}	t_d	p_{vap}
单位	℃	g/kg (d, a)	%	kJ/kg (d, a)	℃	℃	Pa
1	22		64				
2		7		44			
3	28						
4			70			14.7	
5						11	

9. 试用作图法做出起始状态温度为 18℃，相对湿度为 45%，热湿比 ε 为 5000 和 2000kJ/kg 的空气状态变化过程线。

10. 已知空调系统的新风量及其状态参数为 $G_W = 200$kg/h，$t_{wat} = 31$℃，$\varphi_w = 80\%$。回风量及其状态参数为 $G_N = 1400$kg/h，$t_N = 22$℃，$\varphi_N = 60\%$。试求新风与回风混合后混合空气的温度、含湿量和焓。

11. 某空调系统每小时需要 $t_c = 21$℃、$\varphi_c = 60\%$ 的湿空气 12000m³。若新空气 $t_1 = 5$℃、$\varphi_1 = 80\%$；循环空气 $t_2 = 25$℃、$\varphi_2 = 70\%$。将新空气加热后，与循环空气混合送入空调系统。试求：（1）需将新空气加热到多少度？（2）新空气与循环空气进行绝热混合，它们的质量各为多少 kg？

教学单元 5 喷管流动和节流流动

【教学目标】通过本单元的学习，学生了解喷管和扩压管的概念、类型及工程应用；掌握喷管截面变化与气流速度变化的控制规律，能进行喷管、扩压管类型选择；了解节流的概念与作用，节流的过程特点和节流阀的工程应用。

气体与水蒸气在喷管及扩压管中的绝热流动过程不仅广泛地应用于汽轮机、燃气轮机等动力设备中，也应用于通风、空调及燃气等工程中引射器等热力设备中。

气体流动过程中状态参数的变化与气体速度的变化有关，而气流速度的变化又由气体能量转化而来，所以气体在喷管和扩压管中进行稳定绝热流动的规律就是我们所要研究的一个重要内容。

本单元主要讲述绝热流动基本方程；气体在喷管和扩压管内压力和流速间变化规律；喷管、扩压管的工作原理及工程应用；绝热节流及其应用。

5.1 绝热稳定流动的基本方程

5.1.1 稳定流动的连续性方程

稳定流动就是工质以恒定的流量连续不断地进出系统，系统内部及界面上各点工质的状态参数和宏观运动参数保持一定，不随时间变化。根据连续流动的质量守恒定律，在稳定流动过程中，通道内各截面上的质量流量都相等，并且不随时间而变化，

因
$$m_1 = m_2 = \cdots\cdots = m = 常数, m = \frac{fc}{v} = fc\rho$$

所以
$$\frac{f_1 c_1}{v_1} = \frac{f_2 c_2}{v_2} = \cdots\cdots = \frac{fc}{v} = 常数 \tag{5-1a}$$

$$f_1 c_1 \rho_1 = f_2 c_2 \rho_2 = \cdots\cdots = fc\rho = 常数 \tag{5-1b}$$

式中 m_1、m_2、$\cdots\cdots$、m——各截面处的质量流量（kg/s）；

f_1、f_2、$\cdots\cdots$、f——各截面处的截面积（m²）；

c_1、c_2、$\cdots\cdots$、c——各截面处的气流速度（m/s）；

v_1、v_2、$\cdots\cdots$、v——各截面处的气体比容（m³/kg）。

对微元稳定流动过程，有

$$\frac{\mathrm{d}c}{c} + \frac{\mathrm{d}f}{f} - \frac{\mathrm{d}v}{v} = 0 \tag{5-2a}$$

$$\frac{\mathrm{d}f}{f} + \frac{\mathrm{d}c}{c} + \frac{\mathrm{d}\rho}{\rho} = 0 \tag{5-2b}$$

式（5-1）和式（5-2）均为连续性方程的数学表达式。该方程说明流速、截面积和比容或密度间的相互制约关系，适用于任何工质的可逆或不可逆的稳定流动过程。

5.1.2　稳定流动的能量方程

稳定流动过程必然满足单元 2 的稳定流动能量方程

即
$$q = (h_2 - h_1) + \frac{1}{2}(c_2^2 - c_1^2) + g(z_2 - z_1) + w_s$$

在管道流动中，$z_1 = z_2$、$w_s = 0$，又因工质流过时间较短，与外界换热可忽略不计，可认为 $q = 0$，则

$$\frac{1}{2}(c_2^2 - c_1^2) = h_1 - h_2 \tag{5-3}$$

对微元绝热稳定流动，式（5-3）可写成

$$\mathrm{d}\frac{c^2}{2} = -\mathrm{d}h \quad 或 \quad c\mathrm{d}c = -\mathrm{d}h \tag{5-4}$$

式（5-3）和式（5-4）称为绝热稳定流动的能量方程，适用于任何工质不做轴功的可逆或不可逆的绝热流动过程。

5.1.3　绝热过程方程

气体在管道中进行可逆绝热流动时，符合定熵过程方程，即

$$pv^k = 常数 \tag{5-5}$$

对于微元定熵过程，则可积分上式，得

$$\frac{\mathrm{d}p}{p} + k\frac{\mathrm{d}v}{v} = 0 \tag{5-6}$$

式（5-5）和（5-6）表示绝热过程的状态参数变化规律，称为定熵方程式，只适用于理想气体的比热比 k 为常数（定比热）的可逆绝热过程。对变比热的定熵过程，k 应取过程范围内的平均值。对于水蒸气在可逆绝热过程中状态参数的变化，可通过水蒸气表和 h-s 图查得。

5.2　喷管流动规律与喷管、扩压管的正确选用

5.2.1　喷管（扩压管）流动的基本规律

气流在喷管或扩压管内的状态、速度变化及能量转换情况与流道的截面形状有关，经过理论推导，流道截面的变化率 $\mathrm{d}f/f$ 与气流速度变化率 $\mathrm{d}c/c$ 有如下关系：

$$\frac{\mathrm{d}f}{f} = (M^2 - 1)\frac{\mathrm{d}c}{c} \tag{5-7}$$

式中　M——马赫数，为气流的速度 c 与当地音速 a 的比值，即 $M = c/a$，反映气体流动的特性。

在马赫数 M 计算式中，当地音速 a 的大小是由气体所处的状态和性质所决定，$a = \sqrt{kpv}$，（k 是绝热指数）。当 $M < 1$ 时，气体流速 c 小于当地音速 a，称气体以亚音速流动；当 $M = 1$ 时，气体流速等于当地音速，称为气体的临界速度；当 $M > 1$ 时，气体流速 c 大于当地音速 a，称气体以超音速流动。

从式（5-7）可以看出，当气流速度变化时，气流流道截面究竟是扩大还是缩小，应取决于（$M^2 - 1$）和 $\mathrm{d}c$ 的正、负情况。作为喷管（把气流的压力能转换成动能的短管）来说，有以下几种情况（表 5-1）：

喷管、扩压管流速变化与截面变化关系 表 5-1

管道形状　　流动状态　管道种类	$M<1$	$M>1$	缩放形喷管 $M<1$ 转 $M>1$ 缩放形扩压管 $M>1$ 转 $M<1$
喷管 $dc>0$ $dp<0$	$M<1$ → $df<0$	$M>1$ → $df>0$	$M<1$ → $M=1$ → $M>1$ $df<0$ $df>0$
扩压管 $dp>0$ $dc<0$	$M<1$ → $df>0$	$M>1$ → $df<0$	$M>1$ → $M=1$ → $M<1$ $df<0$ $df>0$

（1）当气流进口速度为亚音速时，由于 $M<1$，M^2-1 为负值，要使气流的动能增大，即 $dc/c>0$，必需使 $df<0$，即应选用渐缩式喷管，见图 5-1（a）；

（2）当气流进口速度为超音速时，由于 $M>1$，M^2-1 为正值，要使气流的动能增大，即 $dc/c>0$，必需使 $df>0$，即应选用渐扩式喷管，见图 5-1（b）；

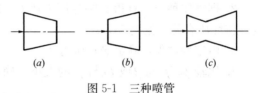

图 5-1　三种喷管
（a）渐缩型；（b）渐扩型；（c）缩放型

（3）当气流亚音速输入喷管，一直膨胀到超音速输出时，则喷管截面应先收缩，使气流速度上升到当地音速 a，$M=1$ 时，再逐渐扩大，即应选用缩放式喷管，见图 5-1（c）。

在实际工程中，流体工质一般是亚音速输入喷管的，因而都出现（1）、（3）两种情形，所以常用的喷管为渐缩式和缩放式两种。

5.2.2　喷管、扩压管的正确选用

在很多热力设备中，能量的转换是在工质流动速度及热力状态同时变化的热力过程中实现的。凡是使工质的流速增加，压力下降，将工质的压力能转换为动能的管子称为喷管；相反，使工质的速度降低，压力增大，将工质的动能换变为压力能的管子称为扩压管。喷管、扩压管的作用与分类情况见表 5-2。

喷管、扩压管的作用与分类 表 5-2

	作用	类　型	进管流动状态	工程应用
喷管 $dc>0$ $dp<0$	降压 增速	渐缩型喷管	$M<1$ 亚音速	燃烧器喷嘴
		渐扩型喷管	$M>1$ 超音速	
		缩放型喷管——拉伐尔（Laval）喷管	$M<1$ 转 $M>1$ 亚音速→超音速	蒸汽引射器

	作用	类　型	进管流动状态	工程应用
扩压管 dp>0 dc<0	减速 增压	渐缩型扩压管	M>1 超音速	
		渐扩型扩压管	M<1 亚音速	
		渐缩渐扩型扩压管	M>1 转 M<1 超音速→亚音速	燃烧器引射器

通过喷管选择的讨论，不难得出扩压管选择的规律：

（1）当流体工质以亚音速输入，亚音速输出扩压管时，应选用渐扩式扩压管；

（2）当流体工质以超音速输入，亚音速输出扩压管时，应选用渐缩渐扩式扩压管；

（3）当流体工质是以超音速输入，又以超音速输出扩压管时，则应选用渐缩式扩压管。这种情形由于流体流动的动能还很大，没有充分转换成压力能，所以工程上很少使用。

工程上，往往是已知工质的进口压力 p_1 等参数和喷管出口压力（即喷管外介质的压力，又称背压 p_b），在此我们就对这种情况下喷管的选择作一介绍。

方法一：

1. 进口参数和气体在喷管的流动过程，确定出口压力 p_2；

2. 据气体种类，查得其临界压力比 β（为临界压力 p_c 与喷管进口压力 p_1 之比，其值与气体性质有关，见表 5-3）；

3. 由定熵过程，确定滞止压力 p_0；

4. 比较 p_b/p_c 与 β 或 p_b 与 p_c 的大小，确定喷管形式。具体选择见表 5-4。

气体的临界压力比 β 值　　　　　　　　　　　　　　　表 5-3

气体种类	k	β	气体种类	k	β
单原子气体	1.67	0.487	过热蒸汽	1.3	0.546
双原子气体	1.4	0.528	饱和蒸汽	1.135	0.577
多原子气体	1.3	0.546	湿蒸汽	1.035+0.1x	

喷管的正确选用方法一　　　　　　　　　　　　　　　表 5-4

	条　件	喷管选型结论
1	当 $\dfrac{p_b}{p_1}$≥β时，或（p_b≥p_c）	选渐缩型喷管
2	当 $\dfrac{p_b}{p_1}$<β时，或（p_b<p_c）	选缩放型喷管

方法二：

当已知气体进口流动状态时，选型见表 5-5。

喷管的正确选用方法二　　　　　　　　　　　　　　　表 5-5

	条　件	喷管选型	扩压管选型
1	当进口气体流速 v<$\sqrt{kRT}$ 为亚音速时	选渐缩型喷管	选渐扩型管
2	当进口气体流速 v>$\sqrt{kRT}$ 为超音速时	选渐扩型喷管	选渐缩型管
3	由亚音速转超音速，即 M<1→M>1	选缩放型喷管	选渐放渐缩型管
4	由超音速转亚音速，即 M>1→M<1	选渐放渐缩型管	选渐缩渐放型管

5.2.3 喷管、扩压管的工程应用举例与结构形式

喷管和扩压管在实际工程中有广泛的使用。例如汽轮机、锅炉注水器、采暖喷射器、制冷机及空气调节诱导器等，都用到喷管或扩压管来实现能量的转换。如图 5-2 所示为采暖系统中使用的蒸汽喷射器就是一个例子。

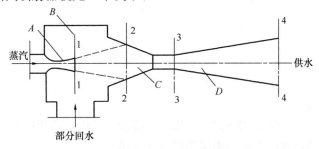

图 5-2　蒸汽喷射器的工作原理
A—拉伐尔喷管；B—引水室；C—混合室；D—扩压管

喷射器由喷管、引水室、混合室、扩压室四部分组成。当喷射器工作时，具有一定压力的蒸汽通过喷管产生较高的流速，在喷管出口及其四周形成较低的压力把采暖系统的部分回水吸入引水室并进入混合室。在混合室中，蒸汽被凝结，回水被加热，混合后的热水以较高的速度进入扩压管。在扩压管内，热水流速逐渐降低，压力升高，离开扩压管后进入采暖系统而循环。

对于喷管，由于气流经过时的流速很高，时间很短，来不及和外界进行热的交换，可认为气流在喷管内的流动为绝热稳定流动。根据绝热方程式 $pv^k=$ 常数，由于气流压力 p 降低，比体积 v 必然增大，所以气流在喷管中的流动过程为绝热膨胀过程。又由于气流的速度增加，根据绝热稳定流动能量方程，气流的焓必然降低。因此，喷管的作用就在于气体和蒸汽的膨胀过程中，将部分焓转变成动能，使气流以较高的速度从喷管流动。

常用的喷管有渐缩式和缩放式两种结构形式，如图 5-3 所示。截面积逐渐减小的叫渐缩式喷管，截面积先收缩后再扩大的叫缩放式喷管。

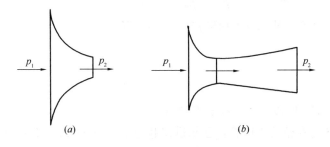

图 5-3　常用喷管
（a）渐缩式喷管；（b）缩放式喷管

对于扩压管，当高速低压的气流流经扩压管时，同样可以看作是绝热稳定流动过程。由于气流压力 p 逐渐升高，则比体积 v 必然减小，所以气流在喷管中的流动过程为绝热压缩过程。从能量转换的角度来说，气体的动能降低而焓值增加。因此，扩压管的作用与喷管相反（相当于倒置的喷管），是使气体在绝热压缩的过程中，将动能转变成焓，使气

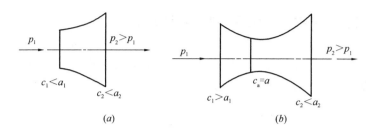

图 5-4 常用扩压管

(a) 渐扩式扩压管；(b) 渐缩渐扩式扩压管

体的压力和温度升高。

常用的扩压管也有两种结构形式，如图 5-4 所示。其中截面积逐渐扩大的叫渐扩式扩压管，截面积先收缩后再扩大的叫渐缩渐扩式扩压管。

【例题 5-1】进入喷管的水蒸气是压力 $p_1 = 0.5$MPa 的干饱和蒸汽，背压 $p_b = 0.1$MPa。为了保证在喷管中充分定熵膨胀，应采用什么喷管？

【分析】用背压 p_b 与临界压力 p_c（$= \beta \cdot p_1$）进行比较，然后根据表 5-3 得出喷管选型的结论。

【解】由表 5-3 查得干饱和蒸汽的临界压力比 $\beta = 0.577$，则临界压力为

$$p_c = \beta \cdot p_1 = 0.577 \times 0.5 = 0.2885 \text{MPa}$$

由于 $p_c > p_b = 0.1$MPa，为了充分膨胀，必须选用渐缩渐扩型喷管。

【例题 5-2】若压力 $p_1 = 0.5$MPa、温度 $t_1 = 50$℃ 的空气以初速度 $c_1 = 80$m/s 进入喷管进行定熵流动，然后喷入大气，已知大气压力 $B = 0.1$MPa，试确定应选何种喷管？

【分析】用喷管的实际压缩比 β'（$= B/p_1$）与空气的临界压力比 β（表 5-3 查得）进行比较，以得出喷管实际的背压 p_b（$= B$）与临界压力 p_c 大小的比较，然后可根据表 5-4 得出喷管选型的结论。

【解】由于喷管的压缩比 $\beta' = \dfrac{p_b}{p_1} = \dfrac{B}{p_1} = \dfrac{0.1}{0.5} = 0.2$

空气为双原子气体，从表 5-3 查得 $\beta = 0.528$，故

$$\beta' < \beta$$

而

$$p_b = B = 0.1 \text{MPa}$$

由于 $p_c > p_b = B$，所以应选用缩放型喷管。

【例题 5-3】空气流经某扩压管，已知进口状态 $p_1 = 0.1$MPa，$T = 300$K，$c_1 = 500$m/s。在扩压管中定熵流动，出口处的气流速度 $c_2 = 50$m/s。确定采用何种形式的扩压管。

【分析】根据已知空气的进口状态参数可计算出空气的当地音速 a_1，并计算得进口马赫数 M_1（$= c_1/a_1$）是否大于 1，而出口处马赫数 M_2（$= c_2/a_2$）肯定小于 1，然后再根据表 5-5 即可得出扩压管选型的结论。

【解】当地音速为

$$a_1 = \sqrt{kRT} = \sqrt{1.4 \times 287 \times 300} = 347 \text{m/s}$$

则进口马赫数为 $M_1 = \dfrac{c_1}{a_1} = \dfrac{500}{347} = 1.44 > 1$，是超音速气流。而出口处气流速度 $c_2 =$ 50m/s，肯定为亚音速气流（$M < 1$）。因此应选渐缩渐扩型扩压管。

5.3 节　　流

5.3.1　节流的概念与作用

流体在管道内流动，遇到突然变窄的断面，由于存在阻力使流体压力降低的现象称为节流。工程中流体流过阀门、孔板等，流道突然变窄，使流动受阻塞而流体压力明显下降，这种现象就是节流。由于流通断面突然变窄后，又很快恢复了原来的流通截面，该过程十分短暂，来不及与外界交换热量，因而又称为绝热节流。稳态稳流的流体快速流过狭窄断面来不及与外界换热也没有功量的传递，可理想化称为绝热节流。

节流的作用是增大阻力，降低工质压力。

5.3.2　绝热节流的基本方程式与过程特点

1. 绝热节流基本方程式

如图 5-5 所示，取流体节流前、后稳定断面 1-1、2-2 为计算截面构成控制体。由于孔板附近的局部阻力，使流体产生强烈扰动，其热力状态极不平衡，因而不能用宏观的热力学方法研究。但距离孔口较远的截面 1-1、2-2 处热力状态可视为平衡状态，所以将这两个截面作为节流前后的状态进行分析。

设 1-1 截面与 2-2 截面的状态参数分别为 p_1、v_1、T_1、h_1，流速为 c_1，p_2、v_2、T_2、h_2，流速为 c_2。如忽略流体进口、出口节面的动能、位能变化及工质与外界的热量、功量交换，则控制体能量方程可表示为：

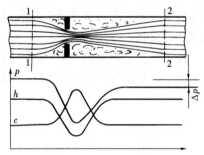

图 5-5　绝热节流过程

$$\frac{1}{2}(c_2^2 - c_1^2) = h_1 - h_2$$

通常情况下，流速 $c_1 \approx c_2$，所以上式可简化为

$$h_1 = h_2 \tag{5-8}$$

上式表明，绝热节流前、后焓相等。提醒注意，在节流孔附近流体的流速变化很大，焓值并不处处相等，不能把整个节流过程看作是定焓过程，即不能把绝热节流理解为等焓过程。因为在缩孔附近，由于流速增加，焓是下降。然而，由于孔口附近的局部阻力，必须有一部分动能克服局部阻力转变为热。这些热量来不及散出，又被工质吸收，工质的焓相应升高，这样我们所取截面 1-1 和 2-2 的焓是相等的。

2. 绝热节流过程特点

由于孔口附近的热力状态极不平衡，且由于流动在孔口处受阻使压力降低，显然节流是个典型的不可逆过程。不可逆过程不能在坐标图上表示。但是考虑到节流前后的状态是平衡态，这样在状态参数坐标图上，节流过程常常用连结节流前后两个状态点的虚线来示意。如在水蒸气 $h\text{-}s$ 图上，根据节流基本方程式 $h_1 = h_2$，可用一条水平虚线来示意其节流过程。

对于理想气体，由于 $h = f(T)$，从节流基本方程得

$$T_1 = T_2$$

又因 $v = \dfrac{RT}{p}$，且 $p_1 < p_2$，有

$$v_2 > v_1$$

所以，理想气体节流后，焓不变、温度不变、压力降低、比容增大、熵增大。

对于水蒸气，可从其 h-s 图上分析其参数变化情况。在一般条件下，水蒸气节流后，焓不变、温度降低、压力降低、比容增大、熵也增大。如果对湿蒸汽节流，那么除靠近临界点的饱和蒸汽线下方的一部分区域外，节流后其干度均有所增加，甚至可以变为饱和蒸汽或过热蒸汽。该特点可用来测定湿蒸汽干度。

5.3.3 节流的工程应用举例

节流在工程实际中有广泛的应用。例如，在供热系统中，利用节流降压的特性，将外网的高压蒸汽调节到室内采暖所需的压力；在施工安装的气焊气割中，氧气瓶出口的调压阀可使气瓶内的高压氧气节流调压到所需的阀后压力；利用节流是获得低温的常用方法，如在制冷循环中，节流阀可使制冷剂降压蒸发而吸热制冷；节流也常常用于调节流量，进行流体的流量、流速的测量，如管道工程中的节流阀、孔板流量计等。

对于实际气体，焓不仅是温度的函数，问题就复杂些了。但节流后压力降低，比体积增大，焓不变等与理想气体相同。至于节流后的温度变化和内能的变化情况则要根据实际气体的性质来决定。如图 5-6 为水蒸气经节流后在 h-s 图上的变化过程情况，是沿定焓线从左往右变化，如 1→2 或 3→4→5。在此图中，湿蒸汽进行节流后，干度 x 增加（3→4），甚至变为过热蒸汽（4→5）；干蒸汽进行节流后，温度将下降，但过热度却上升。一般情况下，水蒸气经绝热节流后，其状态参数变化为：

$$\Delta p < 0；\quad \Delta v > 0；$$
$$\Delta h = 0；\quad \Delta T < 0$$

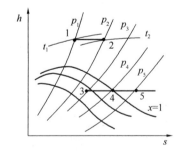   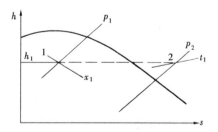

图 5-6　水蒸气的绝热节流　　　　　图 5-7　例题 5-4 图

【例题 5-4】为了确定湿蒸汽的干度，可将蒸汽引入节流式干度计。蒸汽在其中绝热节流达到压力 $p_2 = 0.1\text{MPa}$，温度 $t_2 = 130℃$。若节流前蒸汽压力 $p_1 = 2\text{MPa}$，试求节流前蒸汽的干度。

【分析】由于节流前后的焓相等，所以在 h-s 图上，蒸汽节流前、后的状态点应位于等焓线上。因此，节流后的状态点 2 所定的等焓线与节流前的蒸汽压力线的交点就是节流

前的蒸汽状态点 1，从而求得节流前蒸汽的干度。

【解】首先根据 p_2、t_2 在 h-s 图上确定节流后状态点 2，如图 5-7 所示，由 p_2 定压线与 t_2 定温线相交，交点即状态 2。

由于节流前后焓相等，由 p_1 定压线与 $h_1 = h_2$ 定焓线相交于点 1，即节流前湿蒸汽状态。从水蒸气 h-s 图上查的 $x_1 = 0.968$。

单 元 小 结

本单元主要介绍流动速度发生显著变化的过程，即气体和蒸汽在喷管和扩压管中进行定熵流动的规律及一般的热工计算，并对气体和蒸汽的绝热节流过程的特点及状态参数变化情况进行了简单讨论。本单元主要内容如下：

1. 管内流动过程可视为绝热稳定流动，符合三个基本方程，连续性方程、稳定流动能量方程及定熵过程方程。应当熟练掌握这三个方程的有限形式和微分形式，并明确它们各自的适用条件及范围。

2. 在研究流体的流动过程中，音速有重要意义。流体的流速 c 与当地音速 a 之比值 $M = c/a$ 称为马赫数。$M < 1$ 为亚音速流动、$M > 1$ 为超音速流动、$M = 1$ 为临界流动。这些不同的流动有不同的特点。

3. 从三个基本方程可以推出工质流过喷管和扩压管时，其状态参数的变化规律。工质流过喷管时进行的是定熵膨胀过程；工质流过扩压管时进行的是定熵压缩过程。两者作用原理相同，作用方向相反。这样在研究中，将以工质流过喷管时的分析计算为主，对扩压管中的流动情况仅作简单说明。

4. 根据基本方程推导出的 $\mathrm{d}f/f = (M^2 - 1)\,\mathrm{d}c/c$ 是判断喷管截面积变化规律的依据。当工质流过喷管时，若 $M < 1$，喷管截面沿流动方向上应为渐缩形；若 $M > 1$，喷管截面沿流动方向上应为渐放形；若从 $M < 1$ 转为 $M > 1$，即从亚音速流动加速为超音速流动，应为渐缩形与渐放形的组合，即为缩放形喷管。在渐缩部分与渐放部分的交接处，是缩放形喷管的最小截面处，又称为喉部。喉部的参数称为临界参数。喉部是亚音速流动向超音速流动转变的转折点，必有 $c = a$。

5. 喷管的选型遵循下列原则：

当 $p_b/p_0 \geqslant \beta$，或 $p_b \geqslant p_c$ 时，应当选用渐缩喷管；当 $p_b/p_0 < \beta$，或 $p_b < p_c$ 时，应选缩放型喷管，而单纯的渐放喷管在工程上一般不用。

6. 绝热节流过程的基本方程和过程特点，节流过程不是定焓过程，气体和蒸汽的节流过程的工程应用。

思 考 题 与 习 题

1. 本章在分析绝热稳定流动过程中采用了哪些基本方程？各方程说明了流动过程的哪方面的特性？它们的适用条件分别是什么？

2. 喷管与扩压管有何区别？

3. 什么是音速？为什么说音速在分析流动过程中具有重要意义？

4. 什么是定熵滞止参数？对于同一定熵流动过程，流道各截面的滞止参数是否相等？为什么？

5. 绝热节流过程是个定焓过程吗？为什么？

6. 空气的压力 $p_1 = 1$MPa，$t_1 = 120℃$，经喷管流入背压 $p_b = 0.1$MPa 的介质中。若空气流量为 $m = 15$kg/s，并忽略流速。试求喷管类型。

7. 过热蒸汽 $p_1 = 3$MPa、$t_1 = 400℃$，经绝热节流后流入背压 $p_b = 1$MPa 的介质中。已知喷管出口截面 $f_2 = 200$mm^2。求：（1）选用何种喷管；（2）喷管出口流速及质量流量；（3）将该过程定性表示在水蒸气的 h-s 图上。

教学单元6 制 冷 循 环

【教学目标】了解蒸汽压缩式、蒸汽喷射式和吸收式制冷循环的工作原理、过程及设备组成；掌握蒸汽压缩式制冷循环的分析与有关理论循环的热力计算。

6.1 蒸汽压缩式制冷循环

在人们生产和生活中，常需要某一物体或空间低于周围的环境温度，而且需要在相当长的时间内维持这一温度，必须用一定的方法将热量从低温物体转移至周围的高温环境，这就是制冷。显然制冷系统进行的是逆循环，即消耗能量将热量从低温物体传向高温物体。

根据逆循环所消耗的能量形式不同，一般将逆循环分为两大类：一类是消耗机械能作为补偿的压缩式制冷循环，包括以空气和蒸汽作为工质的空气压缩式制冷循环和蒸汽压缩式制冷循环；另一类是以消耗热能作为补偿，包括蒸汽喷射式制冷循环和吸收式制冷循环。本节先讨论蒸汽压缩式制冷循环。

空气压缩式制冷循环由于空气自身热力学性质的限制存在两个根本的缺点：（1）无法实现定温吸热和定温放热过程，使之偏离逆卡诺循环，制冷系数很小；（2）空气的定压比热 c_p 小，使得单位质量空气的制冷能力小。为了克服上述缺点，可以采用低沸点物质作为制冷工质（制冷剂），使之在湿蒸汽区实现定温吸热和定温放热过程，并在吸热和放热过程的同时发生相变。由于工质的汽化潜热大，可以大大提高单位质量制冷剂的制冷能力。

6.1.1 蒸汽逆卡诺循环

图 6-1 中循环 34763 即为蒸汽逆卡诺循环。其中：

6→3 为压缩机中定熵压缩过程；3→4 为冷凝器中定压定温放热过程；4→7 为膨胀机中定熵膨胀过程；7→6 为冷室（又称蒸发器）中定压定温吸热过程。

上述蒸汽逆卡诺循环在实施中存在一些问题。压缩机中过程 6→3 是湿蒸汽（即汽液两组混合物）的定熵压缩过程，称为湿压缩过程。由于其中的液体的不可压缩性会造成液滴对压缩机汽缸的顶端或叶片的撞击，使得压缩机不可能安全可靠运行。为此应将湿压缩过程 6→3 改为干压缩过程 1→2，如图 6-1 所示。这样需要将蒸发器内的定压定温吸热过程延长至饱和蒸汽状态 1，从而可以获得干压缩过程，使压缩机制造较方便、压缩机效率也高，还增加了循环的制冷量。另外膨胀机中的定熵膨胀过程 4→7，是饱和液体膨胀为干度较低的湿蒸汽的过程，该过程回收的功量很少，而膨胀机结构复杂，运行不便。为此可用节流阀代替膨胀机，即用绝热节流过程 4

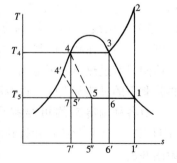

图 6-1 蒸汽逆卡诺循环

→5 代替定熵膨胀过程 4→7。这样代替后尽管失去了一小部分功量，但使设备简化，并可利用节流阀的开度变化，很方便地改变节流后的压力和温度，实现蒸发器的温度调节。经过上述改进后的制冷循环就是蒸汽压缩式制冷循环。

6.1.2 蒸汽压缩式制冷循环的工作原理

蒸汽压缩式制冷循环主要由压缩机、冷凝器、节流阀及蒸发器组成，其装置原理图如图 6-2 所示。该理论循环表示在 T-s 图上，如图 6-1 中 123451 所示。

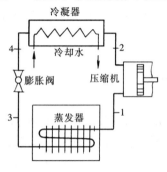

图 6-2 蒸汽压缩式
制冷装置原理图

由来自蒸发器的制冷剂干饱和蒸汽被吸入压缩机，绝热压缩后成为过热蒸汽（过程 1→2）；后进入冷凝器在定压下被冷却，凝结成饱和液体（过程 3→4）；然后经节流阀（或称为膨胀阀）绝热节流，降压降温而变成低干度的湿蒸汽（虚线 4→5），接着进入蒸发器，在定压定温下吸热汽化成为干饱和蒸汽（过程 5→1），同时达到制冷的目的。最后饱和蒸汽又进入压缩机，开始下一个循环。

在蒸汽压缩式制冷循环中，制冷剂在蒸发器中的吸热量，即制冷量为

$$q_2 = h_1 - h_5$$

在冷凝器中的放热量为

$$q_1 = h_2 - h_4 = h_2 - h_5$$

循环所消耗的净功量为

$$w_0 = q_1 - q_2 = h_2 - h_1$$

制冷系数为

$$\varepsilon_1 = \frac{q_2}{w_0} = \frac{h_1 - h_5}{h_2 - h_1} \tag{6-1}$$

6.1.3 制冷剂的压-焓图及应用

在对蒸汽压缩式制冷循环进行热力计算时，除了利用有关工质的 T-s 图外，使用最方便的是压-焓图，即 $\lg p$-h。

压-焓图以制冷剂的焓作为横坐标，以其压力作为纵坐标，如图 6-3 所示。但为了缩小图面，压力采用对数分格（需要注意：从图上读取的仍是压力值，而不是压力的对数值）。与水蒸气的焓-熵图类似，在制冷剂的压－焓图上也绘有上界线、下界线和临界点 C，还有定焓线、定压线、定温线、定容线、定熵线，在上、下界线之间的两相区内有定干度线。由于在制冷的热工计算中，主要利用压－焓图的过热蒸汽区，因此有些实用的压－焓图只有过热蒸汽区范围，还有些图把工程上不常用的顶部和饱和区的中间部分裁去，再将剩下的过热蒸汽区、过冷液体区及小部分湿蒸汽区合并为一张可供查用的压-焓图。

对各种制冷剂均可绘制出相应的压－焓图，氨（NH_3，代号 R717）、氟利昂 22（$CHClF_2$，代号 R22）和氟利昂 134a（$C_2H_2F_2$，代号 134a）的 $\lg p$-h 图见本书附图 6-1～附图 6-3。

蒸汽压缩式制冷循环表示在压－焓图上，如图 6-4 所示。其中 1→2 为压缩机中的定熵压缩过程；2→3→4 为冷凝器中的定压冷却、冷凝过程；4→5 为节流阀中的绝热节流过程；5→1 为蒸发器中的定压定温吸热过程。若饱和液体受到过冷，则 4→4′ 为饱和液体的

定压冷却过程，相应地 $4'{\rightarrow}5'$ 为绝热节流过程，$5'{\rightarrow}5{\rightarrow}1$ 为定压定温吸热过程。

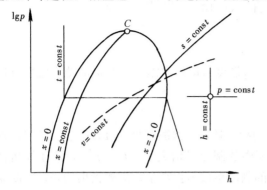

图 6-3　制冷剂的 $\lg p\text{-}h$ 图

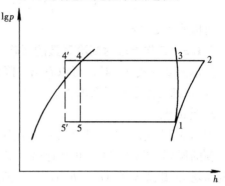

图 6-4　制冷循环的 $\lg p\text{-}h$ 图

6.1.4　蒸汽压缩式制冷理论循环热力计算

在设计和选用制冷设备时，都要进行热力计算，确定和校核必要的参数，以便满足制冷要求。

下面用一个例题来说明热力计算的方法。

【例题 6-1】某氨压缩式制冷装置，蒸发温度 $t_5=-10℃$，冷凝温度 $t_4=38℃$，过冷温度 $t'_4=34℃$，制冷量 $Q_0=1\times10^6 kJ/h$。蒸发器出口为饱和蒸汽。试对该制冷机作理论循环的热力计算。

【分析】根据已知蒸发温度 t_5（即 p_1），冷凝温度 t_4（即 p_2），过冷温度 t'_4 等，参图 6-4 在氨的 $\lg p\text{-}h$ 图上确定各主要状态点，并绘出制冷的过程循环线，查知有关点参数焓值，便可进行计算制冷机的理论循环的相关热力计算。

【解】参图 6-4，分别查得有关点参数为

$$p_1=0.29MPa，h_1=1450kJ/kg$$
$$P_2=1.5MPa，h_2=1690kJ/kg$$
$$h_4=370kJ/kg，h'_4=355kJ/kg，h'_5=h'_4=355kJ/kg$$

（1）单位质量制冷量为

$$q_0=h_1-h'_5=1450-355=1095kJ/kg$$

（2）制冷剂的质量流量为

$$m=\frac{Q_0}{q_2}=\frac{1\times10^6}{1095}=913.24kg/h$$

（3）压缩机消耗的功率为

$$W_0=m(h_2-h_1)=913.24\times(1690-1450)=219178kJ/h=60.8kW$$

（4）冷凝器的热负荷为

$$Q_1=m(h_2-h'_4)=913.24\times(1690-355)=1219758kJ/h$$

（5）循环的制冷系数为

$$\varepsilon_1=\frac{Q_0}{W_0}=\frac{m(h_1-h'_5)}{m(h_2-h_1)}=\frac{h_1-h'_5}{h_2-h_1}=\frac{1450-355}{1690-1450}=4.56$$

（6）相同温度范围内逆卡诺循环制冷系数为

$$\varepsilon_{1,c} = \frac{T + T_5}{T_4' - T_5} = \frac{273 - 10}{34 - (-10)} = 5.98$$

可以看出 $\varepsilon_1 < \varepsilon_{1,C}$。

6.1.5 工作温度对制冷系数的影响

从单元 2 的式（2-45）可以看出，降低冷凝温度（即热源温度）和提高蒸发温度（冷源温度），都可使制冷系数增大。

1. 冷凝温度

如图 6-5 所示，123451 为原有蒸汽压缩制冷循环，当冷凝温度由 T_4 降低至 T_4' 时，形成了新的循环 $12'3'4'5'1$。可以看出，新循环中的制冷量增大了（$h_5 - h_5'$），而压缩机消耗的净功 w_0 却减少了（$h_2 - h_2'$），显然循环的制冷系数 ε_1 提高了。需要指出的是，冷凝温度的高低取决于冷却介质（一般为水或空气）的温度，而冷却介质的温度又受到环境温度的限制，这点在选择冷却介质时应予以注意。

2. 蒸发温度

如图 6-6 所示，将原制冷循环 123451 的蒸发温度由 T_5 提高到 T_5' 后，新的循环 $1'2345'1'$ 的制冷量增加了（$h_1' - h_5'$）－（$h_1 - h_5$），而消耗的净功 w_0 却减少了（$h_1' - h_1$），因而也提高了制冷系数。蒸发温度主要由制冷的要求确定，因此在能够满足需要的前提下，应当尽可能采取较高的蒸发温度，而不应不必要地降低蒸发温度使制冷系数降低。

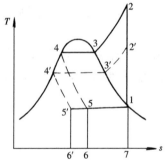

图 6-5　冷凝温度对制冷系数的影响　　图 6-6　蒸发温度对制冷系数的影响

3. 过冷温度

制冷剂的过冷温度对制冷系数也有直接的影响。如图 6-1 所示，将冷凝器出口的饱和液体继续在定压下冷却放热，使饱和液体过冷，即过程 $4 \rightarrow 4'$，然后进行绝热节流过程 $4' \rightarrow 5'$。循环所消耗净功 w_0 不变（$h_2 - h_1$），但制冷量增大了（$h_5 - h_5'$），故使制冷系数提高了。显然，过冷温度愈低，制冷系数也愈大，但过冷温度不可能随意降低，因为它同样取决于冷却介质的温度。在实际制冷装置中，可设过冷器进行过冷，也可使饱和液体直接在冷凝器中实现过冷。

6.2　蒸汽喷射式制冷循环

蒸汽喷射式制冷循环的主要特点是用引射器来代替压缩机，并以消耗蒸汽的热能作为补偿来进行制冷，显然它不需消耗机械能。

6.2.1 蒸汽喷射式制冷机制冷的工作原理

蒸汽喷射式制冷装置主要由锅炉（或蒸汽发生器）、引射器（或喷射器）、冷凝器、节流阀、蒸发器和水泵等组成，其工作原理及 T-s 图如图 6-7 所示，而作为压缩机替代物的喷射器是由喷管、混合室和扩压管三部分组成。

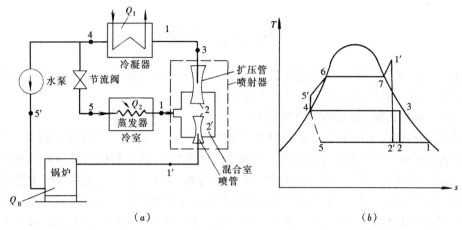

图 6-7　蒸汽喷射式制冷循环
(a) 工作原理图；(b) T-s 图

由锅炉产生的工作蒸汽以一定压力进入引射器的喷管中绝热膨胀，其压力降低，速度增加，使得喷管出口处形成低压，而将冷室蒸发器产生的低压制冷剂蒸汽不断吸入。它们在混合室混合后，以一定速度进入扩压管中绝热压缩，其压力升高，速度减小，从而完成了制冷剂蒸汽的压缩过程。压力较高的蒸汽进入冷凝器定压放热而凝结为液体。之后分为两路：一路从冷凝器出来的液体，经水泵加压后进入锅炉，在定压下吸热汽化变成压力较高的工作蒸汽，进入喉管，完成工作蒸汽的循环。另一路作为制冷工质经节流阀绝热节流，降压降温后进入蒸发器，在定压定温下吸热汽化，变成低温低压的蒸汽，又被引射器吸入，完成制冷循环。

由图 6-7 (b) 可看出，蒸汽喷射式制冷中的制冷剂循环为 123451，其中：1→2 为与工作蒸汽的混合过程；2→3 为扩压管中的定熵压缩过程；3→4 为冷凝器中的定压放热过程；4→5 为节流阀中的绝热节流过程；5→1 为蒸发器中的定压定温吸热过程。工作蒸汽循环为 1'2'2345'671'，其中：1'→2' 为喷管中的定熵膨胀过程；2'→2 为与制冷剂蒸汽的混合过程；2→3 为扩压管中定熵压缩过程；3→4 为冷凝器中定压放热过程；4→5' 为水泵中的定熵压缩过程；5'671' 为锅炉中的定压吸热汽化过程。

6.2.2 蒸汽喷射式制冷机的热能利用系数

在上述循环中，工作蒸汽从锅炉中获得热量，并将该热量传向低温物体作为补偿实现了制冷循环。

蒸汽喷射式制冷循环的经济性可用热能利用系数 ξ 来衡量，即

$$\xi = Q_1 / Q_2 \tag{6-2}$$

式中　Q_1——制冷剂从蒸发器吸取的热量，即制冷量（kJ/h）；

Q_2——工作蒸汽从锅炉中获取的热量（kJ/h）。

蒸汽喷射式制冷循环与蒸汽压缩式制冷循环相比较，其优点是：不消耗机械功（水泵

耗功很小，可不予考虑），而是利用工作蒸汽的热能作为补偿。这就为工业生产过程中废蒸汽的利用提供了一个途径。另外喷射器简单紧凑，运行可靠，便于维修。其缺点是：在引射器的混合过程中，不可逆损失很大，因而热能利用系数 ξ 较小，并且其制冷温度只能在0℃以上，适用在空调工程中作为冷源。

6.3 吸收式制冷循环

吸收式制冷也是利用制冷剂液体汽化吸热来达到制冷效果的，它是直接利用热能驱动，以消耗热能为补偿将热量从低温物体转移到高温物体中去。

6.3.1 吸收式制冷机的制冷工作原理

吸收式制冷机所用的工质为两种性质不同的物质所组成的二元溶液，如氨-水溶液、水-溴化锂溶液等。其中沸点较高的物质作吸收剂（溶剂），沸点较低且易挥发的另一种物质作制冷剂（溶质）。氨水溶液中氨是制冷剂，水是吸收剂，水－溴化锂溶液中水是制冷剂，溴化锂是吸收剂。在溶液中溶质的溶解度是随温度而变化的，当温度较高时，其溶解度较小；当温度较低时，其溶解度较大。这样就可使溶质在较低温度和较低压力下被吸收，而在较高温度和较高压力下挥发出来，产生较高压力的蒸汽，从而可以代替压缩机来进行制冷循环。吸收式制冷循环就是利用温度不同时吸收剂吸收制冷剂能力不同的原理来实现制冷的。

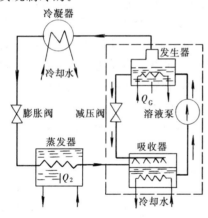

图6-8 吸收式制冷装置原理图

图6-8所示为氨水吸收式制冷装置原理图，在图中，冷凝器、膨胀阀和蒸发器与蒸汽压缩制冷完全相同，而明显的区别是用吸收器、发生器、溶液泵和减压阀取代了压缩机。其工作过程如下：

吸收器中的稀氨水溶液被冷却水冷却，温度降低、溶解度增大，就吸收了来自蒸发器的低压氨蒸汽，变成了浓氨水溶液。被溶液泵加压后送入发生器中，被加热后温度升高，溶解度变小，从而使得氨蒸汽在较高温度和较高压力下挥发出来。发生器中剩余的稀氨水溶液，通过减压阀绝热节流后，压力降低又返回吸收器中喷淋，重新吸收低压氨蒸汽。从发生器产生的较高温度和较高压力的氨蒸汽进入冷凝器，在定压下冷却放热，凝结为氨液体。氨液体经节流阀绝热节流，压力、温度均降低。然后进入蒸发器，在定压下吸热汽化，成为低压氨蒸汽，同时实现制冷的目的。而蒸发器产生的氨蒸汽又被吸收器中的稀氨水所吸收，从而开始下一个循环。

6.3.2 吸收式制冷循环的效率

吸收式制冷循环的效率也用热能利用系数 ξ 表示，即

$$\xi = Q_2/Q_1 \tag{6-3}$$

式中 Q_2——制冷剂从蒸发器中吸收的热量，即制冷量（kJ/h）；

Q_1——发生器中的加热量，即付出的补偿（kJ/h）。

吸收式制冷的热能利用系数 ξ 较小，但系统中除溶液泵外无其他运转机械，设备简单，

运行方便，且所需热源温度较低，可以充分利用低品位余热资源，故其应用前景极为广阔。

单 元 小 结

本单元主要介绍了制冷循环的工作原理和蒸汽压缩式制冷循环的一般热工计算。其主要内容如下：

1. 蒸汽压缩式制冷循环。蒸汽压缩式制冷循环，有压缩机、冷凝器、节流阀及蒸发器等四个组成部分。蒸汽压缩式制冷循环（或工作循环过程）可在 T-s 图上表述，也可在制冷剂的 p-h 图上进行描述。制冷剂的 p-h 图上与水蒸气的 h-s 图类似，也是由制冷剂的上界线、下界线和临界点 C 及定焓线、定压线、定温线、定容线、定熵线等构成，在上、下界线之间的两相区内有定干度线。通过使用 p-h 图能进行蒸汽压缩式制冷理论循环的制冷量、冷凝器的热负荷、压缩机耗功量以及制冷系数等的基本热工计算；并能分析工作温度（冷凝温度、蒸发温度、过冷温度等）对制冷系数的影响，即降低冷凝温度（即热源温度）、提高蒸发温度（冷源温度）和降低过冷温度都可使制冷系数增大。

2. 蒸汽喷射式制冷循环。蒸汽喷射式制冷循环的主要特点是用喷射器来代替压缩机，并以消耗蒸汽的热能作为补偿来进行制冷的。与蒸汽压缩式制冷循环相比较，具有结构简单紧凑，运行可靠，便于维修，不消耗机械功，可利用工业生产余热进行制冷的优点；但其不可逆损失大，热能利用系数 ξ 较小，制冷温度只能在 0℃ 以上是其存在的不足。

3. 吸收式制冷。吸收式制冷也是利用制冷剂液体汽化吸热来达到制冷效果的，它是直接利用热能驱动，以消耗热能为补偿将热量从低温物体转移到高温物体中去。吸收式制冷的热能利用系数 ξ 较小，但系统中除溶液泵外不消耗机械功，设备简单，运行方便，所需热源温度较低，可以充分利用低品位余热资源，有广阔的应用前景。

思 考 题 与 习 题

1. 实际采用的各种制冷装置循环与逆卡诺循环相比较，其主要差异是什么？

2. 试分别讲述蒸汽压缩式制冷循环中压缩机、冷凝器、节流阀及蒸发器的主要作用。

3. 一台用氨为制冷剂的蒸汽压缩式制冷装置，制冷量为 $Q=36000\text{kJ/h}$，蒸发温度为 $t_s=-20℃$，冷凝温度为 $t_4=40℃$，蒸发器出口为饱和蒸汽状态。试求其制冷系数和压缩机进口处制冷剂的容积流量。

4. 一台氨制冷装置，其制冷量 $Q_0=4\times10^5\text{kJ/h}$，蒸发温度为 $-15℃$，冷凝温度为 30℃，过冷温度为 25℃，蒸发器出口的蒸汽为干饱和状态。求：（1）理论循环的制冷系数；（2）制冷剂的质量流量；（3）所消耗的功率。

教学单元7 热传递的概念及导热

【教学目标】了解热传递现象与它的工程应用，熟悉热传递过程的类型和热量传递的基本方式；掌握傅里叶导热定律、导热系数的物理含义及影响导热系数大小的因素；理解导热热阻的概念、导热的欧姆定律和导热模拟电路的使用；掌握单层平壁、多层平壁、单层圆筒壁、多层圆筒壁的导热模拟电路和导热量计算。

7.1 热传递的基本概念

7.1.1 热传递现象

传热是自然界中普遍存在的现象，凡是有温度差的地方，就有传热现象发生。如温度不同的物体各部分或温度不同的两物体之间直接接触而发生的传热；热流体（或冷流体）流过固体壁面而与固体壁面发生的传热；锅炉炉膛内高温火焰与炉膛冷水壁面间发生的传热；高温太阳每天照射地球把大量的热能传递给地球等。

由于温度差在自然界及生产、生活中广泛存在，故热量的传递也就成为自然界中的一种普遍现象。那么热量传递有何规律？传热量如何计算？生产、生活中又应如何有效地控制热量的传递？这些都是生产、生活实际中经常遇到的问题。传热学就是一门研究热量传递规律的科学。

传热学在工程上有着广泛的应用。如在热能动力、机械制造、制冷与空调等工程中广泛使用的热力设备及换热器，其设计、制造、运行和经济效益的提高均需用到传热学的基本理论知识；在建筑设备工程中，各种电气设备的散热问题，供热采暖、通风与空调、锅炉设备工程中有关传热的计算，隔热保温问题更是与传热学知识密切相关。可以说，传热学已是现代技术科学的主要基础学科之一。其研究成果对能源节约、生产过程控制、新技术、新工艺实现等起了很大的推动作用；反过来，现代科学技术的飞速发展，又给传热学提出了许多新的研究课题，提供了新的研究手段，推动着传热学学科的发展。

从对传热过程的要求来看，传热学在工程上主要是解决下面两种类型的传热问题：一类是增强传热，即提高换热设备的换热能力，或在满足传热量的前提下，使设备的尺寸尽量缩小、紧凑；一类是减弱传热，即减少热损失或保持设备内适宜的工作温度。学习传热学的目的之一，就是认识传热过程的规律，从而掌握增强或减弱传热过程的方法。

7.1.2 热量传递的基本形式

热量传递从机理上说，有以下三种基本形式：

1. 热传导

热传导又称导热，它是指温度不同的物体各部分或温度不同的两物体之间直接接触而发生的热传递现象。从微观角度来看，热是一种联系到分子、原子、自由电子、晶格等微观粒子的移动、转动和振动的能量。因此，物质的导热本质或机理也就与组成物质的微观粒子的运动有密切的关系，即热传导过程是依靠物体中微观粒子的热运动来完成的。对于气体，导热是气体分子不规则热运动时相互作用或碰撞的结果；对于非金属固体，导热主要是通过晶格的振动来实现；对于金属固体，导热则主要是通过金属中自由电子的移动和碰撞来实现的，而金属晶格的振动作用只起微小的作用；至于液体，导热机理介于固体导热与气体导热机理之间，且依靠液体晶格振动进行的热传递成分要稍大于液体分子不规则热运动进行的热传递。

在连续密实的固体介质中，在导热过程中物体各部分之间不发生宏观的相对位移，这种导热称为纯导热。应该指出，由于液体和气体具有流动性，并由于地球引力场的作用，存在不同温度液体或气体间的宏观流动，在产生导热的同时往往伴随有宏观相对位移而使的热量传递。因此，对于液体和气体来说，只有在消除对热流传递的条件下，才能实现纯导热过程。

2. 热对流

热对流是指依靠流体不同部位的相对位移把热量由一处传递到另一处的热传递。例如冷、热流体的直接混合；冬季，通过空气流动将散热器中供热热量带到房间的各处；通过水的循环将锅炉中的热量传递到其他用热之处等。

由于流体中存在温差，必然同时存在热的传导。通常，流体热传导的量相对于流体热对流的量来说是小量，且由于很难分开去计算流体的热对流量和热传导量，故后面所说的热对流量中都是包含了热传导量。

在工程上，经常碰到流体流过固体壁面而发生的热传递问题，称为对流换热问题。例如，锅炉中的省煤器、空气预热器，采暖工程中用的蒸汽、热水散热器，空调中用的空气加热器或冷却器、热交换器等均主要是对流换热问题。同样对流换热不仅包含着流体位移所产生的流动换热，同时也包含着流体与固体壁面之间的导热作用。因此，对流换热是比热传导更为复杂的热交换过程。在后面的热对流讨论中，主要是对流换热的讨论。

3. 热辐射

热辐射是一种由电磁波来传播能量的过程，是不同于导热与对流换热的另一种热传递形式。导热和对流换热这两种热传递，必须依赖于中间介质才能进行，而热辐射则不需要任何中间介质，在真空中也能进行。太阳距地球约一亿五千万公里，它们之间近乎真空，太阳能以热辐射的方式每天把大量的热能传递给地球。在供热通风工程中，辐射采暖、太阳能供热、锅炉炉膛内火焰与炉膛冷水壁面间等的换热都是以辐射为主要传热方式的例子。

从物理上讲，辐射是电磁波传递能量的现象，热辐射是由于热的原因而产生的电磁波辐射。热辐射的电磁波是由于物体内部微观粒子的热运动而激发出来的。因此，只要物体的绝对温度不等于零，物体微观粒子就会有热运动，也就有热辐射的电磁波发射，会不断地把热能转变为热辐射能，并由热辐射电磁波向四周传播，当落到其他物体上被吸收后又转变为热能。这就是讲，在辐射体内，热能转变为辐射能，在受热体上辐射能又转变为热能。热辐射过程不仅要产生能量的转移，同时还伴随着能量形式之间的转化。

物体在向外发出热辐射能的同时，也会不断吸收周围物体发过来的热辐射能，并把吸收的辐射能重新转变成热能。辐射换热就是指物体之间相互辐射和吸收过程的总效果。物体放出或接收热量的多少，取决于该物体在同一时期内所放射和吸收辐射能量的差额。只要参与辐射换热能量的物体温度不同，这种差额就不会为零。当两物体的温度相等时，虽然它们之间的辐射换热现象仍然存在，但各自辐射和吸收的能量恰好相等，因此它们的辐射换热量为零，处于换热的动态平衡中。

7.1.3　复合换热与复合传热

要注意的是，在实际工程中遇到的许多热传递，往往是以上几种传热基本形式同时发生，且彼此相互影响的，即整个传热过程往往是两种或三种基本热传递形式综合作用的结果。例如，在采暖工程中，热媒通过散热器加热室内冷空气的过程就是对流换热、导热和辐射换热组合传热的过程。首先热媒通过对流和导热的方式将热量传给散热器的金属表面，然后靠导热方式将热量由散热器内表面传至外表面，再通过对流和辐射将热量传给冷流体空气，室内空气得到热量，而使室温得到提高或使室温保持在一个较高的温度之上。再例如，冬天室内热量通过建筑物外墙向外散热的过程和锅炉中高温烟气与管束内冷流体水的热量传递等都同时存在两种或三种基本热传递交换的形式。

通常，把在同一位置上同时存在两种或两种以上基本换热形式的换热叫做复合换热，把在传热过程中不同位置上同时存在两种或两种以上的基本传热形式叫做复合传热。例如，锅炉内高温烟气同炉内管束外表面同时存在的对流与辐射两种形式的换热就是复合换热，而高温烟气同管束内冷流体水的热传递中，同时存在管内、外侧的对流换热，外侧的辐射换热，管壁之间的导热，则称为复合传热。

对于复合换热，可认为其换热的效果是几种基本换热方式（对流、辐射和导热）并联或单独换热作用的叠加，但介于实际计算较难区分开对流、辐射和导热各自的换热量，为方便计算，往往把几种换热方式共同作用的结果看作是由其中某一种主要换热方式的换热所造成，而把其他换热方式的换热都折算包含在主要换热方式的换热之中。

对于复合传热，其传热的效果就是由各基本换热方式串联而成，即复合传热过程就是由对流、传导、辐射全部传热过程的串联。

7.2　导热定律与导热系数

7.2.1　物体的温度分布及其描述

在温差的作用下，才有热量的传递。因此，物体内存在温差是导热的条件，而要了解物体内部的温差情况，必须要了解物体中的温度分布。温度场、等温面或等温线和温度梯度就是用来描述物体的温度分布。

1. 温度场

温度场是指某一时刻空间所有各点温度分布的总称。一般情况下，温度场是时间(τ)和空间(x、y、z)坐标的函数，其数学表达式为：

$$t = f(x、y、z、\tau) \tag{7-1}$$

式（7-1）表示物体的温度在 x、y、z 三个方向和在时间上都发生变化的三维非稳定温度场。这种随时间 τ 变化的温度场称非稳定温度场，而不随时间 τ 变化的温度场叫做稳定温度场。稳定温度场的数学表达式为：

$$t = f(x、y、z) \tag{7-2}$$

在稳定温度场中进行的导热过程称为稳定导热；反之，在不稳定温度场中进行的导热过程称为不稳定导热。

温度场就其随坐标的变化情况可分为一维、二维、三维温度场。一维和二维稳定温度场的数学表达式为：

$$t = f(x) \tag{7-3}$$

$$t = f(x、y) \tag{7-4}$$

随时间而变的一维非稳定温度场：

$$t = f(x、\tau) \tag{7-5}$$

2. 等温面和等温线

在同一时刻，温度场中具有相同温度的点连接所构成的线或面称为等温线或等温面。在同一时间内，空间同一个点不能有两个不同的温度，所以温度不同的等温面（或线）彼此不会相交。在连续介质中温度场是连续的，他们各自为闭合的曲面（或线），或者终止于物体的边缘上。

在任何时刻，标绘出物体中的所有等温面（线），就给出了物体内温度分布情形，亦即给出了物体的温度场。所以，物体的温度场可用等温面图或等温线图来描述。

在形状规则、材料均匀的物体上，是很容易找到等温线或等温面的。例如，材料均匀的大面积、等厚度平板，只要两个表面温度均匀，其等温面就是平行于表面的平面，如图7-1（a）所示。同样，对于材料均匀的等厚度圆筒壁，只要内外表面温度均匀，其等温面就是一系列同心圆柱面，如图7-1（b）所示。显然，沿等温面（线）不会有热量传递，热量只能从温度场的高温等温面向低温等温面传递。

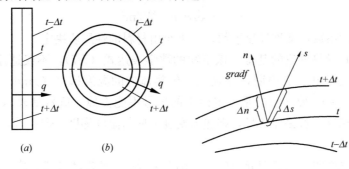

图 7-1　平板及圆筒壁的等温面图　　图 7-2　温度梯度示意图

3. 温度梯度

自等温面的某点出发，沿不同路径到达另一等温面时，将发现单位距离的温度变化 $\Delta t / \Delta s$ 具有不同的数值（Δs 为沿 s 方向等温面间的距离），如图 7-2 所示。自等温面上某点到另一等温面，以该点法线方向的距离为最短，故沿等温面法线方向的温度变化率为最大。这一最大温度变化率的向量称为温度梯度，用 $\mathrm{grad}t$ 表示。

对于一维的温度场，温度梯度的数学式可写成：

$$\mathrm{grad}t = \frac{\mathrm{d}t}{\mathrm{d}x} \quad ℃/m \tag{7-6}$$

【例题 7-1】 如图 7-3 所示，为材质均匀的平壁，厚度是 40mm，壁两侧表面的温度分别是 200℃和 40℃，试求其 x 方向的温度梯度为多少？

【分析】 按温度梯度的（概念）数学式代入已知数值即可算出。

【解】 因为平壁材质均匀，其 x 方向的温度梯度为

$$\frac{\mathrm{d}t}{\mathrm{d}x} = \frac{\Delta t}{\Delta x} = \frac{200-40}{0.04} = 4000 \text{℃/m}$$

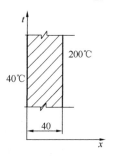 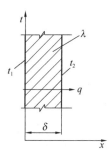

图 7-3　例题 7-1 图　　　　图 7-4　均质固体壁面的一维稳定导热

7.2.2　傅里叶简化导热定律

在传热学中，普遍使用热流量和热流密度这两个概念来定量描述热传递过程。这里的热流量指单位时间通过某一给定截面的热量，用"Q"表示，单位为 W。热流密度，指单位时间通过单位面积的热量，用"q"表示，单位为 W/m²。

1822 年法国数学物理学家傅立叶，根据大量的固体导热实验研究结果，提出了热流密度与温度梯度成正比，而热流方向与温度梯度方向相反的傅立叶导热定律。其数学表达式为

$$q = -\lambda \text{grad}t \quad \text{W/m}^2 \tag{7-7}$$

式中　λ——比例系数，又称导热系数，其大小由材料的性质所决定。

傅立叶定律是导热理论的基础，该定律的数学表达式（7-7），不仅适用于稳态导热，而且适用于非稳态导热。它说明，导热现象依物体内的温度梯度（grad$t$）存在而存在，若 grad$t$=0，则 q=0。要注意的是，定律中的负号不能丢掉，负号是表示热流密度方向与温度梯度方向相反。若丢掉负号，则热流密度方向与温度梯度方向一致，这就违背了热力学第二定律。

在均质固体壁面的一维稳定导热中，如图 7-4 所示，傅里叶导热定律可简化为

$$q = -\lambda \frac{\mathrm{d}t}{\mathrm{d}x} = \lambda \frac{\Delta t}{\delta} \quad \text{W/m}^2 \tag{7-8}$$

式中　δ——壁面厚度，m；

　　　Δt——壁两侧的温度差，$\Delta t = t_1 - t_2$，℃。

当平壁面积为 F 时，单位时间内的热流量为：

$$Q = q \cdot F = \lambda \frac{\Delta t}{\delta} F \quad \text{W} \tag{7-9}$$

这就是说，单位时间内通过固体壁面的导热量与壁两侧的温度差和垂直于热流方向的截面积成正比，与壁面的厚度成反比，并与壁面的材料性质有关。

7.2.3　导热"欧姆定律"

在传热学中，常用电学欧姆定律的形式——电流＝电位差/电阻来分析热量传递过程中热量与温度差的关系。即把热流通量的计算式改写为欧姆定律的形式

$$\text{热流密度 } q = \frac{\text{温度差 } \Delta t}{\text{热阻 } R_{\text{t}}}$$

与欧姆定律对照可以看出，这里热流密度 q 对应着电流密度 I；传热温差 Δt 对应着电位差 U；而热阻对应着电阻 R，表示了热量传递过程中热流所遇到的阻力。于是，得到一个在传热学中非常重要且适用的概念——热阻。对于不同的传热方式，热阻 R 的具体表达式将是不一样的。以平壁为例，对照电学中的欧姆定律 $I = \dfrac{U}{R}$ 形式，把公式（7-8）写成：

$$q = \frac{\Delta t}{R_{\lambda}} = \frac{\text{温差}}{\text{热阻}} = \frac{\Delta t}{\delta / \lambda} \quad \text{W/m}^2 \qquad (7\text{-}10)$$

式（7-10）说明，热流密度 q 与温差成正比，与热阻成反比。这一结论无论对一个传热过程或是其中任何一个环节都是正确的。

热阻是个很重要的概念，用它来分析传热的问题很方便。对于平壁，导热热阻 R_{λ} 与壁的厚度成正比，而与导热系数成反比，即 $R_{\lambda} = \delta / \lambda$，$\text{m}^2 \cdot \text{℃/W}$；对于 F 面积的平壁，则热阻为 $\delta / (\lambda \cdot F)$，$\text{℃/W}$。热阻的倒数称为热导，它相当于电导。不同情况下的导热过程，导热热阻的表达式亦各异。

7.2.4 导热系数

导热系数的物理意义可由式（7-7）得出，即

$$\lambda = \frac{q}{-\text{grad}t} \quad \text{W/(m} \cdot \text{K)} \qquad (7\text{-}11)$$

上式表明，导热系数数值上等于物体中单位温度降低时，在单位时间内通过单位面积的导热量，其大小反映物质导热能力的大小。实验结果表明，不同的物质具有不同的导热系数。即使物质相同，也可能由于所处的压力、温度、密度及物质的结构不同而使它们的导热系数值不同。

影响导热系数大小的因素分析如下：

1. 材料性质的影响

不同物质的导热系数相差很大，见表 7-1 或附表 7-1 所示。通常，金属材料的导热系数最大，非金属固体材料次之，液体材料更次之，气体材料为最小。金属材料的导热系数比非金属固体材料大的原因，是因为金属物质具有自由电子的运动，能大大增强热量的扩散，而非金属固体材料只能依靠晶格的振动来传递热量。固体材料的导热系数比液体大，液体材料又比气体材料大，是因为导热系数与材料的密度有很大关系。密度越大的材料，其导热系数也越大。因此，在建筑工程中常使用质轻的泡沫塑料、聚苯乙烯、空心砖、密封双层玻璃来隔热保温，而换热器等都采用导热系数大的金属材料。

各种材料的导热系数 表 7-1

材料名称	温度 t（℃）	密度 ρ（kg/m³）	导热系数 λ（W/（m·℃））
钢 0.5%C	20	7833	54
钢 1.5%C	0	7753	36
银 99.9%	20	10524	411
铸铝 4.5%Cu	27	2790	163
纯铝 4.5%	27	2702	237

材料名称	温度 t（℃）	密度 ρ（kg/m³）	导热系数 λ（W/（m·℃））
铸铁 0.4%C	20	7272	52
黄铜 30%Zn	20	8522	109
钢筋混凝土	20	2400	1.54
普通黏土砖墙	20	1800	1.07
泡沫混凝土	20	627	0.29
黄土	20	880	0.94
平板玻璃	20	2500	0.76
有机玻璃	20	1188	0.20
玻璃棉	20	100	0.058
红松	20	377	0.11
软木	20	230	0.057
脲醛泡沫塑料	20	20	0.047
聚苯乙烯塑料	20	30	0.027
冰	—	920	2.26
水	20	998.2	0.599
润滑油	40	876	0.144
变压器油	20	866	0.124
空气	20	1.205	0.0257
空气	0	1.293	0.0244
二氧化碳	0	—	0.105

2. 材料温度的影响

温度与材料导热系数的关系较密切。从图 7-5～图 7-7 中可以看出不同材料在不同温度下的导热系数数值和变化情况。

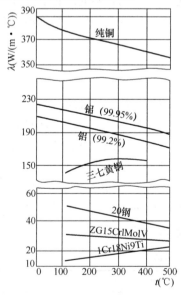

图 7-5 金属的导热系数

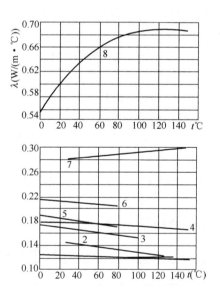

图 7-6 液体的导热系数

1—凡士林油；2—苯；3—丙酮；4—蓖麻油；

5—乙醇；6—甲醇；7—甘油；8—水

对金属来说，其导热是依靠金属内部的自由电子的迁移和晶格振动来实现的，并且前者的作用是主要的。当温度升高时晶格的振动加强了，这就干扰了自由电子的运动，使导热系数下降，如图7-5所示。

对于大多数非金属固体材料在温度升高时，分子晶格的振动加剧使其传热能力增强，因此导热系数值是上升的。对于液体，导热主要依靠液体分子的振动来实现。温度上升能使振动作用的导热能力有所上升，但液体的热膨胀引起的液体分子之间距离的增大，则将更大地削弱分子振动的导热能力。因此，除水和甘油外，大多数液体的导热系数将随温度的上升而下降，如图7-6所示。

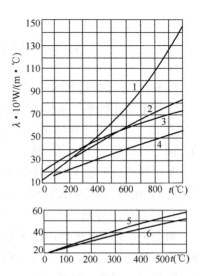

图7-7 几种气体的导热系
数与温度的关系

1—水蒸气；2—二氧化碳；3—空气；
4—氩；5—氧；6—氮

对于气体，温度升高时分子碰撞次数增加，导热系数随温度的上升而上升，如图7-7所示。

3. 压力的影响

外界压力对固体材料和液体材料导热系数的影响甚微，但压力对气体导热系数的影响则很大。因为，气体很容易被压缩，气体的密度随压力的增大而增大，使得气体导热系数增大。

4. 保温材料的导热系数

保温材料的导热依材料内部结构的差异而不同。由于保温材料内部大都有大量的空隙，热量传递通过实体部分为导热，通过空隙部分为辐射换热和对流换热。一般保温材料其导热系数的范围为$\lambda=0.04\sim0.16W/(m\cdot℃)$。其影响保温材料导热系数的因素有：

（1）气孔的影响。良好的保温材料大都是多孔材料，或泡状、纤维状还有层状。导热系数下降的理由是粒与粒之间，纤维与纤维之间接触面积小了，产生了相当的热阻。另外，在缝隙中又充满了空气，而空气的导热系数$\lambda=0.023W/(m\cdot℃)$，比固体本身的导热系数小的多，而阻碍了热量的传递。

（2）密度的影响。一般密度小的物体其导热系数亦小。但是固体中充有空气的缝隙如果大了，这个缝隙中的空气就会产生对流换热，反而有利于热量传递，缝隙尺寸当超过1cm就会产生该现象。一般保温材料中的缝隙尺寸都小于1cm。在同种材料中密度小的导热系数亦小。相同种类相同密度的保温材料，孔隙越小而且是密闭的导热系数越小，保温性能越好。

（3）吸湿性的影响。保温材料吸收水分后导热系数就变大。水的导热系数在20℃时为$0.6W/(m\cdot℃)$，约为空气的25倍。因而即使含有少量水分，保温材料的导热系数也急剧增大。一般对建筑结构，特别是对制冷的热力设备的保温层都应设置防潮层，以防保温材料吸湿，导热系数变大，降低保温效果。

（4）保温耐火材料的导热系数和温度的依存关系，取决于材料的组成。其组成主要是晶体材料，它们的导热系数随温度的升高而降低；其组成主要是无定形材料，则随温度的升高导热系数升高。

7.3 通过平壁、圆筒壁的导热计算

7.3.1 平壁的稳定导热

工程上常用的平壁是长度比厚度大很多的平壁。实践表明，当长度和宽度为厚度的 8～10 倍以上，平壁边缘的影响可忽略不计，这样的平壁导热就可简化为只沿厚度方向（x 轴方向）进行的一维稳定导热。

平壁导热分单层平壁导热和多层平壁导热。由一种材料构成的平壁为单层平壁，如图 7-8 所示；由几层不同材料叠在一起组成的平壁叫多层平壁，如图 7-9 所示。

1. 单层平壁导热

对图 7-8 的单层平壁，设平壁的厚度为 δ，平壁的导热系数为 λ，两表面温度均匀，分别为 t_1 和 t_2，并且 $t_1 > t_2$。温度场是一维稳定的，等温面是垂直于 x 轴的平面。根据傅立叶简化导热定律，即可写出通过此平壁的热流密度计算公式，即：

$$q = \frac{\Delta t}{\delta / \lambda} = \frac{t_1 - t_2}{\delta / \lambda} \quad \mathrm{W/m^2} \tag{7-12}$$

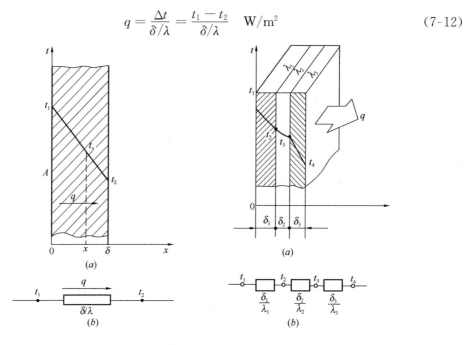

图7-8 单层平壁的导热及热阻网络图　　图7-9 多层平壁的导热及热阻网络图

【例题 7-2】某建筑物的一面砖砌外墙，长 4m，高 2.8m，厚 240mm，内表面温度为 $t_1 = 18℃$，外表面温度 $t_2 = -19℃$，砖的导热系数 $\lambda = 0.7 \mathrm{W/（m \cdot ℃）}$ 试计算通过这面外墙的导热量。

【分析】要计算整个外墙的导热量，可根据式（7-10）先计算通过 $1\mathrm{m^2}$ 外墙的热流密度，然后热流密度与外墙的面积相乘。

【解】通过 $1\mathrm{m^2}$ 外墙的热流密度为：

$$q = \frac{t_1 - t_2}{\delta / \lambda} = \frac{18 - (-19)}{0.24 / 0.7} = 107.9 \mathrm{W/m^2}$$

根据式（7-9），通过外壁的导热量为：

$$Q = q \cdot F = 107.9 \times 4 \times 2.8 = 1208\text{W}$$

2. 多层平壁的导热

对图 7-9（a）所示的多层（三层）平壁，设各层的厚度分别为 δ_1、δ_2 和 δ_3，各层组成材料的导热系数为 λ_1、λ_2 和 λ_3，两表面温度分别为 t_1 和 t_4，且 $t_1 > t_4$。设两个接触面的温度分别为 t_2 和 t_3。

在稳定温度场中，通过每一层的热流密度是相等的。在其热流方向上相当于有三个热阻串联，如图 7-9（b）所示。根据电学中串联电阻叠加原则，三层平壁导热的总热阻 $R = \delta_1/\lambda_1 F + \delta_2/\lambda_2 F + \delta_3/\lambda_3 F$，壁两面侧导热温差 $\Delta t = t_1 - t_4$。所以三层平壁的导热量 Q 为

$$Q = qF = \frac{(t_1 - t_4)F}{\dfrac{\delta_1}{\lambda_1} + \dfrac{\delta_2}{\lambda_2} + \dfrac{\delta_3}{\lambda_3}} \quad \text{W} \tag{7-13}$$

两材料接触面上的温度 t_2 和 t_3 可由下两式求出：

$$t_2 = t_1 - \frac{Q}{F} \cdot \frac{\delta_1}{\lambda_1} = t_1 - q \cdot \frac{\delta_1}{\lambda_1} \quad \text{℃} \tag{7-14a}$$

$$t_3 = t_2 - q \cdot \frac{\delta_2}{\lambda_2} = t_4 + q\frac{\delta_3}{\lambda_3} \quad \text{℃} \tag{7-14b}$$

【例题 7-3】锅炉炉墙由三层材料叠合而成。内层为耐火砖，厚度 $\delta_1 = 250\text{mm}$，导热系数 $\lambda_1 = 1.16\text{W}/（\text{m} \cdot \text{℃}）$；中层为绝热材料，厚度 $\delta_2 = 125\text{mm}$，$\lambda_2 = 0.116\text{W}/（\text{m} \cdot \text{℃}）$；外层为保温砖，厚度 $\delta_3 = 250\text{mm}$，$\lambda_3 = 0.58\text{W}/（\text{m} \cdot \text{℃}）$。炉墙内表面温度 $t_1 = 1300\text{℃}$，外表面温度 $t_4 = 50\text{℃}$。求每小时通过每平方米炉墙的导热量；绝热层两面的温度 t_2 和 t_3，并分析热阻和温差的关系。

【分析】由式（7-13）可求得炉墙的导热量（热流密度）q 后，再由式（7-14）求绝热层两面的温度 t_2 和 t_3。从各层的热阻和温差的变化情况，不难得出它们的关系。

【解】根据式（7-13）得：

$$q = \frac{(t_1 - t_4)}{\dfrac{\delta_1}{\lambda_1} + \dfrac{\delta_2}{\lambda_2} + \dfrac{\delta_3}{\lambda_3}} = \frac{1300 - 50}{\dfrac{0.25}{1.16} + \dfrac{0.125}{0.116} + \dfrac{0.25}{0.58}} = 725\text{W/m}^2$$

每小时通过每平方米的导热量：

$$725 \times 3600 = 2610\text{kJ}/（\text{m}^2 \cdot \text{h}）$$

由式（7-14）得：

$$t_2 = t_1 - q \cdot \frac{\delta_1}{\lambda_1} = 1300 - 725\frac{0.25}{1.16} = 1144\text{℃}$$

$$t_3 = t_4 + q\frac{\delta_3}{\lambda_3} = 50 + 725\frac{0.25}{0.58} = 362\text{℃}$$

各层温差：

耐火砖层：$t_1 - t_2 = 1300 - 1144 = 156\text{℃}$

热绝缘层：$t_2 - t_3 = 1144 - 362 = 782\text{℃}$

保温砖层：$t_3 - t_4 = 362 - 50 = 312\text{℃}$

各层温差比为 $156 : 782 : 312 = 1 : 5 : 2$；各层热阻比为：$0.25/1.16 : 0.125/0.116 : 0.25/0.58 = 1 : 5 : 2$，两者之比正好相等。正如前所述，在稳定导热中，平壁两

侧温差与平壁导热热阻成正比。保温砖与耐火砖虽然厚度一样，但保温砖热阻大，温度降落也大，因而保温效果好。保温砖在1300℃时会烧坏，所以内层就用保温差的耐火砖。热绝缘层厚度虽然只有耐火砖层、保温砖层厚度的一半，但热阻最大，温度降落为耐火砖层的5倍，为保温砖层的2.5倍。所以，为减少炉墙的散热损失和炉墙厚度，在耐火砖层与保温砖层填上绝热效果好的绝缘材料。

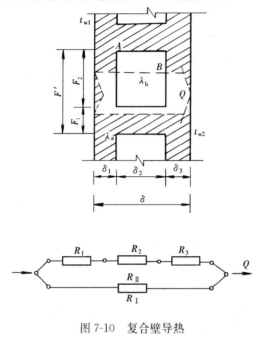

图 7-10　复合壁导热

3. 有并联材料层的多层复合壁导热

在工程上还会遇到另一类型的平壁，无论是沿厚度或宽度方向都是由不同材料组成。也就是在厚度 x 方向上各层中至少有一层不是由一种均质各向同性材料组成的多层平壁。对于无限大平壁，热流是一维的。而在复合壁中，由于不同材料的导热系数不相等，严格地说复合平壁的温度是二维的，甚至是三维的。但是，当组成复合平壁的各不同材料的导热系数相差不是很大时，仍可作为一维导热问题处理，使问题的解简化，如图 7-10 所示，它是由 A、B 两种材料所组成，沿厚度方向导热，有两个并联导热热流通道 Ⅰ、Ⅱ。其对应的导热面积分别为 F_1 和 F_2，该两个导热热流通道是用平行于热流方向的绝对不导热薄膜分割的。

Ⅰ通道的导热热阻为　$R_1 = \dfrac{\delta}{\lambda_a F_1}$

Ⅱ通道的导热热阻为　　$R_2 = R_{\delta1} + R_{\delta2} + R_3 = \dfrac{\delta_1}{\lambda_a F_2} + \dfrac{\delta_2}{\lambda_b F_2} + \dfrac{\delta_3}{\lambda_a F_2}$

在该空斗墙面积 F 上，有如同Ⅰ通道的有 n 个，有如同Ⅱ通道的有 m 个。则空斗墙的总热阻为 n 个Ⅰ通道和 m 个Ⅱ通道相并联时的等值热阻，则有

$$R'_F = \frac{1}{n \text{个 1 通道的热阻} + m \text{个 11 通道的热阻}} = \frac{1}{n\dfrac{1}{R_1} + m\dfrac{1}{R_2}} \quad ℃/W \quad (7\text{-}15)$$

因为Ⅰ和Ⅱ导热通道是用绝对不导热薄膜分割的，所以上式求得的热阻 R'_F 比空斗墙实际热阻 R_F 大。当 λ_a 和 λ_b 相差较大时，则 R'_F 和 R_F 相差亦大。为了更符合实际，对 R'_F 用表 7-2 中的 φ 值进行修正。则有

$$R_F = \varphi \cdot R'_F \tag{7-16}$$

φ 值的修正　　　　　　　　　　　　　　　　　　　　　　　　　　　表 7-2

λ_b/λ_a	0.09～0.19	0.2～0.39	0.4～0.69	0.7～0.99
φ	0.86	0.93	0.96	0.98

通过复合壁的导热热流量

$$Q = \frac{t_{w1} - t_{w2}}{R_F} \quad W \tag{7-17}$$

【例题 7-4】 有一炉渣混凝土空心砖块，结构尺寸如图 7-11 所示，炉渣混凝土的导热系数 $\lambda_1 = 0.79\text{W}/(\text{m} \cdot \text{℃})$，空心部分的当量导热系数 $\lambda_2 = 0.29\text{W}/(\text{m} \cdot \text{℃})$，试计算砖块的导热热阻。

【分析】 该砖块沿高度方向可划分为并联的七个导热通道，其中炉渣混凝土的导热通道有四个，具有空心部分的导热通道有三个（每通道三个导热热阻串联）。利用热阻的串、并联的关系求出等值总热阻，最后再根据 λ_2/λ_1 比值情况由表 7-2 查得的修正系数 φ 进行必要的砖块等值总热阻修正。

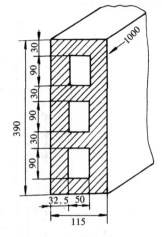

图 7-11　[例题 7-4] 用图

【解】 该砖块沿高度方向可划分为并联的七个导热通道。其中炉渣混凝土层的热阻为

$$R_{\lambda 1} = \frac{\delta}{\lambda_1 F_1} = \frac{0.115}{0.79 \times 0.03 \times 1} = 4.85 \quad \text{℃/W}$$

具有空心部分的热阻为

$$R_{\lambda 2} = 2 \times \frac{\delta_1}{\lambda_1 F_1} + \frac{\delta_2}{\lambda_2 F_2} = 2 \times \frac{0.0325}{0.79 \times 0.09 \times 1}$$

$$+ \frac{0.05}{0.29 \times 0.09 \times 1} = 2.83 \quad \text{℃/W}$$

炉渣混凝土的导热通道有四个，具有空心部分的导热通道有三个，它们相并联时的等值总热阻为

$$R' = \frac{1}{4 \times \dfrac{1}{R_{\lambda 1}} + 3 \times \dfrac{1}{R_{\lambda 2}}} = \frac{1}{4 \times \dfrac{1}{4.85} + 3 \times \dfrac{1}{2.83}} = 0.531 \quad \text{℃/W}$$

鉴于本例题中复合壁的各部分材料的导热系数相差较大，$\lambda_2/\lambda_1 = 0.29/0.79 = 0.369$，根据此查表 7-2 而得修正系数为 $\varphi = 0.93$，于是修正后的复合壁热阻为

$$R = \varphi \cdot R' = 0.93 \times 0.531 = 0.494 \text{℃/W}$$

7.3.2 圆筒壁的稳定导热

在工程上，圆筒壁应用极为广泛，例如锅炉中的锅筒、水冷壁、省煤器、过热器及输送热媒的管道都采用圆筒壁结构，所以必须了解圆筒壁的导热规律。

1. 单层圆筒壁的导热

对于单层圆筒壁，见图 7-12，设圆筒壁长为 l，内、外直径为 d_1、d_2，导热系数为 λ，圆筒壁的内、外面分别维持均匀不变的温度 t_1 和 t_2，且 $t_1 > t_2$。现需确定通过圆筒壁的热流量。

当圆筒壁长度比其外直径大得多（$l > 10d_2$）时，则沿轴向的导热可以忽略不计，可认为热量主要沿半径方向传递。此时，圆筒壁的导热可视为一维稳定导热。即一维温度场，等温面都是与圆筒同轴的圆柱面。

在圆筒壁稳定导热中，通过各同心柱面 F 的热流量 Q 均相等，但不同柱面上单位面积的热流量 q 是不同的，且随半径的增大而减小。因此，圆筒壁导热是计算单位长度的热流量，用符号 q_l 表示，q_l 不因半径的变化而变化。

通过单层圆筒壁的热流量可用一维径向傅立叶简化导热定律计算，即：

$$Q = \frac{t_1 - t_2}{\frac{1}{2\pi\lambda l}\ln\frac{d_2}{d_1}} = \frac{t_1 - t_2}{\frac{1}{2\pi\lambda l}\ln\frac{r_2}{r_1}} \quad \text{W} \tag{7-18}$$

单位长度热流量

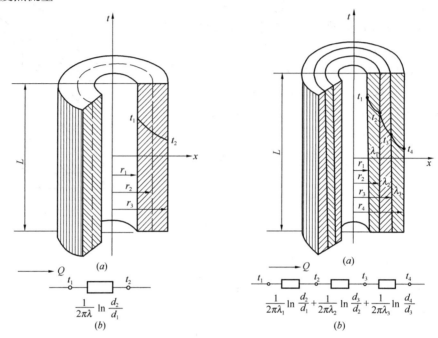

图 7-12 单层圆筒壁的导热及热阻网络图　　图 7-13 多层圆筒壁的导热及热阻网络图

$$q_l = \frac{Q}{l} = \frac{t_1 - t_2}{\frac{1}{2\pi\lambda}\ln\frac{d_2}{d_1}} = \frac{t_1 - t_2}{\frac{1}{2\pi\lambda}\ln\frac{r_2}{r_1}} \quad \text{W/m} \tag{7-19}$$

上两式中的热阻分别为：

$$R = \frac{1}{2\pi\lambda l}\ln\frac{d_2}{d_1} \text{——} l \text{ 长度圆筒壁的导热热阻，} ℃/\text{W}；$$

$$R_l = \frac{1}{2\pi\lambda}\ln\frac{d_2}{d_1} \text{——单位长度圆筒壁导热热阻，m} \cdot ℃\text{W}。$$

由式（7-19）可知，通过单层圆筒壁单位长度的热流量仍和温差成正比，与热阻成反比。而热阻与导热系数成反比，与外，内半径（或直径）之比的自然对数成正比。圆筒壁导热也可用热阻网络图表示，如图 7-12（b）所示。

圆筒壁导热热流量与平壁导热热流量计算公式具有相同的形式，只是热阻的形式不同。

根据公式（7-19），若已知 q_l、t_1、$R_{\lambda l}$ 则可求出 t_2

$$t_2 = t_1 - q_l \frac{1}{2\pi\lambda}\ln\frac{d_2}{d_1} \quad ℃$$

同理，在圆筒壁内，距轴心 x 处的温度为

$$t_x = t_1 - q_l \frac{1}{2\pi\lambda}\ln\frac{d_x}{d_1} \quad ℃ \tag{7-20}$$

上式为一对数曲线方程式，所以导热系数为常数时，单层圆筒壁的内部温度沿径向按对数曲线分布（见图 7-12）。

2. 多层圆筒壁的导热

对于多层圆筒壁，如敷设绝热材料的管道，管内结垢，管外积灰的省煤器管、过热器管等，其导热计算类同于多层平壁的导热计算，可将各层热阻叠加求得导热总热阻后来计算。

如图 7-13 为一段由三层不同材料组成的多层圆筒壁，设各层之间接触良好，两接触面具有相同的温度。已知各层直径分别为 d_1、d_2、d_3 和 d_4；各层导热系数分别为 λ_1、λ_2 和 λ_3；各层的表面温度分别为 t_1、t_2、t_3 和 t_4，且 $t_1 > t_4$（t_2、t_3 未知）。则其单位长度导热热阻为：

$$R_1 = R_1 + R_2 + R_3$$
$$= \frac{1}{2\pi\lambda_1}\ln\frac{d_2}{d_1} + \frac{1}{2\pi\lambda_2}\ln\frac{d_3}{d_2} + \frac{1}{2\pi\lambda_3}\ln\frac{d_4}{d_3} \tag{7-21}$$

根据导热欧姆定律及公式（7-21），不难写出三层圆筒壁的热流量 q_l 计算式：

$$q_l = \frac{2\pi(t_1 - t_4)}{\frac{1}{\lambda_1}\ln\frac{d_2}{d_1} + \frac{1}{\lambda_2}\ln\frac{d_3}{d_2} + \frac{1}{\lambda_3}\ln\frac{d_4}{d_3}} \quad \text{W/m} \tag{7-22}$$

各层接触面的温度：

$$t_2 = t_1 - \frac{q_l}{2\pi\lambda_1}\ln\frac{d_2}{d_1} \tag{7-23a}$$

$$t_3 = t_2 - \frac{q_l}{2\pi\lambda_2}\ln\frac{d_3}{d_2} = t_4 + \frac{q_l}{2\pi\lambda_3}\ln\frac{d_4}{d_3} \tag{7-23b}$$

对于 n 层圆筒壁，单位长度导热量 q_l 为：

$$q_l = \frac{2\pi(t_1 - t_{n+1})}{\sum\limits_{i=1}^{n}\frac{1}{\lambda_i}\ln\frac{d_{i+1}}{d_i}} \quad \text{W/m} \tag{7-24}$$

单位时间通过 l 米圆筒壁的热流量为：

$$Q = q_l \cdot l \quad \text{W} \tag{7-25}$$

7.3.3　圆筒壁导热的简化计算

当圆筒壁的内、外直径分别 d_1，d_2，其直径比 $d_2/d_1 \leqslant 2$ 时，可认为该圆筒壁为薄形圆筒。此时，圆筒的曲率对导热热阻的影响可以忽略，可作为平壁处理，其 l 米长的导热热阻可按下式计算：

$$R = \frac{\delta}{\lambda F} \quad \text{℃/W} \tag{7-26a}$$

式中 $\delta = \dfrac{d_2 - d_1}{2}$ 为圆筒壁的厚度；$F = \pi d_m l$ 为圆筒壁的平均导热面积，$d_m = \dfrac{d_2 + d_1}{2}$ 为圆筒壁的平均直径。故式（7-26a）可以改写为

$$R = \frac{\delta}{\lambda \pi d_m l} \quad \text{℃/W} \tag{7-26b}$$

利用圆筒壁简化热阻式（7-26b），计算圆筒壁导热热流量为

$$Q = \frac{t_1 - t_2}{\dfrac{\delta}{\lambda \pi d_{\mathrm{m}} l}} \quad \mathrm{W} \tag{7-27}$$

其计算误差小于 4%，在工程计算中是完全允许的。

对于多层圆筒壁，若每一层的内、外直径比 $d_{i+1}/d_i \leqslant 2$ 时，则用下式简化计算导热热流量为

$$Q = ql = \frac{t_1 - t_{n+1}}{\sum\limits_{i=1}^{n} \dfrac{\delta_i}{\lambda_i \pi d_{\mathrm{m}i} l}} \quad \mathrm{W} \tag{7-28}$$

【例题 7-5】 在外径为 159mm，表面温度为 350℃ 的蒸汽管道外包有 80mm 厚的保温层。其保温材料的导热系数 $\lambda = 0.06\mathrm{W}/(\mathrm{m} \cdot ℃)$，保温层外表面温度为 50℃，求每米长管道的热损失。

【分析】 直接代公式（6-19）来计算。

【解】 已知 $d_1 = 159\mathrm{mm}$；$d_2 = 159 + 2 \times 80 = 319\mathrm{mm}$，根据式（7-19），得

$$q_l = \frac{Q}{l} = \frac{t_1 - t_2}{\dfrac{1}{2\pi\lambda}\ln\dfrac{d_2}{d_1}} = \frac{350 - 50}{\dfrac{1}{2\pi \times 0.06}\ln\dfrac{319}{159}} = 162.43 \quad \mathrm{W/m}$$

【例题 7-6】 外径、温度、保温层厚度都同例题 7-5。只是将保温层分做两层，内层厚度为 $\delta_1 = 60\mathrm{mm}$，材料的导热系数 $\lambda_1 = 0.06\mathrm{W}/(\mathrm{m} \cdot ℃)$，外层厚度为 $\delta_2 = 20\mathrm{mm}$，材料的导热系数 $\lambda_2 = 0.15\mathrm{W}/(\mathrm{m} \cdot ℃)$，试求此时单位长度管道的热损失。

【分析】 本题为多层（双层）圆筒壁的导热问题，可用式（7-24）计算；若属多层薄壁圆筒，即 $d_{i+1}/d_i \leqslant 2$ 时，还可用式（7-28）来近似计算。

【解】 已知 $d_1 = 159\mathrm{mm}$；$d_2 = 159 + 2 \times 60 = 279\mathrm{mm}$；$d_3 = 279 + 2 \times 20 = 319\mathrm{mm}$。根据式（7-24），得

$$q_l = \frac{Q}{l} = \frac{t_1 - t_3}{\dfrac{1}{2\pi\lambda_1}\ln\dfrac{d_2}{d_1} + \dfrac{1}{2\pi\lambda_2}\ln\dfrac{d_3}{d_2}} = \frac{350 - 50}{\dfrac{1}{2\pi \times 0.06}\ln\dfrac{279}{159} + \dfrac{1}{2\pi \times 0.15}\ln\dfrac{319}{279}}$$

$$= 183.58\mathrm{W/m}$$

本题中，由于 $d_2/d_1 = \dfrac{279}{159} = 1.755 < 2$；$d_3/d_2 = \dfrac{319}{279} = 1.143 < 2$，该两层保温层都可视为薄型圆筒，其单位管长的热损失可由式（7-28）简化计算：

$$q_l = \frac{Q}{l} = \frac{t_1 - t_3}{\dfrac{\delta_1}{\lambda_1 \pi d_{\mathrm{m}1}} + \dfrac{\delta_2}{\lambda_2 \pi d_{\mathrm{m}2}}}$$

式中 $\delta_1 = 60\mathrm{mm}$，$\delta_2 = 20\mathrm{mm}$；

$$d_{\mathrm{m}1} = \frac{159 + 279}{2} = 219\mathrm{mm}; d_{\mathrm{m}2} = \frac{279 + 319}{2} = 299\mathrm{mm},$$

于是

$$q_l = \frac{350 - 50}{\dfrac{60}{0.06 \times \pi \times 219} + \dfrac{20}{0.15 \times \pi \times 299}} = 187.94\mathrm{W/m}$$

计算误差为

$$\frac{187.94 - 183.58}{183.58} \times 100\% = 2.39\%$$

单 元 小 结

本单元首先简要介绍了热传递现象、热量传递的基本方式、热传递过程的类型、热传递的工程应用，并对各类物质的导热机理、温度场、等温面（线）、温度梯度和导热系数等基本概念进行了阐述，进而提出了导热的基本定律——傅立叶定律及使用导热的"欧姆定律"、热阻、导热模拟电路进行单层平壁、多层平壁、多层复合平壁、单层圆筒壁、多层圆筒壁的导热计算与分析。

我们学习传热学的目的之一，就是认识传热过程的规律，从而掌握增强或减弱传热过程的方法。学习本单元内容，注意以下几点：

1. 热量传递从机理上说有导热、对流换热和辐射换热三种基本形式。导热主要发生在固体介质中，为温度不同的物体各部分或温度不同的两物体之间直接接触而发生的热传递现象；对流换热是指依靠流体不同部位的相对位移把热量由一处传递到另一处的热传递，主要有冷、热流体的直接混合换热和流体与固体壁面之间进行的热传递；辐射换热则是由电磁波来传播能量的过程，它不需要任何中间介质，在真空中也能进行。

另外，通常把在同一位置上同时存在两种或两种以上基本换热形式的换热叫做复合换热，把在传热过程中不同位置上同时存在两种或两种以上的基本传热形式叫做复合传热。

2. 温度场、等温面（线）和温度梯度是涉及各种传热现象的基本概念，应充分理解和掌握。温度场、等温面或等温线和温度梯度都是用来描述物体的温度分布，其中温度场可以用时间（τ）和空间（x、y、z）坐标的函数（数学式）表达；温度梯度 $\mathrm{grad}t$ 是指等温面法线方向上，单位距离的温度变化量。

3. 傅立叶定律是导热的基本定律。它是说某处的导热热流密度 q 与该处的温度降度（$-\mathrm{grad}t$）成正比，热流密度的方向与温度梯度的方向相反。

4. 导热系数是反映物体的导热能力，在数值上为单位温度降度作用下的导热热流密度数，即物体中单位温度降度、单位时间、通过单位面积的导热量；在物性上，不同物质，导热系数值不同。相同物质，其导热系数值还因它的压力、温度、密度及物质的结构不同而不同。导热系数是通过实验测定的，一般的工程计算可查取工程手册。

5. 平壁和圆筒壁的稳定导热计算与分析可使用导热的"欧姆定律"及物体热阻的串、并联，导热模拟电路进行。其中平壁的导热计算可分为单层平壁、多层平壁、多层复合平壁的计算；圆筒壁的导热计算也可分为单层圆筒壁、多层圆筒壁的导热计算与导热的简化近似计算。在圆筒壁的导热简化近似计算时，要注意其使用条件：内、外直径比 d_{i+1}/d_i $\leqslant 2$，否则计算误差将超出工程计算允许的要求（不大于 4%）。

思 考 题 与 习 题

1. 试解释热传导和导热系数概念。
2. 说明气体、液体、纯金属和保温材料的导热机理？
3. 大型发电机为了提高功率而用氢气冷却，其理由是什么？
4. 为什么多层平壁中温度分布曲线不是一条连续的直线而是一条折线。
5. 热量传递从机理上说有哪几种基本形式？复合换热与复合传热有何区别？

6. 一块厚为5mm的大平板，测定该平板的导热系数 λ_n 在稳态导热时，平板两侧面间维持40℃的温差，测得靠近平板中心面处（视为一维导热）的导热热流密度为9500W/m³，试求该平板材料的导热系数。

7. 某建筑的砖墙高3m，宽4m，厚0.25m，墙内、外表面温度分别为15℃和−5℃，已知砖的导热系数为0.7W/（m·℃），试求通过砖墙的散热量。

8. 某办公楼墙壁是由一层厚度为240mm的砖层和一层厚度为20mm的灰泥构成。现在拟安装空调设备，并在内表面加贴一层硬泡沫塑料，使导入室内的热量比原来减少80%。已知砖的导热系数为0.7W/（m·℃），灰泥的导热系数为0.58W/（m·℃），硬泡沫塑料的导热系数为0.06W/（m·℃），试求加贴硬泡沫塑料层的厚度。

9. 一双层玻璃窗系由两层厚度为3mm的玻璃组成，其间空气间隙厚度为6mm。设面向室内的玻璃表面温度和面向室外的玻璃表面温度分别为20℃和−15℃。已知玻璃的导热系数为0.78W/（m·℃），空气的导热系数为0.025W/（m·℃），玻璃窗的尺寸为670×440mm，试确定该双层玻璃窗的热损失。如果采用单层玻璃窗，其他条件不变，其热损失是双层玻璃窗的多少倍？

10. 蒸汽管道的内、外直径分别为160mm和170mm，管壁面导热系数为58W/（m·℃），管外覆盖两层保温材料：第一层厚度为30mm，导热系数为0.093W/（m·℃），第二层厚度为40mm，导热系数为0.17W/（m·℃），蒸汽管的内表面温度为300℃，保温层外表面温度为50℃。试求：（1）各层热阻并比较其大小；（2）每米长蒸汽管的热损失；（3）各层间接触面上的温度 t_{w2} 和 t_{w3}。

11. 内表面温度为320℃，内径为200mm，外径为210mm的钢管，导热系数为43W/（m·℃），外径上涂有8cm厚的保温材料，它的外表面温度保持40℃，如每单位管长损失的热量限制为200W/m时，使用导热系数为多少的保温材料为好？

12. 在直径为1m的圆筒的外侧用10cm的石棉（导热系数为0.1W/（m·℃））和30cm的红砖（导热系数0.6W/（m·℃））进行保温时，求长1m的圆筒每小时的热损失？此时圆筒内表面的温度若为100℃，外表面温度为多少？如果石棉与红砖布置内外颠倒，热损失又为多少？

教学单元 8 对 流 换 热

【教学目标】了解流体性质（种类）、运动原因、运动状态及换热表面形状、尺寸、位置等对对流换热影响的分析；了解努谢尔特准则、普朗特准则、雷诺准则和格拉晓夫准则的物理含义及其对对流换热的影响；掌握牛顿冷却公式和对流换热系数、对流换热热阻的概念；了解对流换热的基本类型和基本计算过程。

8.1 影响对流换热的因素与相关准则

8.1.1 影响对流换热的因素

概括地讲，影响对流换热的因素主要为下述四个方面：

1. 流体的物理性质

流体的物理性质，即流体的种类对对流换热有着很大的影响。例如热物体在水中比在同样温度的空气中要冷却得快。对对流换热强弱有影响的物理参数，常称之为流体的热物理性质参数，简称热物性参数。它主要有：热导率 λ、密度 ρ、比热容 c、动力黏度 μ 等。流体的热导率 λ 值大，导热能力强；流体的比热容和密度之积 $c\rho$ 大，则单位体积的流体转移时所能携带的热量也多，热对流作用也就强；而动力黏度 μ 大，说明流体流动的内阻碍大，使热对流作用下降而不利于换热。

对于每一种流体来说，其热物性参数值又会随温度（气体还随压力）的改变而改变，而当温度（压力）一定时，这些参数都具有一定的对应数值。在换热时，由于流体内温度各不相同，使热物性参数也各处不等。为方便计算，通常是选择一特征温度（称为定性温度）来确定热物性参数值，把热物性参数当作常量处理。

2. 流体运动的原因

按流体运动发生的原因，流体运动可分成两类。一类是由于流体冷热各部分的密度不同所引起的自然运动；另一类是受外力，如风力风机或水泵的作用所发生的强迫运动。一般情况下，强迫运动的换热强度要比自然换热高得多。

流体发生强迫运动时，也会发生自然运动。当强迫运动速度很大时，自然运动对换热的影响可以忽略不计；而当强迫运动不太强烈时，自然运动的影响便相对增大而应加以考虑，这种情况称之为混合对流换热。

3. 流体运动的状态

流体运动的状态可分为层流和紊流两种。层流时雷诺数 $Re \leqslant 2300$，流体各部分均沿流道壁面作平行运动，互不干扰；紊流时 $Re \geqslant 10^4$，流动处于不规则的混乱状态，只在靠近流道壁面处存在一厚度很薄的边界层流。当流体处于 $2300 < Re < 10^4$ 时，则称其流动处于过渡流状态。

在对流换热中，流体运动的状态对热量转移有着重要的影响。层流时，沿壁面法线方向的热量转移主要依靠导热，其大小取决于流体的导热系数；紊流时，依靠导热转移热量的方式只保留在很薄的边界层流中，而紊流核心中的传热则依靠流体各部分的剧烈运动实现。由于紊流核心的热阻远小于边界层的热阻，因此紊流换热的强弱主要取决于边界层流的热阻。紊流的边界层流厚度因远小于层流时的厚度，故紊流的热交换强度要远大于层流。

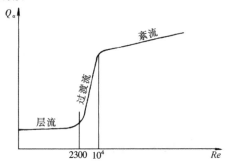

图 8-1　Re 对对流换热量的影响

如图 8-1 反映了流态准则数 Re 对对流换热量 Q_α 的影响关系。从图可看出，对流换热量是随 Re 的增加而增强，但层流阶段 Q_α 增加很慢，过渡阶段增加最快，紊流阶段增加又减慢。工程上，为了有效地增强换热，通常用增加流体流速的方法控制 Re 在 $10^4 \sim 10^5$ 之间。而 Re 太大，虽可进一步增加换热量，但势必引起流动动力的很大消耗。

4. 换热表面的几何形状、尺寸和布置方式

影响对流换热强弱的因素还有换热物体表面的几何形状、大小、粗糙度以及相对于流体运动方向的位置等。例如，换热的平板面可以平放、竖放或斜放，换热的面还可以朝上或朝下，这都将引起不同的换热条件与效果。

综上所述，影响对流换热的因素很多。对流换热量 Q_α 是诸多物理参量：换热面形状 φ、尺寸 l、换热面面积 F、壁温 t_w、流体温度 t_f、速度 ω、热导率 λ、比热容 c、密度 ρ、动力黏度 μ、体积膨胀系数 β 等的函数。即：

$$Q_\alpha = f(\omega, \rho, c, \mu, \beta, t_f, t_w, F, l, \varphi, \cdots\cdots) \tag{8-1}$$

8.1.2　对流换热的基本计算与对流换热系数

一般情况下，计算流体和固体壁面间的对流换热量 Q_α 的基本公式是牛顿冷却公式：

$$Q_\alpha = \alpha \cdot \Delta t \cdot F \quad \mathrm{W} \tag{8-2}$$

式中　Δt——流体与壁面之间的温差，℃；

　　　F——换热表面的面积，m^2；

　　　α——对流换热系数，简称换热系数，$\mathrm{W/(m^2 \cdot ℃)}$。

换热系数 α 的大小表达了对流换热过程的强弱，在数值上等于单位面积上，当流体同壁面之间温差 1℃时，在单位时间内所能传递的热量。

利用热阻的概念，将公式（8-2）改写成：

$$Q_\alpha = \frac{\Delta t}{1/(\alpha \cdot F)} = \frac{\Delta t}{R_\alpha} \tag{8-3}$$

式中 $R_\alpha = \dfrac{1}{\alpha \cdot F}$，表示 F 面积上的对流换热热阻，℃/W。对流换热的模拟电路如图 8-2 所示。

流体和固体壁面间单位面积上的对流换热量常叫做对流热流密度，用字母 q 表示。对流热流密度 q 等于：

$$q = Q_\alpha / F = \alpha \cdot \Delta t \quad \mathrm{W/m}^2 \tag{8-4}$$

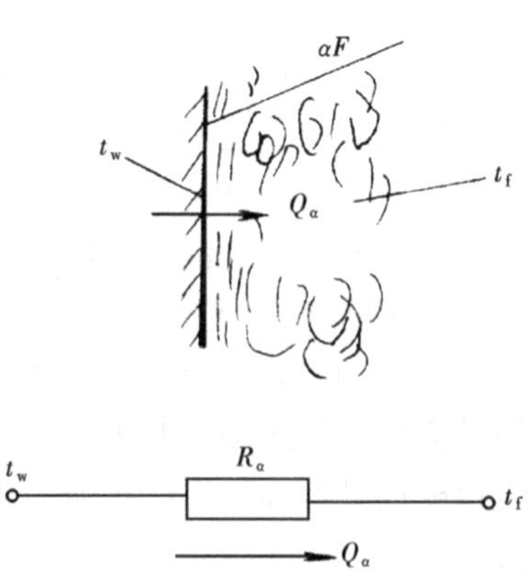

图 8-2　对流换热的模拟电路

8.1.3 影响对流换热的相关准则

对流换热过程是十分复杂的，牛顿冷却公式中的换热系数集中了影响对流换热过程的一切复杂因素，研究对流换热问题的关键就是如何求解换热系数。

理论和实验都表明，影响对流换热作用的不是单个物理量，而是由若干个物理量组成的准则。描述对流换热情况的任何方程均可表述为各相似准则之间的函数关系式。例如，在对流换热中，换热影响不是流体的运动黏度 ν、速度 ω、壁温 t_w、流体温度 t_f、热导率 λ、比热容 c、密度 ρ、体积膨胀系数 β 等单个物理量起作用，而是由下列相关的准则在影响：

1. 普朗特（Prandtl）准则 Pr

普朗特准则 $Pr = \nu/a$，是用来说明工作流体的物理性质（简称流体物性）对对流换热影响的准则。Pr 越大，表示流体的运动黏度 ν 越大，而热扩散率 $a\left(=\dfrac{\lambda}{c\rho}\right)$ 下降。前者说明运动引起的传热量将下降，后者说明流体对温度变化的传递能力下降，导热降低。故对流换热量是随 Pr 准则数的上升而下降。

2. 雷诺（Reynolds）准则 Re

雷诺准则 $Re = \omega l/\nu$，是用来反映流体运动的状态（简称流体流态）对对流换热影响的准则。其影响情况见图 8-1。

3. 格拉晓夫（Grashof）准则 Gr

格拉晓夫准则 $Gr = \dfrac{g\beta\Delta t l^3}{\nu^2}$，是反映流体自然流动时浮升力与黏滞力相对大小的准则。流体自由流动状态是浮升力与黏滞力相互矛盾和作用的结果，Gr 增大，说明黏滞力减小，浮升力将引起换热量的增大。

4. 努谢尔特（Nusselt）准则 Nu

努谢尔特准则 $Nu = al/\lambda$，是用来说明对流换热自身特性的准则，其数值越大，表示流体流动作用引起的对流换热强度越强。努谢尔特准则 Nu 中包含着待求的对流换热系数，故又称其为待定准则。

8.2 计算对流换热系数的基本准则方程

8.2.1 对流换热计算的基本类型

对流换热现象有许多类型，不同的类型有着不同形式的对流换热准则方程式相对应。在进行对流换热计算时，只有弄清对流换热的类型，才能避免准则方程式的选错，找出适用的计算式。总体来讲，对流换热可按下面几个层次来分类：

先是按对流换热过程中流体是否改变相态，区分出换热是单相流体的对流换热还是变相流体的对流换热。这里的相态是指流体的液态和气态。所谓单相流体的对流换热是指流体在换热过程中相态保持不变，而变相流体的对流换热则是流体在换热过程中发生了相态的变化，如液态流体变成了气态流体的沸腾换热，气态流体变成液态流体的凝结换热。

其次，在单相流体的换热中，按照流体流动的原因，可分成自然对流换热、强迫对流换热和综合对流换热三类。它们可用 Gr 与 Re^2 的比值范围来区分。一般，$Gr/Re^2 > 10$ 时，定为主要以运动浮升力引起的自然换热；$Gr/Re^2 < 0.1$ 时，定为由机械外力作用引起运动的强迫换热；$0.1 \leqslant Gr/Re^2 \leqslant 10$ 时，则定为既考虑自然换热影响，又考虑强迫换热影响的综合对流换热。

再次，按流体与换热面的换热位置或空间大小又可引起不同情况的换热。如强迫对流换热可分为流体管内的换热和流体外掠管壁的换热；自然对流换热可分为无限大空间的换热和有限空间的换热。这里有限与无限空间的区别是以换热时冷、热流体的自由运动是否相互干扰为界的。一般规定，换热方向的空间厚度 δ 与换热面平行方向的长度 h 的比值 $\delta/h \leqslant 0.3$ 时，为有限空间，$\delta/h > 0.3$ 时，为无限空间。

此外，上面各类对流换热根据流体流动的形态可分成层流（$Re < 2300$）、过渡流（$2300 \leqslant Re \leqslant 10^4$）和紊流（$Re > 10^4$）三种情况。

8.2.2 对流换热准则方程的一般形式

描述对流换热现象的方程式，原则上是由与对流换热相关的准则组成的函数关系，称之为准则方程式。对于稳态无相变的对流换热的准则方程，可描述为

$$Nu = f(Re, Gr, Pr) \tag{8-5}$$

方程式的具体形式由实验确定。对于强迫紊流的对流换热，由于 Gr 对换热的影响可以不计，故可写成 $Nu = f(Re, Pr)$ 函数，一般整理成如下的幂函数形式：

$$Nu = C \cdot Re^n Pr^m \tag{8-6}$$

若上述情况的流体为空气时，Pr 可作为常数来处理（取 $Pr \approx 0.7$），于是式（8-6）又可简化成 $Nu = f(Re)$，通常写成如下形式：

$$Nu = C \cdot Re^n$$

对于自由流动的对流换热，$Re = f(Gr)$，Re 不是一个独立的准则，式（8-5）可写成如下形式：

$$Nu = f(Gr, Pr) = C(Gr \cdot Pr)^n \tag{8-7}$$

以上各式中的 C、n、m 都是由实验可确定的常数。

在对流换热准则方程中，待解量换热系数 α 包含在 Nu 准则中，所以称 Nu 准则为待定准则。对于求解 Nu 的其他准则，由于准则中所含的量都是已知量，故这些准则通称已定准则。已定准则的数值一经确定，待定准则，如 Nu 就可以通过准则方程很方便地求解出来。

8.2.3 定性温度、定型尺寸和特性速度的确定

1. 定性温度

确定准则中热物性参数数值的温度叫定性温度。由于流体的物性随温度而变，且换热中不同换热面上有不同的温度，这给换热的分析计算带来复杂。为了使问题简化，常经验地按某一特征温度，即定性温度来确定流体的物性，以使物性作常数处理。

如何选取物性的定性温度是一个重要的问题。它主要有以下三种选择：

（1）流体平均温度 t_f，简称流体温度；

（2）壁表面平均温度 t_w，简称壁温；

（3）流体与壁的算术平均温度 t_m，即 $t_m = \dfrac{t_f + t_w}{2}$，也称边界层平均温度。

2. 定型尺寸

相似准则所包含的几何尺寸，如 Re、Gr 和 Nu 中的 l，都是定型尺寸。所谓定型尺寸是指反映与对流换热有决定影响的特征尺寸。通常，管内流动换热的定型尺寸取管内径 d，管外流动换热的取外径 D，而非圆管道内换热的则取当量直径 d_e：

$$d_e = \frac{4F}{U} \quad m$$

式中　F——通道断面面积，m^2；

　　　U——断面湿周长，m。

3. 特征速度

它是指 Re 准则中的流体速度 ω。通常管内流体是取管截面上的平均流速，流体外掠单管则取来流速度，外掠管簇时取管与管之间最小流通截面的最大流速。

总之，在对流换热计算中，对所用的准则方程式一定要注意它的定性温度、定型尺寸和特征速度等的选定，不然会引起计算上的错误。

8.3　对流换热系数与对流换热的计算

8.3.1　单相流体自然流动时的换热

1. 无限空间中的自然换热计算

稳定状态下自然换热的准则方程形式为：

$$Nu_m = f(Pr, Gr) = C(Gr \cdot Pr)_m^n \tag{8-8}$$

式中的 C 和 n 是根据换热表面的形状、位置及 $Gr \cdot Pr$ 的数值范围由表 8-1 选取的。下标 m 表示在求准则的定性温度时采用边界层的平均温度 $t_m = \frac{t_f + t_w}{2}$。

由表 8-1 可知，在紊流换热中，式（8-8）中的 $n=1/3$，这时 Gr 和 Nu 中的定型尺寸 l 可以相抵消，故自然流动的紊流换热与定型尺寸无关。

对于常温常压空气，Pr 作常数处理，可采用表 8-1 中的简化公式计算 α。计算用到的有关空气的物理参数值见附表 8-1。

对于工程中遇到的倾斜壁的自然换热，通常是先分别算出倾斜壁在水平面和垂直面上的投影换热系数 α_1 和 α_2，然后平方相加再开方来计算倾斜壁的自然换热系数 $\alpha = \sqrt{\alpha_1^2 + \alpha_2^2}$。

公式 8-7 中的 C、n 值　　　　　　　　　　　　　　　　　　表 8-1

表面形状及位置	流动情况示意	C, n 值			定型尺寸 l (m)	适用范围 $Gr \cdot Pr$	空气简化公式
		流态	C	n			
垂直平壁及垂直圆柱		层流	0.59	1/4	高度 h	$10^4 \sim 10^9$	$\alpha = 1.28 \left(\frac{\Delta t}{h}\right)^{\frac{1}{4}}$
		紊流	0.12	1/3		$10^9 \sim 10^{12}$	$\alpha = 1.17 \Delta t^{1/3}$

表面形状及位置	流动情况示意	C, n 值			定型尺寸 l (m)	适用范围 $Gr \cdot Pr$	空气简化公式
		流态	C	n			
水平圆柱		层流	0.53	1/4	圆柱外径 D	$10^4 \sim 10^9$	$\alpha = 1.16 \left(\dfrac{\Delta t}{D} \right)^{\frac{1}{4}}$
		紊流	0.13	1/3		$10^9 \sim 10^{12}$	$\alpha = 1.17 \Delta t^{\frac{1}{3}}$
热面朝上或冷面朝下的水平壁		层流	0.54	1/4	矩形取两个边长的平均值；圆盘取 0.9 直径	$10^5 \sim 2 \times 10^7$	$\alpha = 1.19 \left(\dfrac{\Delta t}{l} \right)^{\frac{1}{4}}$
		紊流	0.14	1/3		$2 \times 10^7 \sim 3 \times 10^{10}$	$\alpha = 1.37 \Delta t^{\frac{1}{3}}$
热面朝下或冷面朝上的水平壁		层流	0.27	1/4		$3 \times 10^5 \sim 3 \times 10^{10}$	$\alpha = 0.59 \left(\dfrac{\Delta t}{l} \right)^{\frac{1}{4}}$

【例题 8-1】一室外水平蒸汽管外包保温材料，其表面温度为 40℃，外径 $D = 100$mm，室外温度是 0℃。试求蒸汽管外表面的换热系数和每米管长的散热量。

【分析】首先应分析出本题是属于无限空间的自然换热，然后根据公式（8-8）要求的定性温度，查知有关物理参数值，计算相关准则数，再根据有关准则数的范围从表 8-1 中找到相应的计算式或相关参数即可计算。

【解】求定性温度：$t_m = \dfrac{1}{2} (t_{w1} + t_{w2}) = \dfrac{40 + 0}{2} = 20℃$。定型尺寸 $l = D = 0.1$m。按定性温度查附表 8-1，得空气的有关物理参数：

$$\lambda = 2.57 \times 10^{-2} \, \text{W/(m} \cdot ℃); Pr = 0.703$$

$$\nu = 15.05 \times 10^{-6} \, \text{m}^2/\text{s}; \beta = \frac{1}{273 + 20} \text{K}^{-1}$$

$$Gr = \frac{\beta g \Delta t l^3}{\nu^2} = \frac{1}{293} \times \frac{9.81 \times (40 - 0) \times 0.1^3}{(15.06 \times 10^{-6})^2} = 5.905 \times 10^6$$

$$(Gr \cdot Pr)_m = 5.905 \times 10^6 \times 0.703 = 4.151 \times 10^6$$

由表 8-1 查得：$C = 0.53$，$n = 1/4$ 代入方程（8-8）：

$$Nu = C(Gr \cdot Pr)_m^n = 0.53(4.151 \times 10^6)^{0.25} = 23.92$$

由 $Nu = \alpha l / \lambda$ 可得换热系数 α 为：

$$\alpha = \frac{Nu \cdot \lambda}{l} = \frac{23.92 \times 2.57 \times 10^{-2}}{0.1} = 6.147 \text{W/(m}^2 \cdot ℃)$$

每米管长的散热量 q_1 为：

$$q_1 = \alpha \Delta t \pi D = 6.147 \times (40 - 0) \pi \times 0.1 \times 1 = 77.16 \text{W/m}$$

2. 有限空间中的自然换热计算

有限空间的自然换热实际是夹层冷表面和热表面换热的综合结果。计算这一复杂过程换热量的方法是把它当做平壁或圆筒壁的导热来处理。若引入"当量导热系数 λ_{dl}"，则通过夹层的热流密度为

$$q = \frac{\lambda_{dl}}{\delta}(t_{w1} - t_{w2}) \quad \text{W/m}^2 \tag{8-9}$$

式中 t_{w1}、t_{w2}——分别为夹层的热表面温度和冷表面温度，℃；

δ——夹层厚度，m。

由于

$$q = \alpha \Delta t = \frac{\alpha \cdot \delta}{\lambda} \cdot \frac{\lambda}{\delta} \Delta t = Nu \frac{\lambda}{\delta} \Delta t$$

将此式与式（8-7）相比较，可知

$$Nu = \frac{\lambda_{dl}}{\lambda} = f(Gr \cdot Pr) \tag{8-10}$$

通过实验可得式（8-10）的具体关联式，从而求出 Nu（或 α）和 λ_{dl}。空气在夹层中自然流动换热的计算公式见表 8-2。

空气在夹层中自然流动换热计算公式 表 8-2

夹层位置	λ_{dl}计算公式	适用范围
垂直夹层	$\dfrac{\lambda_{dl}}{\lambda} = 0.18 Gr^{\frac{1}{4}} \left(\dfrac{\delta}{h}\right)^{\frac{1}{9}}$	$2000 < Gr \leqslant 2 \times 10^4$
	$\dfrac{\lambda_{dl}}{\lambda} = 0.065 Gr^{\frac{1}{3}} \left(\dfrac{\delta}{h}\right)^{\frac{1}{9}}$	$2 \times 10^4 < Gr \leqslant 1.1 \times 10^7$
水平夹层 （热面在下）	$\dfrac{\lambda_{dl}}{\lambda} = 0.195 Gr^{\frac{1}{4}}$	$10^4 < Gr \leqslant 4 \times 10^5$
	$\dfrac{\lambda_{dl}}{\lambda} = 0.068 Gr^{\frac{1}{3}}$	$Gr > 4 \times 10^5$

计算时，对于垂直夹层，若 $Gr < 2000$ 时，夹层中空气几乎是不运动，取 $\lambda_{dl} = \lambda$，按导热过程计算；对于水平夹层，若热面在上，冷面在下，也按导热过程计算，取 $\lambda_{dl} = \lambda$。

应用表 8-2 时，定性温度为夹层冷、热表面的平均温度，即 $t_m = (t_{w1} + t_{w2})/2$；定性尺寸为夹层厚度 δ。

【例题 8-2】 一个竖封闭空气夹层，两壁由边长为 0.5m 的方形壁组成，夹层厚 25mm，两壁温度分别为 -15℃ 和 15℃。试求夹层的当量导热系数和通过此空气夹层的自然对流换热量。

【分析】 本题为有限空间的自然换热，应根据求得的 Gr 数值范围从表 8-2 中选择出适用的当量导热系数 λ_{dl} 计算式，从而计算得空气夹层的自然对流换热量。

【解】 定性温度 $t_m = (t_{w1} + t_{w2})/2 = (15 - 15)/2 = 0$℃。查附表 8-1，得空气的物理参数如下：

$$\lambda = 2.44 \times 10^{-2} \text{W/(m} \cdot \text{℃)}; Pr = 0.707;$$

$$\nu = 13.28 \times 10^{-6} \text{m}^2/\text{s}; \beta = 1/273 \text{K}^{-1}$$

$$Gr = \frac{\beta g \Delta t l^3}{\nu^2} = \frac{1}{273} \times \frac{9.81 \times (15+15) \times 0.025^3}{(13.28 \times 10^{-6})^2} = 9.551 \times 10^4$$

由表 8-2 查得当量导热系数计算式为：

$$\lambda_{dl} = 0.065 Gr^{\frac{1}{3}} \left(\frac{\delta}{h}\right)^{\frac{1}{9}} \cdot \lambda = 0.065 \times (9.551 \times 10^4)^{\frac{1}{3}} \times \left(\frac{0.025}{0.5}\right)^{\frac{1}{9}} \times 2.44 \times 10^{-2}$$

$$= 0.052 \text{W/(m} \cdot \text{℃)}$$

通过夹层的自然对流换热量为：

$$Q = \frac{\lambda_{dl}}{\delta}(t_{w2} - t_{w1})F = \frac{0.052}{0.025} \times (15+15) \times 0.5 \times 0.5 = 15.6 \text{W}$$

8.3.2 单相流体强迫流动时的换热

1. 流体在管内强迫流动的换热

（1）换热影响的分析

流体管内强迫流动换热时，影响换热量大小的因素除与流体的流态（层流、紊流、过渡状态）有关外，还应考虑如下问题：

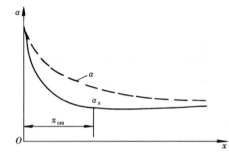

图 8-3 管内流动局部换热系数 α_x 和平均换热系数 α 的变化

1）进口流动不稳定的影响。流体在刚进入管内时运动是不稳定的，只有流动一段距离后才能达到稳定。图 8-3 为沿管道长度因流体进口不稳定流动影响引起的换热系数 α 的变化情况。在入口段（$x \leqslant x_{cm}$ 内），α 值变化较大，而过了 $x > x_{cm}$ 后，α 趋于稳定近似为常数。实验表明，对于层流，x_{cm} 距离约 $0.03 dRe$，即 $\leqslant 70d$；对于旺盛紊流来说，x_{cm} 约 $40d$。流体在进口段不稳定流动时对换热程度的影响称之为进口效应。工程上一般以管长 l 与管径 d 的比值 $\geqslant 50$，称为长管的换

热，它可忽略进口效应；但对于 $l/d < 50$ 的短管，则需考虑进口效应。计算上是在准则方程式的左边乘以修正系数 C_l，见表 8-3 和表 8-4。

层流时的修正系数 C_l　　　　　　　　　　　　　　　　　　　　表 8-3

l/d	1	2	5	10	15	20	30	40	50
C_l	1.90	1.70	1.44	1.28	1.18	1.13	1.05	1.02	1

紊流时的修正系数 C_l　　　　　　　　　　　　　　　　　　　　表 8-4

Re_l ＼ l/d	1	2	5	10	15	20	30	40	50
1×10^4	1.65	1.50	1.34	1.23	1.17	1.13	1.07	1.03	1
2×10^4	1.51	1.40	1.27	1.18	1.13	1.10	1.05	1.02	1
5×10^4	1.34	1.27	1.18	1.13	1.10	1.08	1.04	1.02	1
1×10^5	1.28	1.22	1.15	1.10	1.08	1.06	1.03	1.02	1
1×10^6	1.14	1.11	1.08	1.05	1.04	1.03	1.02	1.01	1

2）热流方向的影响。流体与管壁进行换热的过程中，流体流动为非等温过程。在沿管长方向，流体会被加热或被冷却，流体温度的变化必然改变流体的热物理性质，从而影响管内速度场的形状，进而影响换热程度，如图 8-4 所示。图中曲线 a 为等温流动时的速度分布。当液体被加热（或气体被冷却）时，近壁处液体的黏度比管中心区低，因而壁面处速度相对加大，中心区相对减小，见曲线 c；当液体被冷却（或气体被加热）时，结果与上面相反，速度分布为曲线 b。

对流换热中为了修正流体加热或冷却（即热流方向）对热物理性质的影响，在流体温度 t_f 为定性温度的准则方程式的左边，乘上修正项 $(Pr_f/Pr_w)^n$ 或 $(\mu_f/\mu_w)^m$、 $(T_f/T_w)^k$ 等。

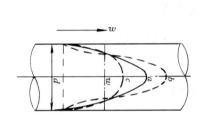

图 8-4　热流方向对速度场的影响

a—等温流；b—冷却液体或

加热气体；c—加热液体或冷却气体

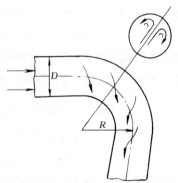

图 8-5　弯管流动中的二次环流

3）管道弯曲的影响。流体在弯曲管道流动时，产生的离心力会引起流体在流道内外之间的二次环流，如图 8-5 所示，增加了换热的效果，因而使它的换热与直管有所不同。当弯管在整个管道中所占长度比例较大时，必须在直管道换热计算的基础上加以修正，通常是在关联式的左边乘上修正系数 C_R。对于螺旋管，即蛇形盘管 C_R 由下式确定：

$$\text{对于气体} \qquad C_R = 1 + 1.77\frac{d}{R} \qquad (8\text{-}11a)$$

$$\text{对于液体} \qquad C_R = 1 + 10.3\left(\frac{d}{R}\right)^3 \qquad (8\text{-}11b)$$

式中　R——螺旋管弯曲半径，m；

　　　d——管子直径，m。

（2）流体管内层流的换热计算式

流体在管内强迫层流时的换热准则方程式形式为：

$$Nu = C \cdot Re^n \cdot Pr^m \cdot Gr^p$$

计算时可采用下列公式

$$Nu = 0.15Re_f^{0.33}Pr_f^{0.43}Gr_f^{0.1}\left(\frac{Pr_f}{Pr_w}\right)^{0.25} \cdot C_l \cdot C_R \qquad (8\text{-}12)$$

式中各准则的下标为 f 时，表示定性温度取流体温度 t_f，下标为 w 时，定性温度取壁面温度 t_w。

在运用公式（8-12）时，若流体为黏度较大的油类，由于自然对流被抑制，流体呈严格的层流状态，需取式中准则 $Gr=1$。此时换热系数为层流时最低值。

由于层流时的放热系数小，除少数应用黏性很大的设备有应用外，绝大多数的换热设备都是按紊流范围设计。

（3）流体管内紊流的换热计算式

流体管内强迫紊流时的换热，可忽略自由运动部分的换热，其准则方程具有如下形式：

$$Nu_f = C \cdot Re_f^n \cdot Pr_f^m$$

根据实验整理，当 $t_f - t_w$ 为中等温差以下时（指气体 $\leqslant 50℃$；水 $\leqslant 30℃$；油类 $\leqslant 10℃$），Re_f 为 $10^4 \sim 1.2 \times 10^5$，$Pr_f = 0.7 \sim 120$ 范围内，用下式计算：

$$Nu_f = 0.023 Re_f^{0.8} \cdot Pr_f^n \cdot C_R \cdot C_l \tag{8-13}$$

式中 n 当流体被加热时取 0.4，流体被冷却时取 0.3。当 $t_f - t_w$ 超过中等温差时，$Re_f = 10^4 \sim 5 \times 10^5$，$Pr_f = 0.6 \sim 2500$ 范围内，可采用下式计算：

$$Nu_f = 0.021 Re_f^{0.8} Pr_f^{0.43} \left(\frac{Pr_f}{Pr_w} \right)^{0.25} \cdot C_R \cdot C_l \tag{8-14}$$

对于空气，$Pr = 0.7$，上式可简化为

$$Nu_f = 0.018 Re_f^{0.8} \cdot C_R \cdot C_l \tag{8-15}$$

（4）流体管内过渡状态流动的换热计算式

对于 $Re_f = 2300 \sim 10^4$ 的过渡区，换热系数既不能按层流状态计算，也不能按紊流状态计算。整个过渡区换热规律是多变的，换热系数将随 Re_f 数值的变化而变化较大。根据实验整理可用关联式计算：

$$Nu_f = C \cdot Pr_f^{0.43} \cdot \left(\frac{Pr_f}{Pr_w} \right)^{0.25} \tag{8-16}$$

式中 C 根据 Re_f 数值可查表 8-5。

$Re_f = 2300 \sim 10^4$ 时 C 的数值 表 8-5

$Re_f \cdot 10^{-2}$	2.2	2.3	2.5	3.0	3.5	4.0	5.0	6.0	7.0	8.0	9.0	10
C	2.2	3.6	4.9	7.5	10	12.2	16.5	20	24	27	29	30

【例题 8-3】内径 $d = 32\text{mm}$ 的管内水流速 0.8m/s，流体平均温度 $70℃$，管壁平均温度 $40℃$，管长 $L = 100d$。试计算水与管壁间的换热系数。

【分析】本题为管内强迫换热。应先求出流体流动的雷诺数 Re_f，判断出其属于何种流态的对流换热，从而找出适用的计算式求得换热系数。

【解】由定性温度 $t_f = 70℃$ 和 $t_w = 40℃$ 从附表 8-2 查得水的物性参数如下：

$$\nu_f = 0.415 \times 10^{-6} \text{m}^2/\text{s}; \quad Pr_f = 2.55; \quad \lambda_f = 66.8 \times 10^{-2} \text{W/(m} \cdot ℃);$$

因为

$$Re_f = \frac{\omega d}{\nu_f} = \frac{0.032 \times 0.8}{0.415 \times 10^{-6}} = 6.169 \times 10^4 > 10^4$$

所以，管内流动为旺盛紊流。由于温差 $t_f - t_w = 30℃$ 未超过 $30℃$，故用式（8-13）计算：

$$Nu_f = 0.023 Re_f^{0.8} Pr_f^{0.3} \cdot C_R \cdot C_l$$

$$= 0.023 \times (6.169 \times 10^4) \times 2.25^{0.3} \times 1 \times 1 = 207$$

于是换热系数 α 为

$$\alpha = \frac{Nu_{\mathrm{f}} \cdot \lambda_{\mathrm{f}}}{d} = \frac{207 \times 66.8 \times 10^{-2}}{0.032} = 4321\mathrm{W/(m^2 \cdot ℃)}$$

2. 流体外掠管壁的强迫换热

（1）换热影响的分析

流体外掠管壁的强迫换热除了与流体的 Pr 和 Re 有关外，还与以下因素有关：

1）单管换热还是管束换热。流体横向流过管束时的流动情况要比单管绕流复杂，管束后排管由于受前排管尾流的扰动，使得后排管的换热得到增强，因而管束的平均换热系数要大于单管。

2）与流体冲刷管子的角度（俗称冲击角 φ）有关。显然正向冲刷（$\varphi=90°$）管子或管束的换热强度要比斜向冲刷（$\varphi\leqslant90°$）管子或管束的大。对于斜向冲刷的换热系数计算是在正向冲刷管子计算的结果上，乘上冲击角修正系数 C_φ。C_φ 值可由表 8-6、表 8-7 查得。

单圆管冲击角修正系数 C_φ　　　　　　　　　　表 8-6

冲击角 φ	90°～80°	70°	60°	45°	30°	15°
C_φ	1.0	0.97	0.94	0.83	0.70	0.41

圆管管束的冲击角修正系数 C_φ　　　　　　　　　　表 8-7

冲击角 φ		90°～80°	70°	60°	50°	40°	30°	20°	10°	0°
C_φ	顺排	1.0	0.98	0.94	0.88	0.78	0.67	0.52	0.42	0.38
	叉排	1.0	0.98	0.92	0.83	0.70	0.53	0.43	0.37	0.34

3）对于管束换热，还与管子的排列方式、管间距及管束的排数有关。管子的排列方式一般有顺排和叉排两种。如图 8-6 所示，流体流过顺排和叉排管束时，除第一排相同外，叉排后排管由于受到管间流体弯曲、交替扩张与收缩的剧烈扰动，其换热强度比顺排

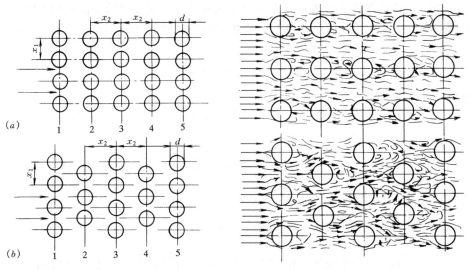

图 8-6　管束排列方式及流体在管束间的流动情况
（a）顺排；（b）叉排

要大得多。当然叉排管束比起顺排来说，也有阻力损失大，管束表面清刷难的缺点。实际上，设计选用时，叉排和顺排的管束均有运用。

对于同一种排列方式的管束，管间相对距离，$l_1 = x_1/d$ 和 $l_2 = x_2/d$ 的大小对流体的运动性质和流过管面的状况也有很大的影响，进而影响换热的强度。

实验还表明，管束前排对后排的扰动作用对平均换热系数的影响要到 10 排以上的管子才能消失。计算时，这种管束排数影响的处理方法是：在不考虑排数影响的基本实验关联式的右边乘上排数修正系数 C_z，见表 8-8。

管排数的修正系数 C_z 表 8-8

总排数	1	2	3	4	5	6	7	8	9	≥10
顺排	0.64	0.80	0.87	0.90	0.92	0.94	0.96	0.98	0.99	1
叉排	0.68	0.75	0.83	0.89	0.92	0.95	0.97	0.98	0.99	1

（2）流体外掠单管时的换热计算

虽然外掠单管沿管面局部换热系数变化较复杂，但平均换热系数 α 随 Re 和 Pr 变化而变化的规律，根据实验数据来看却较明显，可按 Re 数的不同分段用下列关联式计算：

$$Nu_f = C \cdot Re_f^n \cdot Pr_f^{0.37} \cdot \left(\frac{Pr_f}{Pr_w}\right)^{0.25} \cdot C_\varphi \qquad (8-17)$$

式中 C、n 的取值可查表 8-9。

式 (8-17) 中的 C 和 n 值 表 8-9

Re_f	1～40	40～10^3	10^3～2×10^5	2×10^5～10^6
C	0.75	0.51	0.26	0.076
n	0.4	0.5	0.6	0.7

公式（8-17）适用于 $0.7 < Pr_f < 500$，$1 < Re_f < 10^6$。当流体 $Pr_f > 10$ 时，Pr_f 的幂次应改为 0.36。定性温度为来流温度；定型尺寸为管外径；速度取管外流速最大值。

【例题 8-4】 试求水横向流过单管时的换热系数。已知管外径 $D = 20\text{mm}$，水的温度为 20℃，管壁温度为 50℃，水流速度 1.5m/s。

【分析】 本题属于外掠单管的强迫换热，应根据式（8-17）和表 8-9 来求解换热系数。

【解】 当 $t_f = 20$℃时，从附表 8-2 查得：

$$\lambda_f = 59.9 \times 10^{-2} \text{W/(m} \cdot \text{℃)}; \quad Pr_f = 7.02; \quad \nu_f = 1.006 \times 10^{-6} \text{m}^2/\text{s}$$

当 $t_w = 50$℃时，$Pr_w = 3.54$。

由于

$$Re_f = \frac{\omega l}{\nu} = \frac{1.5 \times 0.02}{1.006 \times 10^{-6}} = 2.982 \times 10^4$$

故由公式（8-17）及表 8-9，得计算关联式

$$Nu_f = 0.26 Re_f^{0.6} \cdot Pr_f^{0.37} \cdot \left(\frac{Pr_f}{Pr_w}\right)^{0.25} \cdot C_\varphi$$

$$= 0.26 \times (2.982 \times 10^4)^{0.6} \times 7.02^{0.37} \times \left(\frac{7.02}{3.54}\right)^{0.25} \times 1 = 307.01$$

所以换热系数

$$\alpha = \frac{Nu_f \lambda_f}{D} = \frac{307.01 \times 59.9 \times 10^{-2}}{0.02} = 9195 \text{W}/(\text{m}^2 \cdot \text{℃})$$

（3）流体外掠管束时的换热计算

外掠管束换热的一般函数式为 $Nu = f\left[Re, Pr, \left(\frac{Pr_f}{Pr_w}\right)^{0.25}, \frac{x_1}{d}, \frac{x_2}{d}, C_\varphi, C_z\right]$，写成幂函数为：

$$Nu_m = C \cdot Re_m \cdot Pr_m^{1/3} \cdot \left(\frac{Pr_f}{Pr_w}\right)^{0.25} \cdot C_\varphi \cdot C_z \tag{8-18}$$

式中 C、m 取值可查表 8-10。

公式（8-18）中的 C 和 m   表 8-10

	x_1/d	1.25		1.5		2		3	
	x_2/d	C	m	C	m	C	m	C	m
顺排	1.25	0.348	0.592	0.275	0.608	0.100	0.704	0.0633	0.752
	1.5	0.367	0.586	0.250	0.620	0.101	0.702	0.0678	0.744
	2	0.418	0.570	0.299	0.602	0.229	0.632	0.198	0.648
	3	0.290	0.601	0.357	0.584	0.374	0.581	0.286	0.608
叉排	0.6							0.213	0.636
	0.9					0.446	0.571	0.401	0.581
	1			0.497	0.558				
	1.125					0.478	0.565	0.518	0.560
	1.25	0.518	0.556	0.505	0.554	0.519	0.556	0.522	0.562
	1.5	0.451	0.568	0.460	0.562	0.452	0.568	0.488	0.568
	2	0.404	0.572	0.416	0.568	0.482	0.556	0.449	0.570
	3	0.310	0.592	0.356	0.580	0.440	0.562	0.421	0.574

式（8-18）的定性温度为 $t_m = (t_f + t_w)/2$；定型尺寸为管外径；Re 中的流速为截面最窄处的流速，适用范围为 $2000 < Re < 4 \times 10^4$。

【例题 8-5】试求空气加热器的换热系数和换热量。已知加热器管束为 5 排，每排 20 根管，长为 1.5m，外径 $D = 25$mm，采用叉排。管间距 $x_1 = 50$mm、$x_2 = 37.5$mm，管壁温度 $t_w = 110$℃，空气平均温度为 30℃，流经管束最窄断面处的速度为 2.4m/s。

【分析】本题为流体外掠管束时的换热。应根据式（8-18）和表 8-10 来求解换热系数。

【解】由定性温度 $t_m = (t_f + t_w)/2 = (110 + 30) \div 2 = 70$℃，从附表 8-1 查得空气物性参数为：

$$\lambda_m = 2.96 \times 10^2 \text{W}/(\text{m} \cdot \text{℃}); \quad Pr_m = 0.694; \quad \nu_m = 20.2 \times 10^{-6} \text{m}^2/\text{s}$$

$t_w = 110$℃时，$Pr_w = 0.687$

$t_f = 30$℃时，$Pr_f = 0.703$

$$Re_m = \frac{\omega D}{\nu} = \frac{2.4 \times 0.025}{20.02 \times 10^{-6}} = 2997$$

由 $x_1/d = 50/25 = 2$ 和 $x_2/d = 37.5/25 = 1.5$ 查表 8-10 得 $m = 0.568$，$C = 0.452$。根据式（8-17）知：

$$Nu_m = 0.452 Re_m^{0.568} Pr_m^{\frac{1}{3}} \left(\frac{Pr_f}{Pr_w}\right)^{0.25} \cdot C_\varphi \cdot C_z$$

式中 $C_\varphi = 1$，C_z 由表 8-8 根据 $Z = 5$ 查，$C_z = 0.92$

$$Nu_m = 0.452 \times 2997^{0.568} \times 0.694^{\frac{1}{3}} \times \left(\frac{0.703}{0.687}\right)^{0.25} \times 1 \times 0.92 = 34.94$$

$$\alpha = Nu_m \frac{\lambda_m}{D} = 34.94 \times \frac{2.96 \times 10^{-2}}{0.025} = 41.369 \text{W/(m}^2 \cdot \text{℃)}$$

换热量

$$Q_\alpha = \alpha F(t_w - t_f) = 41.369 \times \pi \times 0.025 \times 5 \times 20 \times (110 - 30)$$
$$= 38989 \text{W}$$

8.3.3　单相流体综合流动时的换热 $\left(0.1 \leqslant \dfrac{Gr}{Re^2} \leqslant 10\right)$

在综合流动换热中，流体层流时浮升力的换热量或流体紊流时强迫换热量虽然占主要作用，但作层流时强迫流动的换热或作紊流时自由流动的换热都不可忽略，不然所引起的误差将超过工程的精度要求。关于综合对流换热分析计算已超出本书的范围，这里只介绍横管管内的两个综合换热计算的关联式：

横管内紊流时

$$Nu_m = 4.69 Re_m^{0.27} Pr_m^{0.21} Gr_m^{0.07} \left(\frac{d}{L}\right)^{0.36} \tag{8-19}$$

横管内层流时

$$Nu_m = 1.75 \left(\frac{\mu_f}{\mu_w}\right)^{0.14} \left[Re_m \, Pr_m \, \frac{d}{L} + 0.012 \times \left(Re_m \, Pr_m \, \frac{d}{L} Gr_m^{1/3}\right)^{4/3}\right]^{1/3} \tag{8-20}$$

8.3.4　变相流体的对流换热

变相流体的对流换热，由于在换热中潜热的作用，过冷或过热度的影响以及在换热过程中流体温度保持基本不变，使得变相流体的对流换热与单相流体的对流换热有很大的差别。

变相流体的对流换热可分液体沸腾时的换热和蒸汽凝结时的换热两大类。

1. 蒸汽凝结时的换热

蒸汽同低于饱和温度的冷壁接触，就会凝结成液体。在壁面上凝结液体的形式有两种，如图 8-7 所示。一种是膜状凝结，其凝结液能很好地润湿壁面，在壁面上形成一层完整的液膜向下流动；另一种是珠状凝结，其凝结液不能润湿壁面而聚结为一个个液珠向下滚动。由于珠状凝结，壁面除液珠占住的部分外，其余都裸露于蒸汽中，其换热热阻比膜状凝结的要小得多，因此珠状凝结的换热系数可达膜状凝结的 10 余倍。

图 8-7　蒸汽的
凝结形式
(a) 膜状凝结；
(b) 珠状凝结

在光滑的冷却壁面上涂油，可得到人工珠状凝结，但这样的珠状凝结不能持久。工业设备中，实际上大多数场合为膜状凝结，故这里仅介绍膜状凝结的计算。

根据相似理论进行的实验整理，蒸汽膜状凝结时的换热系数计算式为：

$$\alpha = C \left[\frac{\rho^2 \lambda^3 g \gamma}{\mu L (t_{bh} - t_w)}\right]^{\frac{1}{4}} \tag{8-21}$$

式中 γ 是汽化潜热。系数 C，对于竖管、竖壁取 0.943；对于横管 C

取 0.725，并取定型尺寸 $L=d$（管外径）。定性温度除汽化潜热按蒸汽饱和温度 t_{bh} 确定外，其他物性均取膜层平均温度 $t_m=(t_{bh}+t_w)/2$。

对于单管，在其他条件相同时，横管平均换热系数 α_H 与竖管平均换热系数 α_V 的比值为：

$$\frac{\alpha_H}{\alpha_V}=\frac{0.725}{0.943}\left(\frac{L}{d}\right)^{1/4}=0.77\left(\frac{L}{d}\right)^{1/4}$$

由此可知，当管长 L 与管外径 d 的比值 $L/d=2.86$ 时，$\alpha_H=\alpha_V$；而当 $L/d>2.86$ 时，$\alpha_H>\alpha_V$。例如当 $d=0.02$m，$L=1$m 时，$\alpha_H=2.07\alpha_V$。因此工业上的冷凝器多半采用卧式。

在进行蒸汽凝结换热计算时还需考虑以下几点的影响：

（1）不凝气体的影响。蒸汽中含有不凝性气体，如空气，当它们附在冷却面上时，将引起很大的热阻，使凝结换热强度下降。实验表明，当蒸汽中含 1% 质量的空气时，α 降低 60%。

（2）冷却表面情况的影响。冷却壁面不清洁，有水垢、氧化物、粗糙，会使膜层加厚，可使 α 降低 30% 左右。

（3）对于多排的横向管束，还与管子的排列方式有关。如图 8-8 所示，由于凝结液要从上面管排流至下面管排，使得越下面管排上的液膜越厚，α 也就越小。图中齐纳白排列方式由于可减少凝结液在下排上暂留，平均换热系数较大。各排平均换热系数按下式计算：

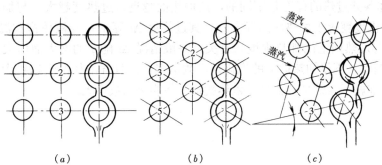

图 8-8　凝结器中管子的排列方式

（a）排式；（b）斜方形排列式；（c）齐纳白排列式

$$\alpha_n=\varepsilon_n\alpha \tag{8-22}$$

式中　α——按式（8-22）计算的第一排换热系数；

α_n——第 n 排管的换热系数；

ε_n——第 n 排管的修正系数，由图 8-9 曲线图查得。

管束的平均换热系数 α_p 再按下式计算：

$$\alpha_p=\sum_{i=1}^{n}\frac{\alpha_i}{n}=\frac{\alpha}{n}\sum_{i=1}^{n}\varepsilon_i \tag{8-23}$$

【例题 8-6】横向排列的黄铜管，顺排 8 排管子，管外径为 16mm，水蒸气饱和温度为 120℃，若管表面温度为 60℃时，试计算管束的平均凝结换热系数。

【分析】本题属于变相流的管束对流换热。先由式（8-21）求得顶排平均换热系数 α

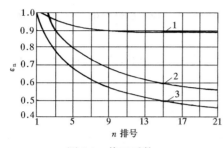

图 8-9　修正系数 ε_n

1—齐纳白排列式；2—斜方形排列式；3—顺排式

后，再由式（8-22）和图 8-9 来求得管束的平均换热系数。

【解】由水蒸气饱和温度 $t_{bh}=120℃$ 查水蒸气表，得汽化热 $\gamma=2202.9kJ/kg$。液膜平均温度为 $t_m=\dfrac{t_{bh}+t_w}{2}=\dfrac{120+60}{2}=90℃$，据此查凝结水物性参数：

$$\rho=965.3kg/m^3；\lambda=0.86W/(m\cdot℃)；\mu=314.9\times10^{-6}kg/(m\cdot s)$$

由式（8-21），得顶排平均换热系数 α 为：

$$\alpha=C\left[\frac{\rho^2\lambda^3 g\gamma}{\mu L(t_{bh}-t_w)}\right]^{\frac{1}{4}}=0.725\left[\frac{965.3^2\times0.68^3\times9.81\times2202900}{314.9\times10^{-6}\times0.016\times(120-60)}\right]^{\frac{1}{4}}$$
$$=8721.75W/(m^2\cdot℃)$$

根据式（8-22）和图 8-9，管束的平均换热系数为：

$$\alpha_p=\frac{\alpha}{n}\sum_{i=1}^{n}\varepsilon_i=\frac{8721.75}{8}\times(1+0.85+0.77+0.71+0.67+0.64+0.62+0.6)$$
$$=6388.7W/(m^2\cdot℃)$$

2. 流体沸腾时的换热

（1）沸腾换热的分析及类型

液体在沸腾换热时，液体的实际温度要比饱和温度略高一些，即是过热的。如图 8-10 所示，液体各处过热的程度是不同的，离加热面越近，过热度越大。与加热面接触的那部分液体的温度就等于加热面的温度 t_w，其过热度 Δt 等于 t_w 与液体饱和温度 t_{bh} 的差，而 Δt 大小又与加热面上的加热强度 q 有关。一般情况 Δt 随 q 的增大而增大，如图 8-11 所示。而 Δt 越大，不仅加热面上的汽化核心数增多，而且气泡核心迅速扩大、浮升的能力增强，从而加剧了紧贴加热面处的液体扰动，使换热系数增大。

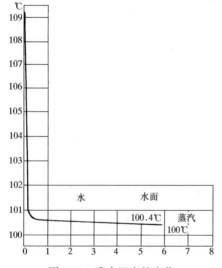

图 8-10　沸水温度的变化

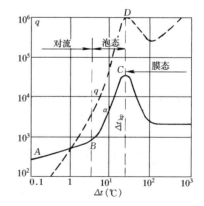

图 8-11　水在大容器中三种基本沸腾的状态

工程上把泡态沸腾与膜态沸腾的热负荷转化点叫做临界热负荷 q_C。当热负荷 $q>q_C$ 时，将发生膜态沸腾，α 值下降，Δt 迅速上升，就会使加热面因过热而被烧坏。因此工程上，设计锅炉、水冷壁、蒸发器等设备时，必须控制 $q < q_c$ 的范围内。

此外，沸腾时液面上的压力 p 对换热也有重要的影响。压力越大，汽化中的气泡半径将减小，使气泡核数增多，沸腾换热也随之增强。

（2）大空间泡态沸腾的换热计算

综上所述，影响换热系数的因素主要是过热度 Δt（或加热负荷 q）和压力 p。根据实验结果，水从 $0.2 \sim 100$ 个大气压在大空间泡态沸腾时的换热系数可按下列公式计算：

$$\alpha = 3p^{0.15}q^{0.7} \quad \text{W/(m}^2 \cdot ℃) \tag{8-24}$$

或
$$\alpha = 38.7\Delta t^{2.33}p^{0.5} \tag{8-25}$$

式中　p——沸腾时的绝对压力，bar；

　　　q——热流密度或加热负荷，W/m^2；

　　　Δt——加热面过热度，$t_w - t_{bh}$，℃。

（3）管内沸腾的换热

液体在管内发生沸腾时，由于空间的限制，沸腾产生的蒸汽不能逸出而和液体混合在一起，形成了汽液两相混合在管内流动。由图 8-12 可以看出，管子的位置，汽液的比例、压力、液体的流速、方向，管子的管径等都将对换热产生很大的影响，从而使它的换热计算比大空间泡态沸腾要复杂得多，本处因受篇幅限制不再讨论。

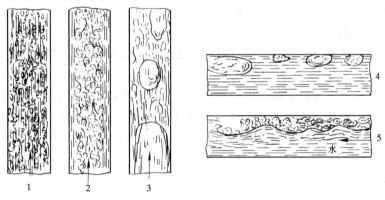

图 8-12　两相混合物在管内流动情况

【例题 8-7】在 $p = 10^5 \text{Pa}$ 的绝对压力下，水在 $t_w = 114℃$ 的清洁铜质加热面上作大容器内沸腾。试求热流密度和单位加热面积的汽化量。

【分析】本题属于大空间的沸腾换热，可联立式（8-24）和式（8-25），计算出热流密度后，根据热流密度与汽化量的热平衡关系求得单位加热面积的汽化量。

【解】由附表 8-2 查得 $p = 10^5 \text{Pa}$ 时，$t_{bh} = 100℃$、$\gamma = 2258 \text{kJ/kg}$。壁面过热度 $\Delta t = t_w - t_{bh} = 114 - 100 = 14℃$，在泡态沸腾的区域内，故联立式（8-24）和式（8-25），得

$$q^{0.7} = \frac{38.7\Delta t^{2.33}p^{0.5}}{3p^{0.15}} = \frac{38.7 \times 14^{2.33} \times 1^{0.5}}{3 \times 1^{0.15}} = 6040.4$$

所以，热流密度为

$$q = \sqrt[0.7]{6040.4} = 252070 \text{W/m}^2$$

单位加热面积的汽化量为：

$$m = \frac{q}{r} = \frac{252070}{2258 \times 10^3} = 0.1116 \text{kg/(m}^2 \cdot \text{s)}$$

单 元 小 结

本单元讲述了对流换热的基本概念，影响对流换热的因素，相似理论在对流换热中的应用以及常见对流换热的计算。

1. 对流换热的基本概念

（1）对流换热的概念：它是指流体和固体壁面间直接接触的换热。它包括流体位移所进行的换热和流体分子间的导热两个方面。

（2）影响对流换热的因素：很多而又复杂，归纳起来主要有流体运动发生的原因，流体运动的状态，流体的性质及换热表面的形状、位置尺寸等方面。归纳成准则，可用普朗特准则 $Pr=\nu/a$ 来反映工作流体的物性对换热的影响；用雷诺准则 $Re=\omega l/\nu$ 来反映流体运动的状态（简称流体流态）对对流换热的影响；用格拉晓夫准则 $Gr=g\beta\Delta t l^3/\nu^2$ 来反映流体自然流动时浮升力与黏滞力相对大小对换热的影响；努谢尔特准则 $Nu=al/\lambda$ 则是用来说明对流换热自身特性的准则，包含着待求的对流换热系数待定准则，其数值越大，表示流体流动作用引起的对流换热强度越强。

（3）对流换热系数 a：它集中反映了放热过程中的一切复杂因素，能反映对流换热的程度，但它并不能使换热计算问题简化。

2. 对流换热的计算

一般情况下，计算流体和固体壁面间的对流换热量 Q_a 的基本公式是牛顿冷却公式：

$$Q_a=a\cdot\Delta t\cdot F$$

对流换热过程是十分复杂的，牛顿冷却公式中的换热系数 a 集中了影响对流换热过程的一切复杂因素。影响对流换热作用的不是单个物理量，而是由若干个物理量组成的准则，如 Re、Pr、Gr 和 Nu 等准则，再通过实验建立出的准则方程来解决各种不同类型的对流换热问题。

常见对流换热的实验计算式

$$
单相流体的对流换热
\begin{cases}
自然换热\left(\dfrac{Gr}{Re^2}>10\right)
\begin{cases}
无限空间\left(\dfrac{\delta}{h}>0.3\right)
\begin{cases}
层流：式（8-8）、表8-1\\
紊流：
\end{cases}\\[2ex]
有限空间\left(\dfrac{\delta}{h}\leqslant0.3\right)：表8-2\rightarrow\lambda_{dl}\rightarrow a=\dfrac{\lambda_{dl}}{\delta}
\end{cases}\\[4ex]
强迫换热\left(\dfrac{Gr}{Re^2}<0.1\right)
\begin{cases}
管内换热
\begin{cases}
紊流（Re>10^4）
\begin{cases}
(t_f-t_w)\leqslant中等温差：式（8-13）\\
(t_f-t_w)>中等温差：式（8-14）
\end{cases}\\
层流（Re<2300）：公式（8-12）\\
过渡流（2300\leqslant Re\leqslant10^4）：式（8-16）、表8-5
\end{cases}\\[2ex]
外掠管换热
\begin{cases}
单管：公式（8-17）和表8-9\\
管束\begin{Bmatrix}顺排\\叉排\end{Bmatrix}公式（8-18）和表8-10
\end{cases}
\end{cases}\\[4ex]
综合换热\left(0.1\leqslant\dfrac{Gr}{Re^2}\leqslant10\right)
\begin{cases}
横管内紊流：公式（8-20）\\
横管内层流：公式（8-19）
\end{cases}
\end{cases}
$$

$$\begin{matrix} \text{变} \\ \text{相} \\ \text{流} \\ \text{体} \\ \text{的} \\ \text{对} \\ \text{流} \\ \text{换} \\ \text{热} \end{matrix} \begin{cases} \text{流体凝结换热} \begin{cases} \text{膜状凝结} \begin{cases} \text{单管：公式（8-21）} \\ \text{多排横管：式（8-22，8-23）和图 8-9} \end{cases} \\ \text{珠状凝结：} \alpha_{珠} = （10 \sim 20） \alpha_{膜} \end{cases} \\ \text{流体沸腾换热} \begin{cases} \text{大空间泡态沸腾：公式（8-24）或公式（8-25）} \\ \text{小空间（管内）沸腾：暂无适合计算式} \end{cases} \end{cases}$$

思 考 题 与 习 题

1. 有一表面积为 1.5m² 的散热器，其表面温度为 70℃，它能在 10min 内向 18℃ 的空气散出 936kJ 的热量，试求该散热器外表与空气的平均对流换热系数和对流换热热阻值。

2. 试求一根管外径 $d=50$mm，管长 $l=4$m 的室内采暖水平干管外表面的换热系数和散热量。已知管表面温度 $t_w=80$℃，室内空气温度 $t_f=20$℃。

3. 试求四柱型散热器表面自然流动的换热系数。已知它的高度 $h=732$mm，表面温度 $t_w=86$℃，室内温度 $t_f=18$℃。

4. 试求通过热面在下的水平空气夹层板当量导热系数。已知夹层的厚度为 $\delta=50$mm，热表面温 $t_{w1}=3$℃，冷表面温度 $t_{w2}=-7$℃。

5. 某房间顶棚面积为 4m×5m，表面温度 $t_w=13$℃，室内空气温度 $t_f=25$℃，试求顶棚的散热量。

6. 试计算水在管内流动时与管壁间的换热系数 α。已知管内径 $d=32$mm，长 $L=4$m，水的平均温度 $t_f=60$℃，管壁平均温度 $t_w=40$℃，水在管内的流速 $\omega=1$m/s。

7. 水在内径 $d=16$mm 的横管内流动，水进管时的温度 $t_{f1}=90$℃，流量为 20kg/h，管壁平均温度 $t_w=16$℃。若使管出口处的水温降到 $t_{f2}=30$℃，管子应取多长？

8. 一台管壳式蒸汽热水器，水在管内流速 $\omega=0.85$m/s，进出口平均温度 $t_f=90$℃，管壁温度 $t_w=115$℃，管长 1.5m，管内径 $d=17$mm。

9. 试求空气横向掠过单管时的换热系数。已知管外径 $d=12$mm，管外空气最大流速为 14m/s，空气的平均温度 $t_f=29$℃、管壁温度 $t_w=12$℃。

10. 试求空气横掠过叉排管簇的放热系数。已知管簇为 6 排，空气通过最窄截面处的平均流速 $\omega=14$m/s，空气的平均温度 $t_f=18$℃，管径 $d=20$mm。

11. 试确定顺排 8 排管簇的平均放热系数。已知管径 $d=40$mm、$x_1/d=1.8$、$x_2/d=2.3$；空气的平均温度 $t_f=300$℃，通过最窄截面的平均流速 $\omega=10$m/s，冲击角 $\varphi=60°$。

12. 试求空气加热器的平均换热系数。加热器由 9 排管顺排组成，管外径 $d=25$mm，最窄处空气流速 $\omega=5$m/s，空气平均温度 $t_f=50$℃。

13. 试求水在大空间内，压力 $p=0.9$MPa，管面温度 $t_w=180$℃ 的沸腾换热系数。

14. 一台横向排列为 12 排黄铜管的卧式蒸汽热水器，管外径 $d=16$mm，表面温度 $t_w=60$℃，水蒸气饱和温度 $t_{bh}=140$℃，其凝结换热系数为多大？

教学单元 9 辐 射 换 热

【教学目标】 了解热辐射的机理、特点，辐射换热的概念；了解辐射能的吸收率、反射率和透射率的概念及其关系，黑体、白体、透明体和不透明体等的概念；理解辐射力和单色辐射力的概念及其关系，掌握普朗克定律、维思定律、斯蒂芬—波尔茨曼定律、克希荷夫定律的核心内容；了解辐射换热空间热阻、表面热阻和角系数的概念，掌握两物体间辐射换热的计算及遮热板遮热的作用。

9.1 热 辐 射 的 概 念

9.1.1 热辐射的概念

热辐射是不同于导热与对流换热的另一种热传递基本方式。导热和对流换热这两种热传递，必须依赖于有中间介质才能进行，而热辐射则不需要任何中间介质，在真空中也能进行。太阳距地球约一亿五千万公里，它们之间近乎真空，太阳能以热辐射的方式每天把大量的热能传递给地球。在供热通风工程中，辐射采暖、太阳能供热、锅炉炉膛内火焰与炉膛冷水壁面间等的换热都是以辐射为主要传热方式的例子。

从物理上讲，辐射是电磁波传递能量的现象，热辐射是由于热的原因而产生的电磁波辐射。热辐射的电磁波是由于物体内部微观粒子的热运动而激发出来的。因此，只要物体的绝对温度不等于零，物体微观粒子就会有热运动，也就有热辐射的电磁波发射，会不断地把热能转变为热辐射能，并由热辐射电磁波向四周传播，当落到其他物体上被吸收后又转变为热能。

热辐射是以各种不同波长的电磁波向外辐射的。理论上，物体热辐射的电磁波波长可以包括整个波谱，即波长从零至无穷大，它们包括 γ 射线、x 射线、紫外线、红外线、可见光、无线电波等。理论和实验表明，在工业上所遇到的温度范围内，即 2000K 以下，有实际意义的热辐射波长（指能被物体吸收转化为物体热能的电磁波波长）位于 $0.38\sim100\mu m$ 之间，见图 9-1，且大部分能量位于红外线区段的 $0.76\sim20\mu m$ 范围内。在可见光区段，即波长为 $0.38\sim0.76\mu m$ 的区段，热辐射能量的比重并不大。太阳的温度约5800K，其温度比一般工业所遇温度高出很多，其辐射的能量主要集中在 $0.2\sim2\mu m$ 的波

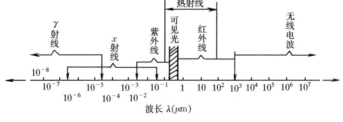

图 9-1 电磁波的波谱

长范围内，可见光区段占有很大的比重。

物体在向外发出热辐射能的同时，也会不断吸收周围物体发出的热辐射能，并把吸收的辐射能重新转变成热能。辐射换热就是指物体之间相互辐射和吸收过程的总效果。物体所放出或接受热量的多少，取决于该物体在同一时期内所放射和吸收的辐射能量之差额。只要参与辐射换热能量的物体温度不同，这种差额就不会为零。当两物体的温度相等时，虽然它们之间的辐射换热现象仍然存在，但它们各自辐射和吸收的能量恰好相等，因此它们的辐射换热量为零，处于换热的动态平衡中。

9.1.2 热辐射的吸收、反射和透射

当热辐射的能量投射到物体表面上时，和可见光一样会发生能量被吸收、反射和透射现象。如图 9-2 所示，假设投射到物体上的总能量 Q 中，有 Q_A 的能量被吸收，Q_R 的能量被反射，Q_D 的能量穿透过物体，则按能量守恒定律有：

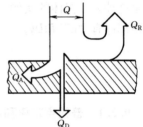

$$Q = Q_A + Q_R + Q_D$$

等号两边同除以 Q，得

$$1 = \frac{Q_A}{Q} + \frac{Q_R}{Q} + \frac{Q_D}{Q}$$

图 9-2　物体对热辐射的
吸收、反射和透射

令式中能量百分比 $Q_A/Q = A$，$Q_R/Q = R$，$Q_D/Q = D$，分别称之为该物体对投入辐射能的吸收率、反射率和透射率，于是有

$$A + R + D = 1 \tag{9-1}$$

显然，A、R、D 的数值均在 0~1 的范围内变化，其大小主要与物体的性质、温度及表面状况等有关。

当 $A = 1$，$R = D = 0$，这时投射在物体上的辐射能被全部吸收，这样的物体叫做绝对黑体，简称黑体。

当 $R = 1$，$A = D = 0$ 时，投射的辐射能被物体全部反射出去，这样的物体叫做绝对白体，简称白体。

当 $D = 1$，$A = R = 0$ 时，说明投射的辐射能全部透过物体，这样的物体被叫做透明体。与此对应的把 $D = 0$ 的物体叫做非透明体。对于非透明体来说，如大多数工程材料，各种金属、砖、木等，由于 $D = 0$，因此有式

$$A + R = 1$$

当 A 增大，则 R 减小；反之当 R 增大，A 则减小。由此可知，凡是善于反射的非透明体物质，就一定不能很好地吸收辐射能；反之，凡是吸收辐射能能力强的物体，其反射能力也就差。

要指出的是，前面所讲的黑体、白体、透明体是对所有波长的热射线而言的。在自然界里，还没有发现真正的黑体、白体和透明体，它们只是为方便问题分析而假设的模型。自然界里虽没有真正的黑体、白体和透明体，但很多物体由于 A 近似等于 1，如石油、煤烟、雪和霜等的 $A = 0.95 \sim 0.98$；或 R 近似等于 1，如磨光的金属表面，$R = 0.97$；或 D 近似等于 1，如一些惰性气体、双原子气体，可分别近似作为黑体、白体和透明体处理。另外，物体能否作黑体、白体或透明体处理，或者物体的 A、R、D 数值的大小都与物体

的颜色无关。例如，雪是白色的，但对于热射线其吸收率高达 0.98，非常接近于黑体；

白布和黑布对于热射线的吸收率实际上基本相近。影响热辐射的吸收和反射的主要因素不是物体表面的颜色，而是物体的性质、表面状态和温度。物体的颜色只是对可见光而言。

研究黑体热辐射的基本规律，对于研究物体辐射和吸收的性质，解决物体间的辐射换热计算有着重要的意义。如图 9-3 所示，为人工方法制得的黑体模型，在空心体的壁面上开一个很小的小孔，则射入小孔的热射线经过壁面的多次吸收和反射后，几乎全被吸收，因此，此小孔就像一个黑体表面。在工程上，锅炉的窥视孔

图 9-3　黑体模型

就是这种人工黑体的实例。在研究热辐射时，为了与一般物体有所区别，黑体所有量的右下角都标有"o"角码。

9.2　热辐射的基本定律

9.2.1　普朗克定律和维恩定律

1. 辐射力和单色辐射力的概念

为了理解普朗克定律，先介绍两个基本概念。

（1）辐射力 E：表示物体在单位时间内，单位表面积上所发射的全波长（$\lambda = 0 \sim \infty$）的辐射能总量。绝对黑体的辐射力用 E_o 表示，单位为 W/m^2。

（2）单色辐射力 E_λ：它表示单位时间内单位表面积上所发射的某一特定波长 λ 的辐射能。黑体的单色辐射力用 $E_{o\lambda}$ 表示，其单位与辐射力的单位差一个长度单位，为 $W/(m^2 \cdot \mu m)$。

在热辐射的整个波谱内，不同波长的单色辐射力是不同的。图 9-4 表示了黑体各相应温度下不同波长发射出的单色辐射力的变化。对于某一温度下，特定波长 λ 到 $d\lambda$ 区间发射出的能量，可用图中有阴影的面积 $E_{o\lambda} \cdot d\lambda$ 来表示。而在此温度下全波长的辐射总能量，即辐射力 E_o 为图中曲线下的面积。显然，辐射力与单色辐射力之间存在着如下关系：

$$E_o = \int_0^\infty E_{o\lambda} \cdot d\lambda \qquad (9-2)$$

2. 普朗克（Planck）定律

普朗克定律揭示了黑体的单色辐射力与波长、温度的依变关系。根据普朗

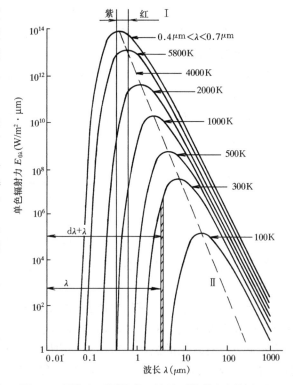

图 9-4　黑体在不同温度、波长下的单色辐射力 $E_{o\lambda}$
Ⅰ—可见光区域；Ⅱ—最大能量轨迹线

克研究的结果，黑体单色辐射力 $E_{o\lambda}$ 与波长和温度有如下关系：

$$E_{o\lambda} = \frac{C_1 \cdot \lambda^{-5}}{e^{C_2/(\lambda \cdot T)} - 1} \quad \mathrm{W}/(\mathrm{m}^2 \cdot \mu\mathrm{m}) \tag{9-3}$$

式中 λ——波长，$\mu\mathrm{m}$；

e——自然对数的底；

T——黑体的绝对温度，K；

C_1——实验常数，其值为 $3.743 \times 10^{-8}(\mathrm{W} \cdot \mu\mathrm{m}^4)/\mathrm{m}^2$；

C_2——实验常数，其值为 $1.4387 \times 10^4 \mu\mathrm{m} \cdot \mathrm{K}$。

图 9-4 实际上就是普朗克定律表达式（9-3）的图示。由图或由式（9-3）可知：

（1）当温度一定，$\lambda = 0$ 时，$E_{o\lambda} = 0$；随着 λ 的增加，$E_{o\lambda}$ 也跟着增大，当波长增大到某一特定数值 $\lambda_{\max}$ 时，$E_{o\lambda}$ 为最大值，然后又随着 λ 的增加而减小，当 $\lambda = \infty$ 时，$E_{o\lambda}$ 又重新降至零。

（2）单色辐射力 $E_{o\lambda}$ 的最大值随温度的增大而向短波方向移动。

（3）当波长一定时，单色辐射力 $E_{o\lambda}$ 将随温度的升高而增大。

（4）某一温度下，黑体所发出的总辐射能即为曲线下的面积。E_o 随着温度的升高而增大，而其在波长中的分布区域将缩小，并朝短波（可见光）方向移动。如工业温度下（<2000K），热辐射能量主要集中在 $0.76 \sim 10^2 \mu\mathrm{m}$ 的红外线波长范围内，而太阳的温度高（5800K 以上），其热辐射的能量则主要集中于 $0.2 \sim 2\mu\mathrm{m}$ 的可见光波长范围内。

3. 维恩（Wien）定律

维恩定律是反映对应于最大单色辐射力的波长 $\lambda_{\max}$ 与绝对温度 T 之间关系的。通过对式（9-3）中 λ 的求导等数学处理，就可得到维恩定律的数学表达式：

$$\lambda_{\max} \cdot T = 2.9 \times 10^{-3} \mu\mathrm{m} \cdot \mathrm{K} \tag{9-4}$$

此式说明，随着温度的升高，最大单色辐射力的波长 $\lambda_{\max}$ 将缩短，即前面所说的朝短波（可见光）方向移动。图 9-4 中的虚线表示了最大能量轨迹线。

9.2.2 斯蒂芬-波尔茨曼（Stefan-Boltzman）定律

斯蒂芬—波尔茨曼定律是揭示黑体的辐射力 E_o 与温度 T 之间关系的定律。将式（9-3）代入式（9-2），通过积分，可得 E_o 的计算式：

$$E_o = C_o \left(\frac{T}{100}\right)^4 \quad (\mathrm{W/m}^2) \tag{9-5}$$

式中 C_o——黑体的辐射系数，$C_o = 5.67\mathrm{W}/(\mathrm{m}^2 \cdot \mathrm{K}^4)$。

式（9-5）为斯蒂芬—波尔茨曼定律的数学表达式。此式表明，绝对黑体的辐射力同它的绝对温度的四次方成正比，故斯蒂芬—波尔茨曼定律又俗称四次方定律。

实际物体的辐射一般不同于黑体，其单色辐射力 E_λ 随波长、温度的变化是不规则的，并不严格遵守普朗克定律。图 9-5 中的曲线 2 示意了通过辐射光谱实验测定的实际物体在某一温

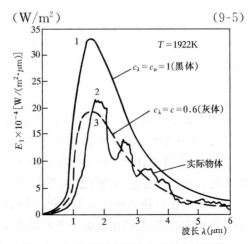

图 9-5 物体辐射表面单色辐射力的比较

度下的 $E_\lambda = f(\lambda, T)$ 关系。曲线 1 为同温度下黑体的 $E_{o\lambda}$。为了便于实际物体辐射力 E 的计算，工程上常把物体作为一种假想的灰体处理。这种灰体，其辐射光谱曲线 $E_\lambda = f(\lambda)$（即图 9-5 中的曲线 3）是连续的，且与同温度下的黑体 $E_{o\lambda}$ 曲线相似（即在所有的波长下，保持 $E_o/E_{o\lambda}$ ＝定值 ε），曲线下方所包围的面积与曲线 2 的相等，则灰体的辐射力 E，也就是实际物体的辐射力，为

$$E = \int_0^\infty E_\lambda d\lambda = \int_0^\infty \varepsilon E_{o\lambda} d\lambda = \varepsilon \cdot E_o = \varepsilon \cdot C_o \left(\frac{T}{100}\right)^4 \tag{9-6}$$

式中定值 ε 称为物体的黑度，也叫发射率。它反映了物体辐射力接近黑体辐射力的程度，其大小主要取决于物体的性质、表面状况和温度，数值在 $0 \sim 1$ 之间。附表 9-1 列出了常用材料的黑度值，它们是用实验测得的。

9.2.3 克希荷夫（Kirchhoff）定律

克希荷夫定律确定了物体辐射力和吸收率之间的关系。这种关系可从两个表面之间的辐射换热来推出。

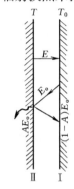

图 9-6 两平行平壁的辐射系统

如图 9-6 所示，为两个平行平壁构成的绝热封闭辐射系统。假定两表面，一个为黑体（表面 Ⅰ）、一个为任意物体（表面 Ⅱ）。两物体的温度、辐射力和吸收率分别为 T_o、E_o、A_o 和 T、E、A，并设两表面靠得很近，以致一个表面所放射的能量都全部落在另一个表面上。这样，物体表面 Ⅱ 的辐射力 E 投射到黑体表面 Ⅰ 上时，全部被黑体所吸收；而黑体表面 Ⅰ 的辐射力 E_o 落到物体表面 Ⅱ 上时，只有 $A \cdot E_o$ 部分被吸收，其余部分被反射回去，重新落到黑体表面 Ⅱ 上，而被其全部吸收。物体表面能量的收支差额 q 为

$$q = E - A \cdot E_o \quad \text{W/m}^2$$

当 $T_o = T$ 时，即系统处于热辐射的动态平衡时，$q = 0$，上式变成

$$E = A \cdot E_o \text{ 或} \frac{E}{A} = E_o$$

由于物体是任意的物体，可把这种关系写成

$$\frac{E_1}{A_1} = \frac{E_2}{A_2} = \frac{E_3}{A_3} = \cdots = \frac{E}{A} = E_o = f(t) \tag{9-7}$$

此式就是克希荷夫定律的数学表达式。它可表述为：任何物体的辐射力与吸收率之比恒等于同温度下黑体的辐射力，并且只与温度有关。比较（9-7）与（9-6）两式，可得出克希荷夫定律的另一种表达形式

$$A = \frac{E}{E_o} = \varepsilon$$

由上面的分析，可得到以下两个结论：

1. 由于物体的吸收率 A 永远小于 1，所以在同温度下黑体的辐射力最大；

2. 物体的辐射力（或发射率）越大，其吸收率就越大，物体的吸收率恒等于同温下的黑度。即善于发射的物体必善于吸收。

克希荷夫定律也同样适用于单色辐射，即任何物体在一定波长下的辐射力 E_λ 与同样波长下的吸收率 A_λ 的比值恒等于同温度下黑体同波长的发射力 $E_{o\lambda}$，即：

$$\frac{E_\lambda}{A_\lambda} = E_{o\lambda} \quad \text{或} \quad A_\lambda = \frac{E_\lambda}{E_{o\lambda}} = \varepsilon_\lambda \tag{9-8}$$

根据此道理，可以按物体的放射光谱（图 9-7）求出该物体的吸收光谱图（图 9-8）。反之，已知了吸收光谱也就已知了放射光谱。当物体在某一种波长下不吸收辐射能时，也就不会放射辐射能；如果物体在一定波长下是白体或是透明体时，它在该波长下也就不会放射辐射能。

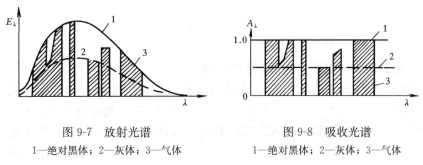

图 9-7　放射光谱　　　　　　　　图 9-8　吸收光谱
1—绝对黑体；2—灰体；3—气体　　　1—绝对黑体；2—灰体；3—气体

9.3　两物体表面间的辐射换热计算

物体间的辐射换热是指若干物体之间相互辐射换热的总结果，实际物体吸收与反射能量的多少不仅与物体本身的情况有关，而且还与投射来的辐射能量、辐射物体间的相对位置与形状等有关。本节只讨论工程中常遇的两个物体之间几种比较简单的辐射换热。

9.3.1　空间热阻和表面热阻

在前面的导热和对流换热计算中，曾利用导热热阻、对流换热热阻的概念来分析解决问题。物体间的辐射换热同样也可以用辐射热阻的概念来分析。物体间的辐射换热热阻可归纳为空间热阻和表面热阻两个方面。

1. 空间热阻

空间热阻是指由于物体表面尺寸、形状和相对位置等的影响，使一物体所辐射的能量不能全部投落到另一物体上而相当的热阻。空间热阻用 R_g 表示。

设有两个物体互相辐射，它们的表面积分别为 F_1 和 F_2，把表面 1 发出的辐射能落到表面 2 上的百分数称之为表面 1 对表面 2 的角系数 $\varphi_{1,2}$，而把表面 2 对表面 1 的角系数记为 $\varphi_{2,1}$，则两物体间的空间热阻可按下式计算：

$$R_g = \frac{1}{\varphi_{1,2} \cdot F_1} = \frac{1}{\varphi_{2,1} \cdot F_2} \tag{9-9}$$

由此式可以看出 $\varphi_{1,2} \cdot F_1 = \varphi_{2,1} \cdot F_2$，反映了两个表面在辐射换热时，角系数的相对性。只要已知 $\varphi_{1,2}$ 和 $\varphi_{2,1}$ 中的一个，另一个角系数也就可以通过式（9-9）求出。

角系数 φ 的大小只与两物体的相对位置、大小、形状等几何因素有关，即只要几何因素确定，角系数就可以通过有关的计算式或线算图、手册等求得。附图 9-1 列出了两平行平壁和两垂直平壁的角系数线算图。对于有些特别的情况，可以直接写出角系数的数值。例如，对于两无穷大平行平壁（或平行平壁的间距远小于平壁的两维尺寸时）来说，$\varphi_{1,2} = \varphi_{2,1} = 1$；对于空腔内物体与空腔内壁来说，见图 9-10 所示，则 $\varphi_{1,2} = 1$，而 $\varphi_{2,1} = \varphi_{1,2}$

$\times \dfrac{F_1}{F_2}$。

2. 表面热阻

表面热阻是指由于物体表面不是黑体，以至于对投射来的辐射能不能全部吸收，或它的辐射力不如黑体那么大而相当的热阻。表面热阻用 R_b 表示。

对于实际物体来说，其表面热阻可用下式计算：

$$R_b = \frac{1-\varepsilon}{\varepsilon \cdot F} \tag{9-10}$$

对于黑体，由于 $\varepsilon = 1$，所以其 $R_b = 0$。

9.3.2 任意两物体表面间的辐射换热计算

设两物体的面积分别为 F_1 和 F_2，成任意位置，温度分别为 T_1 和 T_2，辐射力分别为

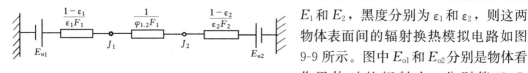

图 9-9 两物体表面间的辐射换热模拟电路

E_1 和 E_2，黑度分别为 ε_1 和 ε_2，则这两物体表面间的辐射换热模拟电路如图 9-9 所示。图中 E_{o1} 和 E_{o2} 分别是物体看作黑体时的辐射力，分别等于 $C_o \left(\dfrac{T_1}{100}\right)^4$ 和 $C_o \left(\dfrac{T_2}{100}\right)^4$，它们相当于电

路电源的电位。J_1 和 J_2 分别表示了由于表面热阻的作用，实际物体表面的有效辐射电位。按照串联电路的计算方法，写出两物体表面间的辐射换热计算式为

$$Q_{1,2} = \frac{E_{o1} - E_{o2}}{\dfrac{1-\varepsilon_1}{\varepsilon_1 F_1} + \dfrac{1}{\varphi_{1,2}} + \dfrac{1-\varepsilon_2}{\varepsilon_2 F_2}} \quad \text{W}$$

如用 F_1 作为计算表面积，上式可写成

$$Q_{1,2} = \frac{F_1(E_{o1} - E_{o2})}{\left(\dfrac{1}{\varepsilon_1} - 1\right) + \dfrac{1}{\varphi_{1,2} F_1} + \dfrac{F_1}{F_2}\left(\dfrac{1}{\varepsilon_2} - 1\right)} \quad \text{W} \tag{9-11}$$

9.3.3 特殊位置两物体间的辐射换热计算

1. 两无限大平行平壁间的辐射换热

所谓两无限大平行平壁是指两块表面尺寸要比其相互之间的距离大很多的平行平壁。由于 $F_1 = F_2 = F$，且 $\varphi_{1,2} = \varphi_{2,1} = 1$，式（9-11）可简化为

$$Q_{1,2} = \frac{F_1(E_{o1} - E_{o2})}{\dfrac{1}{\varepsilon_1} + \dfrac{1}{\varepsilon_2} - 1} = \frac{C_o F}{\dfrac{1}{\varepsilon_1} + \dfrac{1}{\varepsilon_2} - 1}\left[\left(\frac{T_1}{100}\right)^4 - \left(\frac{T_2}{100}\right)^4\right]$$

$$= \varepsilon_{1,2} F C_o \left[\left(\frac{T_1}{100}\right)^4 - \left(\frac{T_2}{100}\right)^4\right]$$

$$= F C_{1,2}\left[\left(\frac{T_1}{100}\right)^4 - \left(\frac{T_2}{100}\right)^4\right] \quad \text{W} \tag{9-12}$$

式中 $\varepsilon_{1,2} = \dfrac{1}{\dfrac{1}{\varepsilon_1} + \dfrac{1}{\varepsilon_2} - 1}$ 叫无限大平行平壁的相当黑度，$C_{1,2} = \varepsilon_{1,2} \cdot C_o$ 叫做无限大平行平壁的相当辐射系数。

2. 空腔与内包壁之间的辐射换热

空腔与内包壁之间的辐射换热如图 9-10 所示。工程上用来计算热源（如加热炉、辐射式散热器等）外壁表面Ⅰ与车间内壁表面Ⅱ之间的辐射换热，如图 9-11 所示，就属于这种情况。

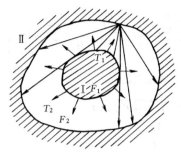

图 9-10　空腔与内
包壁的辐射换热

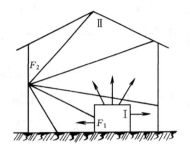

图 9-11　加热炉外表面与
车间内壁之间辐射换热

设内包壁面Ⅰ是凸形表面，则 $\varphi_{1,2}=1$，式（9-11）可简化为：

$$Q_{1,2} = \frac{F_1(E_{o1}-E_{o2})}{\dfrac{1}{\varepsilon_1}+\dfrac{F_1}{F_2}\left(\dfrac{1}{\varepsilon_2}-1\right)} = \frac{F_1 C_o\left[\left(\dfrac{T_1}{100}\right)^4-\left(\dfrac{T_2}{100}\right)^4\right]}{\dfrac{1}{\varepsilon_1}+\dfrac{F_1}{F_2}\left(\dfrac{1}{\varepsilon_2}-1\right)}$$

$$= C'_{1,2}F_1\left[\left(\frac{T_1}{100}\right)^4-\left(\frac{T_2}{100}\right)^4\right]\quad\text{W} \tag{9-13}$$

式中 $C'_{1,2} = \dfrac{C_o}{\dfrac{1}{\varepsilon_1}+\dfrac{F_1}{F_2}\left(\dfrac{1}{\varepsilon_2}-1\right)}$ 称为空腔与内包壁面的相当辐射系数。

如果 F_1 远小于 F_2，且 ε_1 数值较大，接近于 1，如车间内的辐射采暖板与室内周围墙壁之间的辐射换热就属于这种情况，此时 $\dfrac{F_1}{F_2}\left(\dfrac{1}{\varepsilon_2}-1\right)$ 远小于 $\dfrac{1}{\varepsilon_1}$，可以忽略不计，这时公式（9-13）可简化为

$$Q_{1,2} = \varepsilon_1 F_1 C_o\left[\left(\frac{T_1}{100}\right)^4-\left(\frac{T_2}{100}\right)^4\right]$$

$$= F_1 C_1\left[\left(\frac{T_1}{100}\right)^4-\left(\frac{T_2}{100}\right)^4\right] \tag{9-14}$$

式中 $C_1 = \varepsilon_1 C_o$，是内包壁面Ⅰ的辐射系数。

3. 有遮热板的辐射换热

为了减少物体或人员受到外界高温热源辐射的影响，可在物体或人与热源之间使用固定的屏障，如在热辐射的方向放置遮热板、夏天太阳下戴草帽或打阳伞等，都是十分有效的。下面从在两平行平面之间放置一块遮热板后的辐射换热热阻变化来说明。

如图 9-12 所示，设两平行平板的温度为 T_1 和 T_2，黑度为 ε_1 和 ε_2，放置一块面积与平行板相同的遮热板后，T_1 和 T_2 温度不变。遮热板两面的黑度相等，设为 ε_3；遮热板较薄，热阻不计，则其两

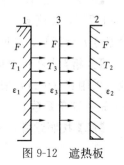

图 9-12　遮热板

边的温度相同为 T_3；并设这些平板的尺寸远大于它们之间的距离，则它们辐射换热的模拟电路为图 9-13 所示，热阻 R_f 为

$$R_f = \frac{1-\varepsilon_1}{F\varepsilon_1} + \frac{1}{F} + \frac{1-\varepsilon_3}{F\varepsilon_3} + \frac{1-\varepsilon_3}{F\varepsilon_3} + \frac{1}{F} + \frac{1-\varepsilon_2}{F\varepsilon_2}$$

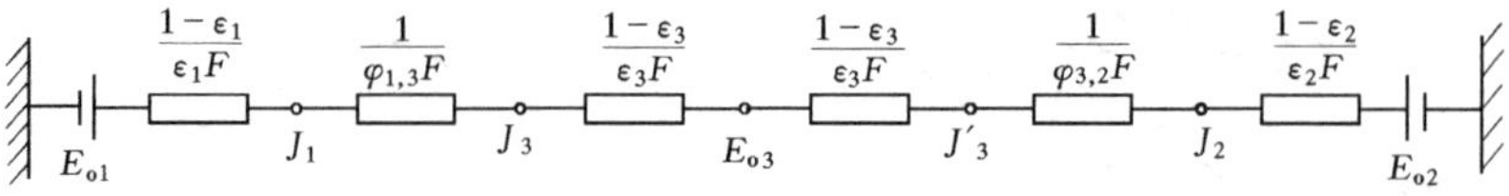

图 9-13　加遮热板后的模拟电路

换热量为 $Q_{1,2} = (E_{o1} - E_{o2})/R_f$。未加遮热板的热阻 R'_f 为：

$$R'_f = \frac{1-\varepsilon_1}{\varepsilon_1 F} + \frac{1}{F} + \frac{1-\varepsilon_2}{\varepsilon_2 F}$$

换热量 $Q'_{1,2} = \dfrac{E_{o1} - E_{o2}}{R'_f}$。设 $\varepsilon_1 = \varepsilon_2 = \varepsilon_3$，则 $R_f = 2R'_f$，从而

$$Q_{1,2} = \frac{E_{o1} - E_{o2}}{2R'_f} = \frac{1}{2}Q'_{1,2}$$

由此得出结论，两平行平板加入遮热板后，在 $\varepsilon_1 = \varepsilon_2 = \varepsilon_3$ 的情况下，辐射换热量减少 1/2；若所用遮热板的 $\varepsilon_3 < \varepsilon_1$ 或 ε_2，（如选反射率 R 较大的遮热板），则遮热的效果将更好；若两平行平板间加入 n 块与 ε_1 或 ε_2 相同黑度的遮热板，则换热量可减少到（$n+1$）分之一。

【例题 9-1】某车间的辐射采暖板的尺寸为 1.5m×1m，辐射板面的黑度 $\varepsilon_1 = 0.94$，板面平均温度 $t_1 = 100℃$，车间周围壁温 $t_2 = 11℃$。如果不考虑辐射板背面及侧面的热作用，试求辐射板面与四周壁面的辐射换热量。

【分析】本题没有告知车间内壁面积 F_2，属于辐射板面积 F_1 远小于 F_2 的空腔与内包壁之间的辐射换热，应采用式（9-14）来计算。

【解】由于辐射板面积 F_1 比周围壁面 F_2 小得多，故由式（9-14）得辐射板与四周壁面的辐射换热量为：

$$Q_{1,2} = \varepsilon_1 F_1 C_o \left[\left(\frac{T_1}{100} \right)^4 - \left(\frac{T_2}{100} \right)^4 \right]$$

$$= 1.5 \times 1 \times 0.94 \times 5.67 \times \left[\left(\frac{273+100}{100} \right)^4 - \left(\frac{273+11}{100} \right)^4 \right]$$

$$= 1027.4\text{W}$$

【例题 9-2】水平悬吊在屋架下的采暖辐射板的尺寸为 1.8m×0.9m，辐射板表面温度 $t_1 = 107℃$，黑度 $\varepsilon_1 = 0.95$。已知辐射板与工作台距离为 3m，平行相对，尺寸相同；工作台温度 $t_2 = 12℃$，黑度 $\varepsilon_2 = 0.9$，试求工作台上所得到的辐射热。

【分析】本题辐射板面积 F_1 与工作台面积 F_2 相等，为有限大平行平壁间的辐射换热，故应采用式（9-11）来计算。计算时，还需根据采暖辐射板与工作台的尺寸关系，由附图 9-1 先查知角系数 $\varphi_{1,2}$。

【解】按照题意，工作台获得的辐射热可按式（9-11）计算。已知式中

$$F_1 = F_2 = 1.8 \times 0.9 = 1.62\text{m}^2;$$

$$E_{o1} = C_o \left(\frac{T_1}{100} \right)^4 = 5.67 \left(\frac{107+273}{100} \right)^4 = 1182.3 \text{W/m}^2;$$

$$E_{o2} = C_o \left(\frac{T_2}{100} \right)^4 = 5.67 \left(\frac{12+273}{100} \right)^4 = 22.68 \text{W/m}^2;$$

角系数 $\varphi_{1,2}$ 由附图 9-1，根据 $\dfrac{b}{h} = \dfrac{0.9}{3} = 0.3$，$\dfrac{a}{h} = \dfrac{1.8}{3} = 0.6$ 查得 $\varphi_{1,2} = 0.05$。工作台上所得到的辐射热为

$$Q_{1,2} = \frac{F_1(E_{o1} - E_{o2})}{\left(\dfrac{1}{\varepsilon_1} - 1 \right) + \dfrac{1}{\varphi_{1,2}} + \dfrac{F_1}{F_2} \left(\dfrac{1}{\varepsilon_2} - 1 \right)}$$

$$= \frac{1.62 \times (1182.3 - 22.68)}{\left(\dfrac{1}{0.95} - 1 \right) + \dfrac{1}{0.05} + \left(\dfrac{1}{0.9} - 1 \right)} = 93.17 \text{W}$$

单 元 小 结

本单元讲述了热辐射的基本概念、基本定律和任意两物体间的辐射换热计算。

1. 热辐射的基本概念

热辐射是由于物体自身热运动而激发产生的电磁波传递能量的现象，它不需中间媒介物质，并伴随着能量形式的转化。

物体表面的热辐射性质主要有吸收率 A、折射率 R、透射率 D 和发射率 ε（也称黑度），它们之间具有

$$A + R + D = 1$$

和同温下

$$A = \varepsilon$$

的关系。黑体是 $A = 1$ 的理想吸收体，以其为标准来衡量实际物体的吸收率和发射率。

辐射力 E 是指物体在单位时间内，单位表面积上所辐射的辐射能总量，反映了物体表面在某温度下发射辐射能的能力。黑体的辐射力最大，而实际物体的辐射力 $E = \varepsilon \cdot E_o$。

2. 热辐射的基本定律

（1）普朗克定律：揭示了黑体的单色辐射力与波长和温度的依变关系，即

$$E_{o\lambda} = \frac{C_1 \cdot \lambda^{-5}}{e^{C_2/(\lambda \cdot T)} - 1}$$

（2）维恩定律：反映对应于最大单色辐射力的波长 λ_{max} 与绝对温度 T 之间关系的定律，即

$$\lambda_{max} \cdot T = 2.9 \times 10^{-3} \text{m} \cdot \text{K}$$

（3）斯蒂芬-波尔茨曼定律：是揭示黑体的辐射力 E_o 与温度 T 之间关系的定律，即

$$E_o = C_o \left(\frac{T}{100} \right)^4$$

（4）克希荷夫定律：反映物体辐射力和吸收率之间关系的定律，即在同温度下

$$\frac{E}{A} = E_o \text{ 或 } A = \frac{E}{E_o} = \varepsilon$$

3. 两物体间的辐射换热

辐射换热是指物体之间相互辐射和吸收过程的总效果。两物体间的辐射换热存在辐射换热的空间热阻 $R_g = \dfrac{1}{\varphi_{1,2} \cdot F_1} = \dfrac{1}{\varphi_{2,1} \cdot F_2}$ 和表面热阻 $R_b = \dfrac{1-\varepsilon}{\varepsilon \cdot F}$，辐射换热的计算式为：

$$Q_{1,2} = \frac{E_{o1} - E_{o2}}{\dfrac{1-\varepsilon_1}{\varepsilon_1 F_1} + \dfrac{1}{\varphi_{1,2}} + \dfrac{1-\varepsilon_2}{\varepsilon_2 F_2}} \quad \text{W}$$

思 考 题 与 习 题

1. 有一非透明体材料，能将辐射到其上太阳能的 90% 吸收转化为热能，则该材料的反射率 R 为多少？

2. 试用普朗克定律计算温度 $t = 423℃$、波长 $\lambda = 0.4\mu m$ 时黑体的单色辐射力 $E_{o\lambda}$，并计算这一温度下黑体的最大单色辐射力 $E_{o\lambda max}$ 为多少？

3. 上题中黑体的辐射力等于多少？对于黑度 $\varepsilon = 0.82$ 的钢板在这一温度下的辐射力、吸收率、反射率各为多少？

4. 某车间的辐射采暖板的尺寸为 1.5m×1m，黑度 $\varepsilon_1 = 0.94$，平均温度 $t_1 = 123℃$，车间周围壁温 $t_2 = 13℃$，若不考虑辐射板背面及侧面的热作用，且墙壁面积 F_2 远大于辐射采暖板面积，则辐射板面与四周壁面的辐射换热量为多少？

5. 试求直径 $d = 70mm$、长 $l = 3m$ 的汽管在截面为 0.3m×0.3m 砖槽内的辐射散热量。已知汽管表面温度为 423℃，黑度为 0.8；砖槽表面温度为 27℃，黑度为 0.9。

6. 若上题中的汽管裸放在壁温为 27℃ 的很大砖屋内，则汽管的辐射散热量又等于多少？

7. 锅炉炉膛长 4m、宽 2.5m、高 3m，内壁温度 $t_1 = 1027℃$，黑度 $\varepsilon_1 = 0.8$，如果将炉门打开 5min，其辐射热损失为多少？

8. 水平悬吊在屋架下的采暖辐射板的尺寸为 2m×1.2m，表面温度 $t_1 = 127℃$，黑度 $\varepsilon_1 = 0.95$。现有一尺寸与辐射板相同的工作台，距离辐射板 3m，平行地置于下方，温度为 $t_2 = 17℃$，黑度 $\varepsilon_2 = 0.9$，试求工作台上所能得到的辐射热。

教学单元 10　传热的计算与传热的增强与削弱

【**教学目标**】了解复合传热与复合换热计算的处理方法；掌握通过平壁、圆筒壁的稳定传热计算；理解并熟悉增强传热的基本依据、基本途径以及通过扩展传热面积、加大传热温差、提高传热系数来增强传热的分析；理解并熟悉削弱传热的目的与方法，圆管热绝缘的经济厚度，临界热绝缘直径的概念和计算。

10.1　传热与换热计算的处理方法

前几单元我们把热量传递交换划分为导热、对流、辐射三种基本形式，这种分析计算只是为了研究上的方便。在实际工程中遇到的许多传热交换，往往是以上几种传热基本形式同时发生，且彼此相互影响的，即整个传热过程往往是两种或三种传热形式综合作用的结果。我们一般把在同一位置上同时存在两种或两种以上基本换热形式的换热叫做复合换热，而把在传热过程中不同位置上同时存在两种或两种以上的基本传热形式叫做复合传热。

10.1.1　复合换热的计算处理方法

对于复合换热，可认为其换热的效果是几种基本换热方式（对流、辐射和导热）并联单独换热作用的叠加，但介于实际计算较难区分开对流、辐射和导热各自的换热量，为方便计算，往往把几种换热方式共同作用的结果看作是由其中某一种主要换热方式的换热所造成，而把其他换热方式的换热都折算包含在主要换热方式的换热之中。

1. 对流换热为主要换热方式的复合换热计算处理

例如，建筑物外墙与空气之间的换热问题，由于墙壁与空气温度都较低，可以把对流看作为主要换热方式，而把墙壁与空气辐射作用的换热量折算包含在对流换热中。即计算对流换热为主要换热方式的复合换热，计算公式有如下形式：

$$q = (\alpha_f + \alpha_j)(t_l + t_b) \tag{10-1}$$

式中　α_j——用来考虑对流和导热作用的接触放热系数；

　　　α_f——用来考虑辐射作用的辐射放热系数，它的数值由下式来换算：

$$\alpha_f = \varepsilon \cdot C_o \theta \tag{10-2}$$

式中　ε——墙壁的黑度值；

　　　θ——温度系数，它是流体温度 t_l 和壁面温度 t_b 的函数。其数值可由图 10-1 查得。

2. 辐射换热为主要换热方式的复合换热计算处理

例如，锅炉炉膛内高温烟气与炉膛壁面之间的换热问题，由于烟气温度较高，则把辐射作为主要换热方式来讨论，而把烟气与壁面之间的对流、导热作用的换热量折算包含在辐射换热中。即以辐射换热为主要换热方式的复合换热计算式有如下形式：

$$q = (\varepsilon_j + \varepsilon)C_o\left[\left(\frac{T_1}{100}\right)^4 - \left(\frac{T_b}{100}\right)^4\right] \quad \text{W/m}^2 \tag{10-3}$$

式中 ε_j 是考虑对流、导热换热作用的当量黑度，它的数值可由下式来换算：

$$\varepsilon_j = \frac{\alpha_j}{C_o \cdot \theta} \tag{10-4}$$

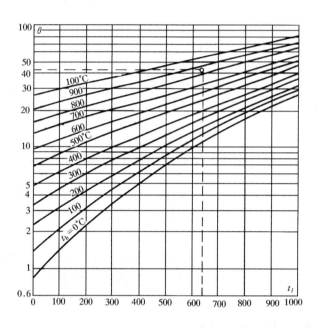

图 10-1　由 t_1 和 t_b 确定的温度系数 θ

10.1.2　复合传热的计算处理方法

对于复合传热，其传热的效果就是几种基本换热方式传热的串联。因此，复合传热可以用热阻串联的模拟传热电路来进行分析计算。下面一节，具体研究了冷、热流体通过固体壁面进行的复合传热问题。

10.2　通过平壁、圆筒壁、肋壁的传热计算

热流体通过固体壁面将热量传给冷流体的过程是一种复合传热过程，简称它为传热。根据固体壁面的形状，这种传热可分为通过平壁、通过圆筒壁和通过肋壁等的传热。

10.2.1　通过平壁的传热

1. 通过单层平壁的传热

设有一单层平壁，面积为 F，厚度为 δ，导热系数为 λ，平壁两侧的流体温度为 t_{l1}、t_{l2}，放热系数为 α_1 和 α_2，平壁两侧的表面温度用 t_{b1} 和 t_{b2} 表示，如图 10-2(a) 所示。

在此传热过程中，按热流方向依次存在热流体与壁面 1 间的对流换热热阻 $\dfrac{1}{\alpha_1 \cdot F}$，壁面 1 至壁面 2 间的导热热阻 $\dfrac{\delta}{\lambda \cdot F}$ 和壁面 2 与冷流体间的对流换热热阻 $\dfrac{1}{\alpha_2 \cdot F}$。因此，其传热的模拟电路为图 10-2($b$) 所示，传热量的计算式为

$$Q = \frac{t_{l1} - t_{l2}}{\dfrac{1}{\alpha_1 F} + \dfrac{\delta}{\lambda F} + \dfrac{1}{\alpha_2 F}} \quad \text{W} \tag{10-5}$$

单位面积的传热量

$$q = \frac{Q}{F} = \frac{t_{l1} - t_{l2}}{\dfrac{1}{\alpha_1} + \dfrac{\delta}{\lambda} + \dfrac{1}{\alpha_2}} \quad \text{W/m}^2$$

或

$$q = (t_{l1} - t_{l2})/R = K(t_{l1} - t_{l2}) \tag{10-6}$$

式中 R 为单位面积的传热热阻，$R = \dfrac{1}{\alpha_1} + \dfrac{\delta}{\lambda} + \dfrac{1}{\alpha_2}$；$K = \dfrac{1}{R}$，称为传热系数，单位为 $\text{W/(m}^2 \cdot \text{K)}$。

平壁两侧的表面温度为

$$t_{b1} = t_{l1} - \frac{Q}{\alpha_1 F} = t_{l1} - \frac{q}{\alpha_1} \quad \text{℃} \tag{10-7a}$$

$$t_{b2} = t_{l2} + \frac{Q}{\alpha_2 F} = t_{l2} + \frac{q}{\alpha_2} \quad \text{℃} \tag{10-7b}$$

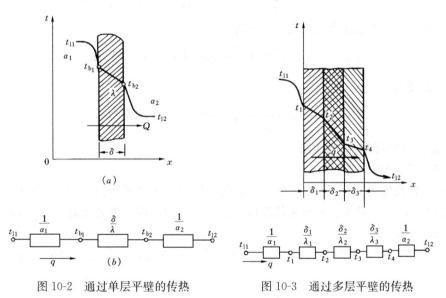

图 10-2　通过单层平壁的传热　　　图 10-3　通过多层平壁的传热

2. 通过多层平壁的传热

多层平壁的传热，其传热的总热阻仍等于各部分热阻之和。如图 10-3 所示三层平壁的传热热阻为

$$R = \frac{1}{\alpha_1} + \frac{\delta_1}{\lambda_1} + \frac{\delta_2}{\lambda_1} + \frac{\delta_3}{\lambda_3} + \frac{1}{\alpha_2} \quad \text{m}^2 \cdot \text{℃/W}$$

当平壁为 n 层时，热阻为

$$R = \frac{1}{\alpha_1} + \sum_{i=1}^{n} \frac{\delta_i}{\lambda_i} + \frac{1}{\alpha_2} \quad \text{m}^2 \cdot \text{℃/W} \tag{10-8}$$

热流量 q 为

$$q = \frac{t_{l1} - t_{l2}}{\dfrac{1}{\alpha_1} + \sum\limits_{i=1}^{n} \dfrac{\delta_i}{\lambda_i} + \dfrac{1}{\alpha_2}} \quad \text{W/m}^2 \tag{10-9}$$

根据图中的模拟电路不难写出壁表面温度和中间夹层处的温度计算式来。

【例题 10-1】 某教室有一厚 380mm，导热系数 $\lambda_2 = 0.7\text{W/(m·℃)}$ 的砖砌外墙，两边各有 15mm 厚的粉刷层，内、外粉刷层的导热系数分别为 $\lambda_1 = 0.6\text{W/(m·℃)}$ 和 $\lambda_3 = 0.75\text{W/(m·℃)}$，墙壁内、外侧的放热系数为 $\alpha_1 = 8\text{W/(m}^2\text{·℃)}$ 和 $\alpha_2 = 23\text{W/(m}^2\text{·℃)}$，内、外空气温度分别为 $t_{l1} = 18℃$，$t_{l2} = -10℃$。试求通过单位面积墙壁上的传热量和内墙壁面的温度。

【分析】 本题为冷热流体通过多层（三层）平壁进行传热的情境，根据已知的条件，可应用式（10-9）来计算通过墙壁的热流量，应用式（10-7a）计算得内墙壁面的温度。

【解】 总传热热阻 R 为

$$R = \frac{1}{\alpha_1} + \sum_{i=1}^{n} \frac{\delta_i}{\lambda_i} + \frac{1}{\alpha_2}$$

$$= \frac{1}{8} + \frac{0.015}{0.6} + \frac{0.38}{0.7} + \frac{0.015}{0.75} + \frac{1}{23} = 0.753\text{m}^2\text{·℃/W}$$

根据式（10-9）可知通过墙壁的热流量 q 为

$$q = (t_{l1} - t_{l2})/R = \frac{18 - (-10)}{0.753} = 37.18\text{W/m}^2$$

内壁表面温度为

$$t_{b1} = t_{l1} - \frac{q}{\alpha_1} = 18 - \frac{37.18}{8} = 13.35℃$$

10.2.2 通过圆筒壁的传热

1. 通过单层圆筒壁的传热

设有一根长度为 l，内、外径为 d_1、d_2 的圆筒管，导热系数为 λ，内、外表面的放热系数分别为 α_1、α_2；壁内、外的流体温度为 t_{l1} 和 t_{l2}，筒壁内、外表面温度用 t_{b1} 和 t_{b2} 表示，如图 10-4(a) 所示。

假定流体温度和管壁温度只沿径向发生变化，则在径向的热流方向依次存在的热阻有：热流体与内壁对流换热的热阻 $\dfrac{1}{\alpha_1 \pi d_1 l}$，内壁至外壁之间的导热热阻 $\dfrac{1}{2\pi\lambda l}\ln\left(\dfrac{d_2}{d_1}\right)$ 和外壁与冷流体对流换热的热阻 $\dfrac{1}{\alpha_2 \pi d_2 l}$。因此，其传热的模拟电路为图 10-4(b) 示，传热量的计算式为：

$$Q = \frac{t_{l1} - t_{l2}}{\dfrac{1}{\alpha_1 \pi d_1 l} + \dfrac{1}{2\pi\lambda l}\ln\left(\dfrac{d_2}{d_1}\right) + \dfrac{1}{\alpha_2 \pi d_2 l}} \quad \text{W} \tag{10-10}$$

单位长度的传热量为

$$q_l = Q/l = \frac{t_{l1} - t_{l2}}{\dfrac{1}{\alpha_1 \pi d_1} + \dfrac{1}{2\pi\lambda}\ln\left(\dfrac{d_2}{d_1}\right) + \dfrac{1}{\alpha_2 \pi d_2}}$$

$$= (t_{l1} - t_{l2})/R_1 = K_1(t_{l1} - t_{l2}) \text{ W/m} \tag{10-11}$$

式中 $R_1 = \dfrac{1}{\alpha_1 \pi d_1} + \dfrac{1}{2\pi\lambda}\ln\left(\dfrac{d_2}{d_1}\right) + \dfrac{1}{\alpha_2 \pi d_2}$ 称每米长圆

筒壁传热的总热阻，m·℃/W；$K_1 = 1/R_1$，称为
每米长圆筒壁的传热系数。由传热的模拟电路图
不难得到筒壁内、外侧表面的温度为

$$t_{b1} = t_{l1} - \frac{q_1}{\alpha_1 \pi d_1}；\quad t_{b2} = t_{l2} + \frac{q_1}{\alpha_2 \pi d_2}$$

$$(10\text{-}12)$$

当圆筒壁不太厚，即 $\dfrac{d_2}{d_1} < 2$，计算精度要求

不高时，可将圆筒壁作为平壁来近似计算。通过
每米长单层圆筒壁的传热量为：

$$q_1 = \frac{t_{l1} - t_{l2}}{\dfrac{1}{\alpha_1 \pi d_1} + \dfrac{\delta}{\lambda \cdot \pi d_m} + \dfrac{1}{\alpha_2 \pi d_2}} \quad \text{W/m}$$

$$(10\text{-}13)$$

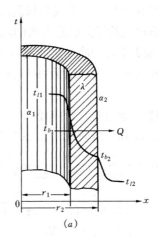

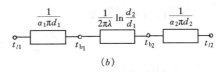

图 10-4　通过圆筒壁的传热

式中　δ——管壁的厚度，$\delta = (d_2 - d_1)/2$；

　　　d_m——圆筒壁的平均直径，$d_m = (d_2 + d_1)/2$。

在计算时，若圆筒壁导热热阻较小（相对两侧对流换热热阻而言，如较薄的金属圆筒
壁），则可略去导热热阻，使计算更加简化。

2. 通过多层圆筒壁的传热

对于 n 层圆筒壁，由于其总热阻等于各层热阻之和，用传热模拟电路的概念，不难写
出每米长圆筒壁的总传热热阻为

$$R_1 = \frac{1}{\alpha_1 \pi d_1} + \sum_{i=1}^{n} \frac{1}{2\pi\lambda_i}\ln\left(\frac{d_{i+1}}{d_i}\right) + \frac{1}{\alpha_2 \pi d_{n+1}} \tag{10-14}$$

每米长多层圆筒壁的传热量为

$$q_1 = \frac{t_{l1} - t_{l2}}{R_1} \quad \text{W/m} \tag{10-15}$$

同样，不难写出多层圆筒壁的内、外侧筒壁表面的温度和中间夹层处的温度计算式来。

当多层圆筒壁各层的厚度较小，即 $\dfrac{d_{i+1}}{d_i} < 2$，计算精度要求不高时，也可用如下简化

近似公式计算

$$q_1 = \frac{t_{l1} - t_{l2}}{\dfrac{1}{\alpha_1 \pi d_1} + \sum_{i=1}^{n} \dfrac{\delta_i}{\lambda_i \pi d_{mi}} + \dfrac{1}{\alpha_2 \pi d_{n+1}}} \quad \text{W/m} \tag{10-16}$$

式中　δ_i——圆筒的各层厚度，$\delta_i = (d_{i+1} - d_i)/2$；

　　　d_{mi}——圆筒的各层平均直径，$d_{mi} = (d_{i+1} + d_i)/2$。

在计算时，还可根据具体情况，将比较小的热阻略去不计，使计算更加简化。

【例题 10-2】直径为 200/216mm 的蒸汽管道，外包有厚度为 60mm 的岩棉保温层，已
知管材的导热系数 $\lambda_1 = 45\text{W}/(\text{m·℃})$，保温岩棉层的导热系数 $\lambda_2 = 0.04\text{W}/(\text{m·℃})$；管
内蒸汽温度 $t_{l1} = 220℃$，蒸汽与管壁面之间的对流换热系数 $\alpha_1 = 1000\text{W}/(\text{m}^2\text{·℃})$；管外

空气温度 $t_{l2}=20℃$，空气与保温层外表面的对流换热系数 $\alpha_2=10\mathrm{W}/(\mathrm{m}^2\cdot℃)$。试求单位管长的热损失及保温层外表面的温度。

【分析】本题为冷热流体通过多层（二层）圆筒壁进行传热的情境，根据已知的条件，可应用式（10-15）来计算单位管长的热损失，应用式（10-12）计算得保温层外表面的温度。

【解】根据题意，管内径 $d_1=0.2\mathrm{m}$，外径 $d_2=0.216\mathrm{m}$，保温层外径 $d_3=0.216+2\times0.06=0.336\mathrm{m}$，由公式（10-14）知每米长保温管道的传热热阻为

$$R_1=\frac{1}{\alpha_1\pi d_1}+\sum_{i=1}^{2}\frac{1}{2\pi\lambda_i}\ln\left(\frac{d_{i+1}}{d_i}\right)+\frac{1}{\alpha_2\pi d_3}$$

$$=\frac{1}{1000\pi\times0.2}+\frac{1}{2\pi\times45}\ln\left(\frac{0.216}{0.2}\right)+\frac{1}{2\pi\times0.04}\ln\left(\frac{0.336}{0.216}\right)+\frac{1}{10\pi\times0.336}$$

$$=1.855\mathrm{m}\cdot℃/\mathrm{W}$$

单位管长的热损失为

$$q_1=\frac{t_{l1}-t_{l2}}{R_1}=\frac{220-20}{1.855}=107.8\mathrm{W}/\mathrm{m}$$

保温层外表面的温度为

$$t_{b2}=t_{l2}+\frac{q_1}{\alpha_2\pi d_3}=20+\frac{107.8}{10\pi\times0.336}=30.21℃$$

【例题 10-3】试用简化法计算【例题 10-2】的热损失。

【分析】由于 $\dfrac{d_2}{d_1}=\dfrac{0.216}{0.2}<2，\dfrac{d_3}{d_2}=\dfrac{0.336}{0.216}<2$，故可用简化法来计算。

【解】由公式（10-16），得热损失为

$$q_1=\frac{t_{l1}-t_{l2}}{\dfrac{1}{\alpha_1\pi d_1}+\dfrac{\delta_1}{\lambda_1\pi d_{m1}}+\dfrac{\delta_2}{\lambda_2\pi d_{m2}}+\dfrac{1}{\alpha_2\pi d_3}}$$

$$=\frac{220-20}{\dfrac{1}{1000\pi\times0.2}+\dfrac{0.008}{45\pi\times0.208}+\dfrac{0.06}{0.04\pi\times0.276}+\dfrac{1}{10\pi\times0.336}}$$

$$=109.5\mathrm{W}/\mathrm{m}$$

相对误差为

$$\frac{109.5-107.8}{107.8}\times100\%=1.577\%$$

10.2.3 通过肋壁的传热

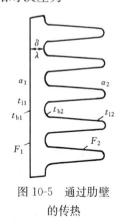

图 10-5　通过肋壁的传热

工程上常采用在壁面上添加肋片的方式，即采用肋壁来增加冷、热流体通过固体壁面的传热效果。那么什么情况下才需要用肋壁来传热呢？肋壁是做一侧还是两侧都做？做一侧又应做在冷、热流体的哪一侧？肋片面积取多大？这些都是肋壁传热中常碰到的问题。下面我们通过如图 10-5 所示的肋壁传热分析来解决这些问题。

当以平壁传热时，其单位面积的传热系数 K 为

$$K = \frac{1}{R} = \frac{1}{\dfrac{1}{\alpha_1} + \dfrac{\delta}{\lambda} + \dfrac{1}{\alpha_2}} \quad W/(m^2 \cdot ℃)$$

在换热设备中，换热面一般由金属制成，导热系数 λ 较大，而壁厚 δ 较小，一般可忽略金属热阻 δ/λ 一项，传热系数近似等于

$$K = \frac{1}{\dfrac{1}{\alpha_1} + \dfrac{1}{\alpha_2}} = \frac{\alpha_1 \alpha_2}{\alpha_1 + \alpha_2} \tag{10-17}$$

由此式可以看出：传热系数 K 永远小于放热系数 α_1 和 α_2 中最小的一个，所以要想最有效地增大 K 值必须把放热系数中最小的一项增大；当取两侧换热系数代数和 $\alpha_1 + \alpha_2$ 不变时，以取两侧换热系数相等时传热系数为最大。例如，蒸汽散热器蒸汽侧的换热系数若 $\alpha_1 = 1000 W/(m^2 \cdot ℃)$，空气侧的换热系数 $\alpha_2 = 10 W/(m^2 \cdot ℃)$，则由式（10-17）得传热系数为

$$K = \frac{1000 \times 10}{1000 + 10} = 9.90 W/(m^2 \cdot ℃)$$

假定蒸汽侧的 α_1 增大到 $2000 W/(m^2 \cdot ℃)$，则

$$K' = \frac{2000 \times 10}{2000 + 10} = 9.95 W/(m^2 \cdot ℃)$$

这时 $K'/K = 1.005$。而若假定空气侧的 α_2 增大到 $20 W/(m^2 \cdot ℃)$，则

$$K'' = \frac{1000 \times 20}{1000 + 20} = 19.6 W/(m^2 \cdot ℃)$$

这时 $K''/K = 1.98 > K'/K$，几乎增加了 K 值的一倍。由此可见，只有增大换热系数最小的一个，即降低传热中热阻值最大一项的数值，才能最有效地增加传热。

此例中，若取代数和 $\alpha_1 + \alpha_2$ 数值不变，令 $\alpha_1 = \alpha_1 = 505 W/(m^2 \cdot ℃)$，这时，可证明传热系数最大，为

$$K''' = \frac{\alpha_1 \cdot \alpha_2}{\alpha_1 + \alpha_2} = \frac{\alpha_1}{2} = \frac{505}{2} = 252.5 W/(m^2 \cdot ℃)$$

由此表明，降低换热系数 α 较小一侧的热阻，最理想的热阻匹配应是 α_1 和 α_2 两侧的热阻相等。

为了增大较小一侧的换热系数 α_2（这里假设 $\alpha_2 < \alpha_1$），可以增大此侧流体的流速或流量，但它会引起流动阻力及能耗的增大，技术经济上不合理。通过在 α_2 侧加肋壁来传热，可减小这一侧的热阻，某种意义上讲就是增大了换热系数 α_2。

当以肋壁传热时，总传热系数为

$$K_{总} = \frac{1}{\dfrac{1}{\alpha_1 F_1} + \dfrac{\delta}{\lambda F_1} + \dfrac{1}{\alpha_2 F_2}} \quad W/℃ \tag{10-18}$$

若以光面为计算基准面的单位面积传热系数为：

$$K = \frac{K_{总}}{F_1} = \frac{1}{\dfrac{1}{\alpha_1} + \dfrac{\delta}{\lambda} + \dfrac{F_1}{F_2}\dfrac{1}{\alpha_2}} \quad W/(m^2 \cdot ℃) \tag{10-19}$$

令肋面面积 F_2 与光面面积 F_1 的比值 $F_2/F_1 = \beta$，叫肋化系数，并略去较小的金属导热热阻 δ/λ，则

$$K = \cfrac{1}{\cfrac{1}{\alpha_1} + \cfrac{1}{\beta \cdot \alpha_2}} \quad \text{W/(m}^2 \cdot \text{℃)}$$

将式（10-19）与式（10-17）比较，由于 $F_2/F_1 = \beta > 1$，所以 $\cfrac{1}{\beta \cdot \alpha_2} < \cfrac{1}{\alpha_2}$，使 α_2 一侧的热阻得到了降低，也可说 α_2 得到了上升。

理论上，肋化系数 β 可取到等于 α_1/α_2，即可取很大的肋面面积，但受工艺和肋片间形成的小气候对换热影响等因素的限制，目前，常取 $F_2/F_1 = 10 \sim 20$。而当 α_1 和 α_2 无多大差别时，如锅炉空气预热器中烟气和空气两侧的放热系数，则不必加肋片或两侧同时加肋片。

综上分析可知：当两侧换热系数 α_1 和 α_2 相差较大时，在 α_1 和 α_2 小的一侧加肋片，可有效地增加传热，肋面面积 F_2 理论上可达 $F_1 \times (\alpha_1/\alpha_2)$，实际 F_2 取 $(10 \sim 20)F_1$。

【例题 10-4】有一厚度 $\delta = 10$mm，导热系数 $\lambda = 52$W/(m²·℃) 的壁面，其热流体侧的换热系数 $\alpha_1 = 240$W/(m²·℃)，冷流体侧的换热系数 $\alpha_2 = 12$W/(m²·℃)；冷热流体的温度分别为 $t_{l2} = 15$℃、$t_{l1} = 75$℃。为了增加传热效果，试在冷流体侧加肋片，肋化系数 $\beta = F_2/F_1 = 13$，试分别求出通过光面和加肋片每平方米的传热量（假设加肋片后的换热系数 α_2 不变）。

【分析】本题是进行加肋片的传热量与光面传热量的计算与比较。

【解】光面时，单位面积的传热系数为

$$K = \cfrac{1}{\cfrac{1}{\alpha_1} + \cfrac{\delta}{\lambda} + \cfrac{1}{\alpha_2}} = \cfrac{1}{\cfrac{1}{240} + \cfrac{0.01}{52} + \cfrac{1}{12}} = 11.40 \ \text{W/(m}^2 \cdot \text{℃)}$$

传热量 $\qquad q = K(t_{l1} - t_{l2}) = 11.40 \times (75 - 15) = 684$W/m²

加肋片后，单位面积的传热系数为

$$K' = \cfrac{1}{\cfrac{1}{\alpha_1} + \cfrac{\delta}{\lambda} + \cfrac{1}{\beta \cdot \alpha_2}} = \cfrac{1}{\cfrac{1}{240} + \cfrac{0.01}{52} + \cfrac{1}{13 \times 12}} = 96.31 \text{W/(m}^2 \cdot \text{℃)}$$

传热量 $\qquad q' = K'(t_{l1} - t_{l2}) = 96.31 \times (75 - 15) = 5778.6$W/m²

相比较，$\cfrac{q'}{q} = \cfrac{5778.6}{684} = 8.45$，可见加肋片的传热是光面传热的 8.45 倍。

10.3 传 热 的 增 强

在工程中，经常遇到如何来增强热工设备传热的问题。解决这些问题，对于提高换热设备的生产能力、减小热工设备的尺寸等具有重要的意义。

10.3.1 增强传热的基本途径

由传热的基本公式 $Q = KF\Delta t$ 可知，增加传热可以从提高传热系数 K、扩大传热面积 F 和增大传热温度差 Δt 三种基本途径来实现。

1. 增大传热温度差 Δt

增大传热温差有下面两种方法：

一是提高热流体的温度 t_{l1} 或是降低冷流体的温度 t_{l2}。在采暖工程上，冷流体的温度通常是技术上要求达到的温度，不是随意变化的，增加传热可采用提高热媒流体的温度来增强采暖的效果。例如，提高热水采暖的热水温度和提高辐射采暖板管内的蒸汽压力等。在冷却工程上，热流体的温度一般是技术上要求的温度，不随意改动，增加传热可采用降低冷流体的温度来提高冷却的效果。例如，夏天冷凝器中冷却水用温度较低的地下水来代替自来水，空气冷却器中降低冷冻水的温度，都能提高传热。

另一种方法是通过传热面的布置来提高传热温差。由后面教学单元 12 "换热器的设计计算"中"12.2 换热器平均温差的计算"的分析可知，当冷热流体的进口温度、流量一定的条件下，其传热的平均温差与流体的流动方式有关。当传热面的布置使冷、热流体同向流动，即顺流时，其平均温差最小；当布置成冷、热流体相互逆向流动，即逆流时，其平均温差最大。对于其他冷热流体的布置方式，平均温差则介于顺流与逆流之间。所以，为了增加换热器的换热效果应尽可能采用逆流的流动方式。

增加传热温差常受到生产、设备、环境及经济性等方面条件的限制。例如，提高辐射采暖板的蒸汽温度，不能超过辐射采暖允许的辐射强度，同时蒸汽的压力也受到锅炉条件的限制，并不是可以随意设定的；再如，采用逆流布置时，由于冷、热流体的最高温度在同一端，使得该处壁温特别高，对于高温换热器将受到材料高温强度的限制。因此，采用增大传热温差方案时，应全面分析，统筹兼顾地来考虑问题。

2. 扩大传热面积 F

扩大传热面积是增加传热的一种有效途径。这里的面积扩大，不应理解为是通过增大设备的体积来扩大传热面积，而是应通过传热面结构的改进，如采用肋片管、波纹管、板翅式和小管径、密集布置的换热面等，来提高设备单位体积的换热面积，以达到换热设备高效紧凑的目的。

3. 提高传热系数 K

提高传热系数是增加传热量的重要途径。由于传热系数的大小是由传热过程中各项热阻所决定，因此，要增大传热系数必须分析传热过程中各项热阻对它的不同影响。通过上一节肋壁传热的分析可知，传热系数受到各项热阻值的影响程度是不同的，其数值主要是由最大一项的热阻决定。所以，在由不同项热阻串联构成的传热过程中，虽然降低每一项热阻都能提高传热系数值，但最有效提高 K 值的方法应是减小最大一项热阻的热阻值。若在各项热阻中，有两项热阻差不多最大，则应同时减小这两项热阻值，才能较有效地提高 K 值。

当最大一项热阻是对流换热热阻时，则应通过增加这一侧的对流换热，如扰动流体，加大流体流动速度，加肋片等措施来提高传热系数；当导热热阻是最大一项热阻时，或是其上升到不可忽视的热阻项时，应通过减少壁厚，选用导热系数较大的材料，清扫垢层等措施来提高 K 值。

10.3.2 增强传热的分类

上面通过传热基本公式引出的三种增强传热的基本途径，实际上就是增强传热的一种分类方法。除此之外，还有以下两种常见的增强传热分类方法：

1. 按被增强的传热类型分：可分为导热的增强，单相流对流换热的增强，变相流对流换热的增强和辐射换热的增强。

导热增强可通过减少壁厚（在满足材料的强度、刚度条件下）和选用导热系数较大的材料来实现；单相流换热的增强，则可通过搅动流体，增大流速成为紊流，清除垢层等实现；变相流换热的增强，可通过增大流速，改膜状凝结换热为珠状凝结换热，使沸腾换热为泡态换热等实现；辐射换热可以设法增加辐射面的黑度，提高表面温度等来实现。

2. 按措施是否消耗外界能量分：可分为被动式和主动式两类。被动式增强传热的措施，不需要直接消耗外界动力就能达到增强传热的目的。如通过表面处理（即表面涂层、增加表面粗糙度等）、扩展表面（如加肋片、肋条等）、加旋转流动装置（如旋涡流装置、螺旋管）和加添加剂等都是被动式增强传热的措施。主动式增强传热的措施，则需要在增强传热效果的同时消耗一定的外部能量。如采用机械表面振动、流体振动、流速增大、喷射冲击、电场和磁场等。

上述各种传热增强措施，可以单独使用，也可以综合使用，以得到更好的传热效果。

10.4 传 热 的 削 弱

在工程中，不仅要考虑增强热工设备传热的问题，有时还需要考虑如何减弱热力管道或其他用热设备的对外传热的问题，这对减少热量损失、节约能源等具有重要的意义。

传热的减弱措施可以从增强传热的相反措施中得到。如减小传热系数、传热面积和传热温差等都可使传热减弱。正如增强传热分析的那样，减小传热系数应着重使各项热阻中最大一项的热阻值增大，才能最有效地减弱传热。其他通过降低流速，改变表面状况，使用导热系数小的材料，加遮热板等措施都可以在某种程度上收到隔热的效果。本处着重讨论热绝缘和圆管的临界热绝缘直径问题。

10.4.1 热绝缘的目的和技术

热绝缘的目的主要有以下两个方面：一是以经济、节能为目的的热绝缘，它是从经济的角度来考虑选择热绝缘的材料和计算热绝缘的厚度；二是从改善劳动卫生条件，防止固体壁面结露或创造实现技术过程所需的环境的热绝缘，它则是着眼于卫生和技术的要求来选择和计算保温层的。

在工程上，一般采用的热绝缘技术是在传热的表面上包裹热绝缘材料，如石棉、泡沫塑料、微孔硅酸钙等。随着科学技术的不断发展，已出现了如下一些新型热绝缘技术：

1. 真空热绝缘。它是将换热设备的外壳做成夹层，除把夹层抽成真空（$<10^{-4}\,\mathrm{Pa}$）外，并在夹层内壁涂以反射率较高的涂层。由于夹层中仅存在稀薄气体的传热和微弱的辐射，故热绝缘效果极好。如所用的双层玻璃保温瓶、双层金属的电热热水器保温外壳和电饭煲外壳等都是这一技术的具体应用。

2. 泡沫热绝缘。它是利用发泡技术，使泡沫热绝缘层具有蜂窝状的结构，并在里面形成多孔封闭气包，使其具有良好的热绝缘作用。这种热绝缘技术已在热力管道工程中有较广泛的应用。在使用这种方法热绝缘时，应注意材料的最佳容重，并要注意保温层的受潮、龟裂，以防丧失良好的热绝缘性能。

3. 多层热绝缘。它是把若干片表面反射率高的材料（如铝箔）和导热系数低的材料（如玻璃纤维板）交替排列，并将其抽成真空而形成一个多层真空热绝缘体。由于辐射换热与遮热板数量成反比，与发射率成正比，故这种多层热绝缘体可把辐射换热减至最小，并由于稀薄气体使自由分子的导热作用也减至最小，多层热绝缘具有很高的绝热性能。现在它多用于深度低温装置中。

10.4.2　热绝缘的经济厚度

对于以经济节能为目的的热绝缘，主要是确定最经济的绝缘层厚度。它不仅要考虑不同热绝缘厚度时的热损失减少带来的年度经济利益（见图 10-6 曲线1），同时还应考虑对应于这种不同热绝缘层厚度的投资、维护管理带来的年度经济损失（费用增大，见图10-6 曲线 2），才能从图 10-6 所示的不同绝缘层厚度时两种费用的总和曲线 1+2 中，得到最低费用的热绝缘层厚度 δ_j 来。δ_j 就叫做热绝缘的经济厚度。

要注意的是，上面所讲的热绝缘经济厚度是在热阻随热绝缘厚度增加而增大的条件下得出的，这对平壁和大管径圆管来说无疑是正确的。但在管径较小的圆管上覆盖保温材料是否是这样呢？从下面所述的圆管保温临界热绝缘直径的概念，可以看出是不一定的。

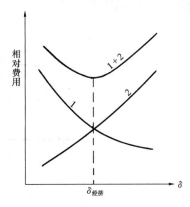

图 10-6　确定最经济绝热层厚度的图解法

10.4.3　临界热绝缘直径

如图 10-7 所示的圆管外包有一层热绝缘材料，根据公式（10-14）可知这一保温管子单位长度的总传热热阻为

$$R_1 = \frac{1}{\alpha_1 \pi d_1} + \frac{1}{2\pi\lambda_1}\ln\left(\frac{d_2}{d_1}\right) + \frac{1}{2\pi\lambda_2}\ln\left(\frac{d_x}{d_2}\right) + \frac{1}{\alpha_2 \pi d_x} \qquad (10\text{-}20)$$

当针对某一管道分析时，式中管道的内、外径 d_1、d_2 是给定的。α_1 和 α_2 分别是热流体和冷流体与壁面之间的对流换热系数，保温层厚度的变化对其影响可以不考虑，故可看作是常数。所以，R_1 表达式（10-20）中的前两项热阻

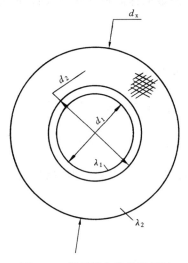

图 10-7　管子外包热绝缘层时临界热绝缘直径的推演图

数值一定。当保温材料选定后，R_1 只与表达式后两项热阻中的绝缘层外径 d_x 有关。当热绝缘层变厚时，d_x 增大，热绝缘层热阻 $\frac{1}{2\pi\lambda_2}\ln\left(\frac{d_x}{d_2}\right)$ 随之增大，而绝缘层外侧的对流换热热阻 $\frac{1}{\alpha_2 \pi d_x}$ 却随之减小。图 10-8 示出了总热阻 R_1 及构成 R_1 各项热阻随绝缘层外径 d_x 变化的情况，从中不难看出，总热阻 R_1 是先随 d_x 的增大而逐渐减小，当过了 C 点后，才随 d_x 的增大而逐渐增大。图中 C 点是总热阻的最小值点，对应于此点的热绝缘层外径称为临界热绝缘直径 d_C，它可通过式（10-20）中 R_1 对 d_x 的求导，并令其为零求得。即

$$\frac{dR_1}{dd_x} = \frac{1}{\pi d_x}\left(\frac{1}{2\lambda_2} - \frac{1}{\alpha_2 d_x}\right) = 0$$

$$d_C = 2\lambda_2/\alpha_2 \qquad (10\text{-}21)$$

因此，必须注意，当管道外径 $d_2 < d_C$ 时，保温材料在范围 d_2 至 d_3 内不仅没起到热绝缘的作用，使热阻增大，反而由于热阻的变小，使热损失增大；只有当管子的外径 d_2 大

于临界热绝缘直径 d_C 时，热绝缘热阻才随保温层厚度的增加而增大，保温材料全部起到热绝缘减少热损失的作用。

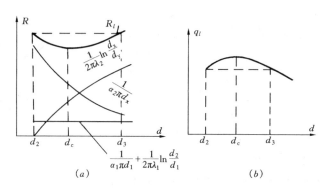

图 10-8　临界热绝缘直径 d_C

从式（10-21）可以看出，临界热绝缘直径 d_C 与热绝缘材料的导热系数 λ_2 和外层对流换热系数 α_2 有关。一般 α_2 由外界条件所定，所以可以选用不同的热绝缘层材料以改变 d_C 的数值。在供热通风工程中，通常所遇的管道外径都大于 d_C，只有当管子直径较小，且热绝缘材料性能较差时，才会出现管子的外径小于 d_C 的问题。

【例题 10-5】现用导热系数 $\lambda=0.17W/(m\cdot℃)$ 的泡沫混凝土保温瓦作一外径为 15mm 管子的保温，是否适用？若不适用，应采取什么措施来解决？已知管外表面换热系数 $\alpha_2=14W/(m^2\cdot℃)$。

【分析】根据已知条件，用式（10-21）求出泡沫混凝土瓦的临界热绝缘直径 d_C，与所给管子的外径比较，若小于等于管子的外径，则所用保温材料适用；若大于管子的外径，则所用保温材料不适用。不适用时，应采取选用更小导热系数的保温材料或增大管外径，以达到 $d_2>d_C$ 的要求。

【解】由于用泡沫混凝土瓦时

$$d_C=\frac{2\lambda_2}{\alpha_2}=\frac{2\times0.17}{14}=0.0243>0.015m$$

故这种保温材料不适合用。解决方法有两种：一是采用导热系数 $\lambda<\dfrac{d_2\cdot\alpha_2}{2}=\dfrac{0.015\times14}{2}=0.105W/(m\cdot℃)$ 的材料作保温材料，如岩棉制品 $[\lambda=0.038W/(m\cdot℃)]$，或玻璃棉 $[\lambda=0.058W/(m\cdot℃)]$ 等；二是在条件允许的情况下，不改变保温材料，改用管外径 $d_2>d_C=0.0243mm$ 的管子。

单　元　小　结

本单元主要讲述了复合换热与传热的概念及计算处理方法，进行了平壁、圆筒壁、肋壁传热的分析计算和传热增加与削弱的基本途径及临界热绝缘直径等问题的讨论。

1. 复合换热与复合传热

（1）复合换热通常是指同一位置上同时存在的导热、对流换热和辐射换热组合。其计算处理的方法是把换热的共同结果看做是由其中某一种主要换热方式的换热所造成，其他方式的换热则都折算包含在其中。

（2）复合传热是指在传热过程中同一时间内，在不同位置处同时发生的导热、对流换热和辐射换热组合。它是采用热阻串联的处理方法来分析计算的。

2. 传热的计算

（1）通过平壁的传热计算式：

$$q = (t_{l1} - t_{l2}) / \left(\frac{1}{\alpha_1} + \sum_{i=1}^{n} \frac{\delta_i}{\lambda_i} + \frac{1}{\alpha_2} \right)$$

（2）通过圆筒壁的传热计算式：

$$q_l = (t_{l1} - t_{l2}) / \left(\frac{1}{\alpha_1 \pi d_1} + \sum_{i=1}^{n} \frac{1}{2\pi\lambda_i} \ln\left(\frac{d_{i+1}}{d_i}\right) + \frac{1}{\alpha_2 \pi d_{n+1}} \right)$$

近似计算式：

$$q_l = (t_{l1} - t_{l2}) / \left(\frac{1}{\alpha_1 \pi d_1} + \sum_{i=1}^{n} \frac{\delta_i}{\lambda_i \pi d_{mi}} + \frac{1}{\alpha_2 \pi d_{n+1}} \right)$$

（3）通过肋壁的传热计算式：

$$q = (t_{l1} - t_{l2}) / \left(\frac{1}{\alpha_1} + \frac{\delta}{\lambda} + \frac{F_1}{F_2} \cdot \frac{1}{\alpha_2} \right)$$

肋化系数 $\beta = F_2/F_1$，当 α_1 和 α_2 相差较大时，可取 $\beta = 10 \sim 20$，肋片需装在 α_1 和 α_2 小的一侧；当 α_1 和 α_2 相差不大时，一般不加肋片来增加传热。

3. 传热的增强

增强传热可通过提高传热系数，扩大传热面积和增大传热温差三种基本途径来实现。为了有效地增强传热，应着重考虑减小传热热阻中最大一项热阻的阻值。

4. 传热的削弱

（1）传热的减弱，其主要途径是降低传热系数 K，且应针对增大传热热阻中最大一项热阻的阻值，才能有效地减弱传热。

（2）在热绝缘时，应注意热绝缘层的经济厚度问题和圆管的临界热绝缘直径的问题。管道临界绝缘直径问题就是分析绝缘层热阻和绝缘层外侧对流换热热阻，以及两项热阻的总和随着绝缘层厚度变化的规律，以便合理地选择绝缘材料敷设绝缘层，实现减少热损失的目的。

临界热绝缘直径 $d_C = 2\lambda_2/\alpha_2$，当管外径大于等于 d_C 时，热绝缘层都起到热绝缘作用；而当管外径小于 d_C 时，则应选择更小的保温材料，或选直径大于临界热绝缘直径 d_C 的圆管来提高热绝缘的经济效果。

思 考 题 与 习 题

1. 有一建筑物砖墙，导热系数 $\lambda = 0.93 \text{W/(m·℃)}$、厚 $\delta = 240\text{mm}$，墙内、外空气温度分别为 $t_{l1} = 18℃$ 和 $t_{l2} = -10℃$，内、外侧的换热系数分别为 $\alpha_1 = 8\text{W/(m}^2\text{·℃)}$ 和 $\alpha_2 = 19\text{W/(m}^2\text{·℃)}$，试求砖墙单位面积的散热量和墙内、外表面的温度 t_{b1} 和 t_{b2}。

2. 上题中，若在砖墙的内外表面分别抹上厚度为 20mm，导热系数 $\lambda = 0.81\text{W/(m·℃)}$ 的石灰砂浆，则墙体的单位面积散热量和两侧墙表面温度 t_{b1} 和 t_{b2} 又各为多少？

3. 锅炉炉墙一般由耐火砖层、石棉隔热层和红砖外层组成。若它们的厚度分别为 $\delta_1 = 0.25\text{m}$、$\delta_2 =$

0.05m、$\delta_3 = 0.24$m，导热系数为 $\lambda_1 = 1.2$W/(m·℃)、$\lambda_2 = 0.095$W/(m·℃) 和 $\lambda_3 = 0.6$W/(m·℃)。炉墙内的烟气温度 $t_{f1} = 510$℃，炉墙外的空气温度 $t_{f2} = 20$℃；换热系数分别为 $\alpha_1 = 40$W/(m²·℃) 和 $\alpha_2 = 14$W/(m²·℃)，试求通过炉墙的热损失和炉墙的外表面温度 t_{b2} 以及石棉隔热层的最高温度。

4. 有一直径为 320/350mm 的蒸汽供热管道，表面温度为 200℃。现在其外面包上导热系数 $\lambda = 0.035$W/(m·℃) 的岩棉热绝缘层，厚度为 50mm，试问当外界空气温度为 -10℃，保温层外表与空气的换热系数 $\alpha = 14$W/(m²·℃) 时，管子每米长的热量损失为多少？保温层外表面温度又为多少？

5. 用简化近似公式计算上题的传热量和保温层外表面温度。

6. 供热管道外径为 50mm，表面温度不超过 40℃，则其保温层厚度要多少毫米以上？已知室内空气温度为 25℃，空气与保温层的换热系数为 14W/(m²·℃)。

7. 有一直径为 25/32mm 的冷冻水管，冷冻水的温度为 8℃，与管内壁的换热系数 $\alpha_1 = 400$W/(m²·℃)，为防管外表面在 32℃ 空气中的结露，试对其进行保温，使其保温层外表面的温度在 20℃ 以上，问要用导热系数 $\lambda = 0.058$W/(m·℃) 的玻璃棉保温层多厚？已知管道的导热系数 $\lambda_1 = 54$W/(m·℃)，保温层外表与空气的换热系数为 10W/(m²·℃)。

8. 一肋壁传热，壁厚 $\delta = 5$mm，导热系数 $\lambda = 50$W/(m·℃)。肋壁光面侧流体温度 $t_{f1} = 80$℃，换热系数 $\alpha_1 = 210$W/(m²·℃)，肋壁肋面侧流体温度 $t_{f2} = 20$℃，换热系数 $\alpha_2 = 7$W/(m²·℃)，肋化系数 $F_2/F_1 = 13$，试求通过每平方米壁面（以光面计）的传热量？若肋化系数 $F_2/F_1 = 1$，即用平壁传热，则传热量又为多少？

9. 试求在外表面换热系数均为 14W/(m²·℃) 的条件下，下列几种材料的临界热绝缘直径：

(1) 泡沫混凝土 $[\lambda = 0.29$W/(m·℃)$]$；

(2) 岩棉板 $[\lambda = 0.035$W/(m·℃)$]$；

(3) 玻璃棉 $[\lambda = 0.058$W/(m·℃)$]$；

(4) 泡沫塑料 $[\lambda = 0.041$W/(m·℃)$]$。

教学单元 11　不 稳 定 导 热

【教学目标】了解不稳定导热的概念，常见类型与基本特点；掌握常热流作用下的不稳定导热的计算与工程应用；理解周期性热作用下导热的计算式，周期性热作用下导热的特点（温度分布的规律，温度波的衰减、延迟，温度波传播和表面热流波的变化规律），掌握周期性热作用下导热计算的工程应用。

在自然界和工程上很多导热过程是非稳态的，即温度场是随时间而变化的。例如，室外空气温度和太阳辐射的周期性变化所引起房屋围护结构温度场随时间的变化；采暖设备间歇供暖时引起墙内温度随时间的变化，这些都是非稳态导热过程。按照过程进行的特点，非稳态导热过程可以分为周期性的和瞬态的两大类。在周期性非稳态导热过程中，物体的温度按照一定的周期发生变化。例如，以 24 小时为周期，或以 8760 小时，即一年为周期。温度的周期性变化使物体传递的热流通量也表现出周期性变化的特点。在瞬态导热过程中，物体的温度随时间不断地升高（加热过程）或降低（冷却过程），在经历相当长时间之后，物体的温度逐渐趋近于周围介质的温度，最终达到热平衡。

11.1　不稳定导热的基本概念与特点

首先分析瞬态导热过程。以采暖房屋外墙为例来分析墙内温度场的变化。假定，采暖设备开始供热前，墙内温度场是稳态的，温度分布的情形参见图 11-1 (a)，室内空气温度为 t'_{fl}，墙内表面温度为 t'_{w1}，墙外表面温度为 t'_{w2}，室外空气温度为 t_{f2}。当采暖设备开始供热，室内空气很快地上升到 t''_{fl} 并保持稳定。由于室内空气温度的升高，它和墙内表面之间的对流换热通量增大，墙壁温度也就跟着升高。容易理解，开始时 t'_{w1} 升高的幅度较大，依次如 t'_{a}、t'_{b}、t'_{c} 和 t'_{w2} 升高的幅度较小，而在短时间内几乎不发生变化。随着时间的推移，t'_{b}、t'_{c} 和 t'_{w2} 也逐渐地按不同的幅度升高，参见图 11-1 (b)。t_{f2} 是室外空气温度，假定在此过程中保持不变。关于热流通量的变化，一开始由于墙内表面温度不断地升高，室内空气与它之间的对流换热通量 q_1 就不断地减小；而墙外表面与室外空气之间的对流换热通量 q_2 却因墙外表面温度随时间不断地升高将逐渐地增大，参见图 11-1 (c)。与此同时，通过墙内各层的热流通量 q_{a}、q_{b} 和 q_{c} 也将随时间发生变化，并且彼此各不相等。在经历一段相当长时间之后，墙内温度分布趋于稳定，建立起新的稳态温度分布，即图 11-1 (a) 中的 $t''_{\text{fl}} \rightarrow t''_{\text{w1}} \rightarrow t''_{\text{w2}} \rightarrow t_{\text{f2}}$。当室内尚未开始供热之前，墙内和室内、外空气温度是稳态的，所以 q_1 等于 q_2，而且等于通过墙的传热量 q'；直到建立新的稳态温度分布后，q_1 和 q_2 又重新相等，它等于新的稳态情况下通过墙的传热量 q''。在两个稳态之间的变化过程中，热流通量 q_1 和 q_2 是不相等的，它们的差值，即图 11-1 (c) 中阴影面积，为墙本身温度的升高提供了热量。所以瞬态导热过程必定是伴随着物体的加热或冷却过程。

综上所述，物体的加热或冷却过程中温度分布的变化可以划分为三个阶段。第一阶段

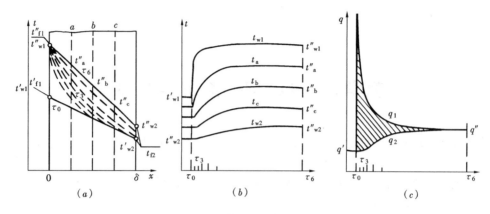

图 11-1　瞬态导热的基本概念

是过程开始的一段时间,它的特点是温度变化从边界面逐渐地深入到物体内部,此时物体内各处温度随时间的变化率是不一样的,温度分布受初始温度分布的影响很大,这一阶段称为不规则情况阶段。随着时间的推移,初始温度分布的影响逐渐消失,进入第二阶段,此时物体内各处温度随时间的变化率具有一定的规律,称为正常情况阶段。物体加热和冷却的第三阶段就是建立新的稳态阶段,在理论上需要经过无限长的时间才能达到,事实上经过一段长时间后,物体各处的温度就可近似地认为已达到新的稳态。

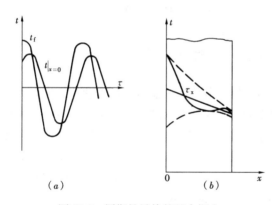

图 11-2　周期性导热的基本概念

关于周期性的非稳态导热也是在供热通风空调工程中常遇到的一种情况。例如,夏季室外空气温度 t_f 以一天 24 小时为周期进行周而复始的变化,相应地室外墙面温度 $t|_{x=0}$ 亦以 24 小时为周期进行变化,但是它比室外空气温度滞后一个相位,参见图 11-2 (a)。这时尽管空调房间室内温度维持稳定,墙内各处的温度受室外温度周期变化的影响,也会以同样的周期进行变化,参见图 11-2 (b),图中两条虚线分别表示墙内各处温度变化的最高值

与最低值,图中的斜线表示墙内各处温度周期性波动的平均值。如果将某一时刻 τ_x 墙内各处的温度连接起来,就得到 τ_x 时刻墙内的温度分布。上述分析表明,在周期性非稳态导热问题中,一方面物体内各处的温度按一定的振幅随时间周期性波动;另一方面,同一时刻物体内的温度分布也是周期性波动的,如图 11-2 (b) 所示 τ_x 时刻墙内的温度分布。这就是周期性非稳态导热现象的热点。

在供热通风空调专业的热工计算中,这两类非稳态导热问题都会遇到,而热工计算的目的,归根到底就是要找出温度分布和热流通量随时间和空间的变化规律。

11.2　常热流作用下的不稳定导热

地下建筑物刚建成时,由于室温和周围壁面温度过低,不能投入使用,必须对建筑物

进行预热，使室温升高到规定数值。在预热期中，加热器是全负荷运行的，亦即加热量为一常量，而壁温则随加热过程不断升高。在人工气候室的调节初始阶段也有同样情况，如要求人工气候室在一定时间内达到某一定温度，这时室内加热或冷却设备全负荷工作，加热量或冷却量是一个常数，而壁温则是变化的。这类过程就属于常热流通量作用下的非稳态导热过程。

对于半无限大均质物体（是指以无限大的 $y-z$ 平面为界面，在正 x 方向上伸延至无穷远的物体，如大地、地下建筑物四周壁面可看作为半无限大物体），在常热流通量作用下，非稳态导热过程的导热微分方程和单值性条件可表示如下：

$$\frac{\partial \theta}{\partial \tau} = a\frac{\partial^2 \theta}{\partial x^2} \tag{1}$$

$$\tau = 0, \ \theta = 0 \tag{2}$$

$$x = 0, \ q_{\mathrm{w}} = -\frac{\partial \theta}{\partial x}\Big|_{x=0} = \mathrm{const} \tag{3}$$

式中　θ——指 τ 时刻，离建筑物壁面 x 深处温度 $t(x,\tau)$，相对半无限大物体初始温度 t_0 的过余温度，即 $\theta = t(x,\tau) - t_0$，℃；

$\quad\quad q_{\mathrm{w}}$——建筑物壁面的热流密度，$\mathrm{W/m^2}$；

$\quad\quad a$——建筑物的热扩散系数，$a = \dfrac{\lambda}{c\rho}$，$\mathrm{m^2/s}$。

联立解得上述导热微分方程式和单值性条件，可解得

$$q_{\mathrm{w}} = \lambda\frac{t_{\mathrm{w}}(\tau) - t_0}{\sqrt{\dfrac{a\tau}{\pi}}} = \lambda\frac{t_{\mathrm{w}}(\tau) - t_0}{1.13\sqrt{a\tau}} \tag{11-1}$$

为便于计算，将式（11-1）中的建筑物壁面温度 t_{w} 换成建筑物内的空气温度 t_{f}，则式（11-1）可改写成：

$$q_{\mathrm{w}} = \frac{t_{\mathrm{f}} - t_0}{\dfrac{1}{\alpha} + 1.13\dfrac{\sqrt{a\tau}}{\beta\lambda}} \tag{11-2}$$

式中　α——空气与壁面的对流换热系数，$\mathrm{W/(m^2 \cdot ℃)}$；

$\quad\quad \tau$——加热的时间。

$\quad 1.13\sqrt{a\tau}$——为 τ 作用时间内，热影响的当量厚度。当建筑物的实际墙体厚度 δ 大于当量厚度 δ_{dl} 时，则建筑物墙体可作为半无限大物体处理；反之，小于当量厚度 δ_{dl} 时，则建筑物墙体就不能作为半无限大物体处理。否则，应用式（11-2）计算会有较大的误差。

$\quad\quad \beta$——考虑地下建筑物墙体为非半无限大平壁（即非规则平面）时的修正系数，

$\beta = 1 + 0.38\sqrt{\dfrac{a\tau\pi}{f}}$。$f$ 为垂直于建筑物长度方向的横截面面积。

在工程上，式（11-2）通常有以下两个方面的计算应用：

1. 根据预热要求的空气温度 t_{f} 和要求的加热时间 τ，计算出加热设备所需的热负荷 q_{w}；

2. 已知加热设备的热负荷 q_{w}，求达到室内规定温度 t_{f} 所需要的加热时间 τ。

【例题 11-1】 有一人工气候室，砖墙厚 240mm，内贴 100mm 软木，原来室内温度为 10℃，现要求在 2h 内使室温达到 25℃，试求每小时单位面积的加热量。已知内壁放热系数 $\alpha = 12W/(m^2 \cdot ℃)$，砖墙的导热系数 $\lambda_1 = 0.8W/(m \cdot ℃)$，热扩散系数 $\alpha_1 = 0.00185m^2/h$，软木的导热系数 $\lambda_2 = 0.07W/(m \cdot ℃)$，热扩散系数 $a_2 = 0.00048m^2/h$。

【分析】 本题是根据预热要求的空气温度 t_f 和要求的加热时间 τ，计算出加热设备所需的热负荷 q_w。由于室内热量先在墙的内贴软木中传导，由于软木在 2h 内的当量厚度 $\delta_{dl} = 1.13\sqrt{a\tau} = 1.13\sqrt{0.00048 \times 2} = 0.035m <$ 软木的厚度 $\delta(=0.1m)$，可当作半无限大物体处理，所以可用式（11-2）计算所求的单位面积的加热量。计算时，取非规则平面修正系数 $\beta=1$。

【解】 由式（11-2），人工气候室墙面每小时单位面积的加热量为：

$$q_w = \frac{t_f - t_0}{\frac{1}{\alpha} + 1.13\frac{\sqrt{a\tau}}{\beta\lambda}} = \frac{t_f - t_0}{\frac{1}{\alpha} + \frac{\delta_{dl}}{\lambda}} = \frac{25 - 10}{\frac{1}{12} + \frac{0.035}{0.07}} = 25.71W/m^2$$

【例题 11-2】 某地下建筑物长 100m、宽 9m、拱顶高 7.5m，建筑物内表面积为 3200m²，横截面积 $f = 62.5m^2$，地下岩体的导热系数 $\lambda = 3W/(m \cdot ℃)$，热扩散系数 $\alpha = 1.25 \times 10^{-6} m^2/s$，岩体的初始温度为 10℃。已知岩体壁面与空气间的对流放热系数 $\alpha = 6W/(m^2 \cdot ℃)$。现要求室内空气温度达到 20℃，试针对不同的预热时间（15 天、30 天、60 天）计算加热量（即加热设备的热负荷）。

【分析】 本题已知预热要求的空气温度 t_f 和要求三个不同的加热时间 τ_1、τ_2、τ_3，计算出加热设备对应所需的三个不同热负荷 q_{w1}、q_{w2}、q_{w3}。另由于地下建筑物是拱形长通道，在应用式（11-2）计算时，需进行非规则平面的必要修正，即对应于不同的预热时间（15 天、30 天、60 天）时，β_1、β_2 和 $\beta_3(=1 + 0.38\sqrt{\frac{a\tau\pi}{f}})$ 分别等于 1.10、1.15 和 1.22。

【解】 由式（11-2），预热时间为 15 天时，加热量 q_{w1} 为：

$$q_{w1} = \frac{t_f - t_0}{\frac{1}{\alpha} + 1.13\frac{\sqrt{a\tau}}{\beta\lambda}} = \frac{20 - 10}{\frac{1}{6} + 1.13\frac{\sqrt{1.25 \times 10^{-6} \times 15 \times 24 \times 3600}}{1.10 \times 3}} = 16.6W/m^2$$

总加热量 $Q_1 = q_{w1} \cdot F = 3200 \times 16.6 = 53.12kW$。

同理，算得 $q_{w2} = 13.2W/m^2$，$Q_2 = 42.24kW$；$q_{w3} = 10.5W/m^2$，$Q_3 = 33.6kW$。由此可见，在预热要求的空气温度 t_f 一定时，预热时间越长（即越早），所需的加热设备热负荷越小；反之，预热时间越短，所需的加热设备热负荷就越大。

11.3 周期性热作用下的不稳态导热

周期性不稳态导热过程，是物体被周期性加热和冷却的过程。它发生在断续使用的火炉壁体，间歇供暖的房间以及受昼夜变化的太阳辐射、室外气温作用的建筑物外墙等。

11.3.1 半无限大物体内的周期性加热和冷却的数学模型与解

如图 11-3 所示的半无限大物体（指只有一个表面，而在其他方向无限延伸的物体，像地球表面就是一个半无限大的物体），为一个均质、各向同性、常物性材料组成。其表面温度作简谐波动时，我们可取半无限大物体表面为坐标原点，垂直于表面指向物体内部的方向为 x 轴的话，该过程为一维非稳态导热。

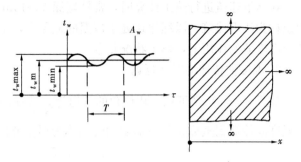

图 11-3　半无限大物体周期性加热与冷却

在该导热过程中，周期内的温度平均值 t_m 是一确定的值。因此我们可取物体内的温度在其平均值 t_m 上下波动值 $\theta = t - t_m$ 为变量，则有导热微分方程为

$$\frac{\partial \theta}{\partial \tau} = a \frac{\partial^2 \theta}{\partial x^2} \tag{1}$$

其边界条件为周期性温度波。半无限大物体表面温度波（第一类边界条件）可以认为是一个简谐波。写成余弦函数形式为

$$\theta_{w,\tau} = A_{w}\cos\left(\frac{2\pi}{T}\tau\right) \tag{2}$$

式中　$\theta_{w,\tau} = t_{w,\tau} - t_m$ 为半无限大物体表面，任何 τ 时刻的过余温度（℃）；

t_m——周期内温度的平均值（℃）；

A_w——表面上的温度波动振幅（℃）；

T——温度波动周期（s）。

根据（1）（2）式，应用分离变量法，求得物体表面 x 深处，任何 τ 时刻的过余温度 $\theta_{x,\tau}$（即 $\theta_{x,\tau} = t_{x,\tau} - t_m$）解为

$$\theta_{x,\tau} = A_w e^{-\sqrt{\frac{\pi}{aT}}x}\cos\left(\frac{2\pi}{T}\tau - \sqrt{\frac{\pi}{aT}}x\right) \tag{11-3}$$

11.3.2　周期性导热温度波解的分析

式（11-3）中，当坐标 x 为定值时，则在 x 处的温度波仍是以 T 为周期随时间 τ 按余弦规律变化的。

1. 温度波幅的衰减

在 x 处的温度波幅为 $A_x = A_w e^{-\sqrt{\frac{\pi}{aT}}x}$，较表面温度波幅 A_w 是衰减的。这反映了物体材料对温度波动的阻尼作用。温度波幅的衰减程度用衰减度 v 表示，

$$v = \frac{A_w}{A_x} = e^{\sqrt{\frac{\pi}{aT}}x} \tag{11-4}$$

2. 显波层的厚度

当 $v \geq 100$ 时，则 x 处的温度波动可以忽略，认为该处温度为常数。该处距表面的距离为显波层厚度。根据式（11-4）可得，

$$x_c = \sqrt{\frac{aT}{\pi}}\ln\frac{A_w}{A_x} = \sqrt{\frac{aT}{\pi}}\ln(100) = 2.6\sqrt{aT} \tag{11-5}$$

可见温度显波层厚度 x_c 取决于材料的热扩散率 a 和周期 T。对于黄土层在 20℃ 时，$a = 9.12 \times 10^{-7}\,\mathrm{m^2/s}$，则显波层厚度：日波（$T = 24 \times 3600\mathrm{s}$）$x_c = 0.73\mathrm{m}$，年波（$T = 8760 \times 3600\mathrm{s}$）$x = 13.94\mathrm{m}$。

在地下建筑进行热工计算时，常把埋深 $h>15m$ 的建筑称为深埋建筑，把 $h\leqslant 15m$ 的建筑称为浅埋建筑。深埋建筑处于恒温的地层中，不受大气环境的影响。而浅埋建筑则处于年温度波的作用下，热工状况复杂。

3. 温度波传递的时间延迟

从式（11-3）又可见，相位角的延迟为 $\sqrt{\frac{\pi}{aT}}x$。这说明某瞬时于半无限大物体表面上的温度波传播到坐标 x 处所需要的时间称为温度波传递的时间延迟，

$$\xi = \frac{延迟的相位角}{角速度} = \frac{\sqrt{\frac{\pi}{aT}}x}{\frac{2\pi}{T}} = \frac{1}{2}\sqrt{\frac{T}{a\pi}}x = 0.282\sqrt{\frac{T}{a}}x \tag{11-6}$$

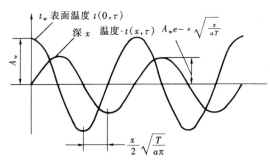

图 11-4　振幅衰减和相位延迟

温度波的衰减与时间（相位）延迟，如图 11-4 所示。

4. 温度波的传播速度与温度波波长

从式（11-3）又可见，在某 τ 时间，半无限大物体内的温度分布仍是以 T 为周期的余弦波。温度波的传播速度为：

$$\nu = \frac{传播距离}{时间延迟} = \frac{x}{\xi} = \frac{x}{\frac{1}{2}\sqrt{\frac{T}{a\pi}}x} = 2\sqrt{\frac{a\pi}{T}} \tag{11-7}$$

温度波的波长 x_0 为：

$$x_0 = 传播速度 \times 周期 = \nu \cdot T = 2\sqrt{aT\pi} \tag{11-8}$$

11.3.3　热流波

在周期性热作用下，无限大物体表面的热流密度，也必然是周期性的从表面导入导出，根据傅立叶定律，热流波：

$$q_{w,\tau} = -\lambda\frac{\partial \theta}{\partial x}\Big|_{x=0,\tau} \tag{3}$$

对（11-3）式求导：

$$\frac{\partial \theta}{\partial x}\Big|_{x=0,\tau} = -A_w\sqrt{\frac{\pi}{aT}}\Big[\cos\Big(\frac{2\pi}{T}\tau\Big) - \sin\Big(\frac{2\pi}{T}\tau\Big)\Big]$$

$$= -A_w\sqrt{\frac{2\pi}{aT}}\Big[\sin\frac{\pi}{4}\cos\Big(\frac{2\pi}{T}\tau\Big) - \cos\frac{\pi}{4}\sin\Big(\frac{2\pi}{T}\tau\Big)\Big]$$

$$= -A_w\sqrt{\frac{2\pi}{aT}}\cos\Big(\frac{2\pi}{T}\tau + \frac{\pi}{4}\Big) \tag{4}$$

将（4）式代入（3）式得到：

$$q_{w,\tau} = \lambda A_w\sqrt{\frac{2\pi}{aT}}\cos\Big(\frac{2\pi}{T}\tau + \frac{\pi}{4}\Big) = A_q\cos\Big(\frac{2\pi}{T}\tau + \frac{\pi}{4}\Big) \tag{11-9}$$

式中：$A_q = \lambda A_w\sqrt{\frac{2\pi}{aT}}$ 为热流密度的波动振幅。

154

可见，表面热流波仍是以 T 为周期的余弦函数。从相位角可见热流波超前温度波 $\pi/4$，故超前的时间 $\Delta\tau = \dfrac{\pi/4}{2\pi/T} = T/8$。即热流波超前温度波 $1/8$ 周期，如图 11-5 所示。在全周期内"热波"的作用，由表面导入和导出的热量累计为 $Q_T=0$。

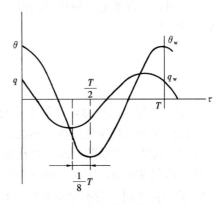

图 11-5　周期变化的表面热流波和
表面温度波的相位

11.3.4　材料表面蓄热系数

当材料层为一厚层，即材料层厚度大于显波层厚度，可视为该材料为半无限大物体。在此情况下，比较表面热流波幅 A_q 和表面温度波幅 A_w，则

$$S = \frac{A_q}{A_w} = \frac{\lambda A_w \sqrt{\dfrac{2\pi}{aT}}}{A_w} = \sqrt{\frac{2\pi c\rho\lambda}{T}} \quad \text{W/(m}^2 \cdot \text{℃)}$$

(11-10)

式中 S 表示半无限大物体的热工性质，称为材料表面蓄热系数。它表示物体表面温度波幅为 1℃ 时，导入（或导出）物体的最大热流密度。S 值的大小取决于材料的物性（c、ρ、λ）和热流波动周期 T。在相同的周期下，热容大、密度大、导热系数大（c、ρ、λ 值大）的材料，S 值大。反之亦然。另外，S 值随周期的变短而增加，当 $T=0$ 时，$S=\infty$，在这种情况下，$A_w=0$，即此时材料层表面温度不波动了。

【例题 11-3】有砖墙和木墙都很厚，可视为半无限大物体，温度以昼夜 24 小时为周期做简谐波动，求其温度显波层的厚度。砖墙热扩散率 $a=0.0018\text{m}^2/\text{h}$ 和木墙热扩散率 $a=0.00034\text{m}^2/\text{h}$。

【分析】温度显波层的厚度是指温度波幅衰减度 $v \geqslant 100$ 时距离表面的深度。此深度 x_c 取决于材料的热扩散率 a 和周期 T，由式（11-5）计算。

【解】根据式（11-5）　　　　　　$x_c = 2.6\sqrt{aT}$

砖墙　　　　　　　$x_c = 2.6 \times \sqrt{0.0018 \times 24} = 0.54\text{m}$

木墙　　　　　　　$x_c = 2.6 \times \sqrt{0.00034 \times 24} = 0.235\text{m}$

从计算结果可见，超过 2.5 砖（640mm）的砖墙或超过 250mm 厚的木墙，以 24 小时为周期的温度波都不能穿透。

【例题 11-4】干燥土壤的热扩散率 $a=0.617 \times 10^{-6}\text{m}^2/\text{h}$，试计算年温度波在地下深 3.2m 处，达到最高温度的时间较该温度波在地表温度时的延迟时间。

【分析】延迟时间是指某瞬时于半无限大物体表面上的温度波传播到坐标 x 处所需要的时间。此延迟时间取决于材料的热扩散率 a、温度波周期 T 和距离表面的深度，由式（11-6）计算。

【解】根据式（11-6），延迟时间

$$\xi = \frac{1}{2}\sqrt{\frac{T}{a\pi}}x = \frac{1}{2}\sqrt{\frac{356 \times 24 \times 3600}{0.617 \times 10^{-6} \times 3.14}} \times 3.2 = 6453655.34\ \text{s}$$

$$= 1792.68\text{h} = 74.7\text{d}$$

这说明，在夏季七月份地表面温度最高，而这一最高温度传到地下 3.2m 处约需要两个半月的时间。

单 元 小 结

1. 不稳定导热的概念，常见类型与基本特点。在导热过程中温度场随时间而变，该导热过程称为不稳态导热过程。不稳态导热过程分为瞬态导热和周期性导热两大类。瞬态导热过程，物体温度场随时间一直在被加热或一直在被冷却。而周期性导热则温度场随时间在被加热和被冷却，周而复始地在变化。

2. 常热流作用下的不稳定导热。在常热流边界条件下，壁面温度梯度保持不变，渗透厚度随时间变化。建筑物壁面的热流密度 q_w（即加热设备的热负荷）与加热的时间 τ，预热要求的空气温度 t_f 的关系式：

$$q_w = \frac{t_f - t_0}{\dfrac{1}{\alpha} + 1.13\dfrac{\sqrt{a\tau}}{\beta\lambda}}$$

在工程上通常有两个方面的计算应用，即根据预热要求的空气温度 t_f 和要求的加热时间 τ，计算出加热设备所需的热负荷 q_w；或已知加热设备的热负荷 q_w，求达到室内规定温度 t_f 计算出所需要的加热时间 τ。

3. 周期性热作用下的不稳态导热。对于周期性热作用下的半无限大物体导热，式 (11-3) 反映了物体表面 x 深处，任何 τ 时刻的过余温度 $\theta_{x,\tau}$（即物体的温度分布情况）；式 (11-9) 反映了物体表面热流密度与时间 τ 的关系（仍是 T 为周期的余弦函数）。

要充分理解和掌握周期性热作用下，温度波幅的衰减、显波层的厚度、温度波传递的时间延迟和温度波的传播速度与温度波波长等概念及计算。温度波在物体内传递，由于物体对温度波有阻尼作用，使波幅在逐渐减小和温度波传递在时间上产生延迟；物体表面热流波也呈相同周期在变化；表面热流波和表面温度波幅的比值称为材料表面的蓄热系数 S，它反映物体表面温度波幅为 1℃时，导入物体的最大热流密度。

思 考 题 与 习 题

1. 瞬态导热过程（物体的加热或冷却过程）中温度分布的变化有何特点？可划分为哪几个阶段？

2. 周期性非稳态导热有何特点？

3. 何谓半无限大物体？用热影响的当量厚度来讲，物体什么情况下可作为半无限大物体处理？

4. 在工程上，式 (11-2) 通常有哪两个方面的计算应用？

5. 现有一商店，砖墙厚 240mm，内贴 100mm 软木，围护墙面积为 1000m²，原来室内温度为 10℃。试问，现有加热设备的热负荷 $Q=20$kW 时，应提前多少小时开机，才能使商店能在营业时室温达到 25℃？已知内壁放热系数 $\alpha=12$W/(m²·℃)，砖墙的导热系数 $\lambda_1=0.8$W/(m·℃)，热扩散系数 $a_1=0.00185$m²/h，软木的导热系数 $\lambda_2=0.07$W/(m·℃)，热扩散系数 $a_2=0.00048$m²/h（计算时，取非规则平面修正系数 $\beta=1$）。

6. 某地下建筑物长 100m、宽 9m、拱顶高 7.5m，建筑物内表面积为 3200m²，横截面积 $f=62.5$m²，地下岩体的导热系数 $\lambda=3$W/(m·℃)，热扩散系数 $a=1.25\times10^{-6}$m²/s，岩体的初始温度为 10℃。已知岩体壁面与空气间的对流放热系数 $\alpha=6$W/(m²·℃)。现要求 2 天（48 小时）内使得室内空气温度达到 20℃，试计算加热设备的热负荷。

7. 周期性波动时，从表面到物体内温度振幅为表面振幅的 1/100 处，这个深度称为显波层。试计算在日波作用下砖墙和木墙的显波层厚度。已知砖墙 $a=0.645\times10^{-6}\,\mathrm{m^2/s}$；木墙 $a=0.107\times10^{-6}\,\mathrm{m^2/s}$。

8. 一砖墙厚为 0.36m，已知其 $a=0.6\times10^{-6}\,\mathrm{m^2/s}$，试求其对日波的衰减度和时间延迟。

9. 某地每天地表最高温度为 6℃，最低温度为 -4℃，已知土壤的 $\lambda=1.28\mathrm{W/(m\cdot ℃)}$，$a=0.12\times10^{-5}\,\mathrm{m^2/s}$。试问地表下 0.1 和 0.5m 处最低温度和达到最低温度的时间滞后为多少?

教学单元 12 换热器的设计计算

【教学目标】熟悉换热器的分类、工作原理与主要使用特点；了解常用换热器的构造及其特点；掌握换热器算术平均温度差的计算式、含义、使用特点及场合；掌握对数平均温度差的计算原理、计算式、使用特点及场合；理解其他流动方式平均温度差计算的思路与方法；能进行换热器选型计算，掌握平均温差法换热器选型计算的步骤、内容和效能—传热单元数法换热器校核计算的步骤、内容。

12.1 换热器的分类、工作原理与构造

换热器是实现两种（或两种以上）温度不同的流体相互换热的设备。由于应用场合、工艺要求和设计方案的不同，工程上应用的换热器种类很多。按工作原理的不同，换热器可分为间壁式换热器、混合式换热器和回热式换热器。间壁式换热器是工程中应用最广泛的一种换热设备。本节主要就间壁式换热器的构造及应用进行介绍。

12.1.1 换热器的工作原理

1. 间壁式换热器的工作原理

间壁式换热器是冷、热流体被一壁面分开，热流体通过壁面把热量传给冷流体的换热设备，如锅炉、冷凝器、空气加热器和散热器等，如图 12-1 所示。

2. 混合式换热器的工作原理

混合式换热器是冷热流体直接接触，彼此混合进行换热，在热交换的同时进行质交换，将热流体的热量直接传给冷流体，并同时达到某一共同状态的换热设备，如采暖系统中的蒸汽喷射泵、空调工程中的喷淋室等，如图 12-2 所示。

3. 回热式换热器的工作原理

回热式换热器是换热面交替地吸收和放出热量，当热流体流过时换热面吸收热量并转化为本身的内能积存在换热面中；当冷流体流过时，换热面将所积存的这部分热量又传给冷流体，如锅炉中回热式空气预热器，全热回收式空气调节器等，如图 12-3 所示。

12.1.2 换热器的分类

1. 按换热器的工作原理不同可分为：间壁式换热器、混合式换热器和回热式换热器。

2. 按换热器的换热介质不同可分为：汽—水换热器、水—水换热器及其他介质换热器。

另外，在各专业上还常把换热器按工程性质不同分为空调用换热器、供热用换热器、卫生热水换热器、开水炉等。

12.1.3 常用换热器的构造

常用的换热器为间壁式换热器。间壁式换热器的种类很多，从构造上主要可分为：管壳式、肋片管式、螺旋板式、板翅式、板式和浮动盘管式等。下面就这几种常用的换热器形式进行介绍。

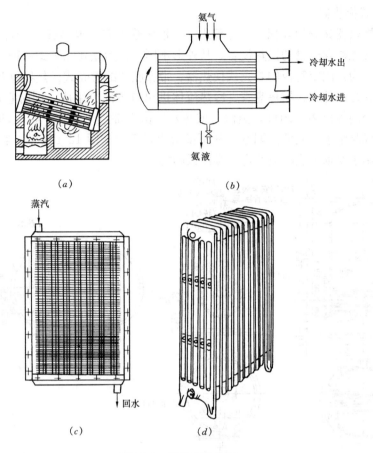

图 12-1 间壁式换热器
(a) 锅炉；(b) 冷凝器；(c) 空气过热器；(d) 散热器

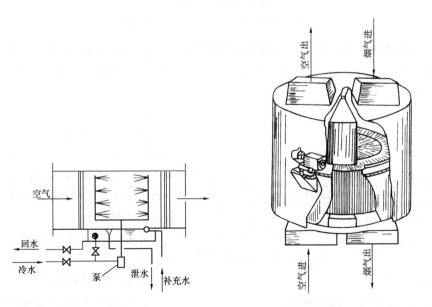

图 12-2 混合式换热器（空调用喷淋室） 图 12-3 回热式换热器（回热式空气预热器）

1. 管壳式换热器

管壳式换热器又分为容积式和壳程式（一根大管中套一根小管）。容积式换热器是一种既能换热又能贮存热量的换热设备，从外形不同可分为立式和卧式两种。根据加热管的形式不同又分为：固定管板的管壳式换热器、带膨胀节的管壳式换热器以及浮动头式管壳式换热器。它是由外壳、加热盘管、冷热流体进出口等部分组成。同时它还装有温度计、压力表和安全阀等仪表、阀件。蒸汽（或热水）由上部进入盘管，在流动过程中进行换热，最后变成凝结水（或低温回水）从下部流出盘管，如图12-4所示。容积式换热器运行稳定，常用于要求工质参数稳定、噪声低的场所。

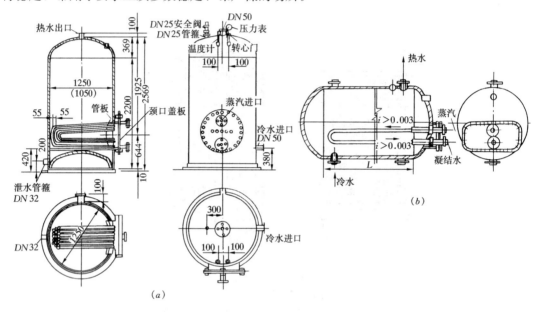

图12-4 容积式换热器

(a) 立式容积式换热器；(b) 卧式容积式换热器

壳程式换热器如图12-5所示，又称快速加热器。根据管程和壳程的多少，壳程式换热器有不同的形式，图12-5（a）为2壳程4管程，即2-4型换热器，图12-5（b）为3壳程6管程，即3-6型换热器。

管壳式换热器结构坚固，易于制造，适应性强，处理能力大，高温高压情况下也能使用，换热表面清洗较方便。其缺点是材料消耗大，不紧凑，占用空间大。壳程式换热器容量较大，常用于容量大且容量较均匀的场所，如浴室热水供应中。

常见的容积式换热器型号见附表12-1。

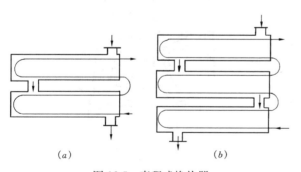

图12-5 壳程式换热器

(a) 2壳程4管程；(b) 3壳程6管程

2. 肋片管式换热器

如图12-6所示为肋片管式换热器结构示意图，在管子的外壁加肋片，大大增加了对流换热系数小的一侧的换热面积，强化了传热，与光管相比，传热系数可提高1～2倍。这类换热器的结构紧凑，对于换热面两侧流体换热系数相差较大的场合非常适用。

肋片管式换热器在结构上最主要的问题是：肋片的形状、结构以及和管子的连接方式。肋片形状可分为：圆盘形、带槽或孔式、皱纹式、钉式和金属丝式等。与管子的连接方式可分为张力缠绕式、嵌片式、热套胀接、焊接、整体轧制、铸造及机加工等。肋片管的主要缺点是肋片侧阻力大，不同的结构与不同的连接方法，对于流体流动阻力，特别是传热性能有很大影响，当肋片与基管接触不良而存在缝隙时，将形成肋片与基管之间的接触热阻而降低肋片的传热系数。

3. 螺旋板式换热器

如图12-7所示为螺旋板式换热器结构原理图，它是由两张平行的金属板卷制而成，构成两个螺旋通道，再加上下盖及连接管组成。冷热两种流体分别在两螺旋通道中流动。如图12-7所示为逆流式，流体1从中心进入，螺旋流到周边流出；流体2则从周边流入，螺旋流到中心流出。这种螺旋流动有利于提高换热系数。同时螺旋流动的污垢形成速度约

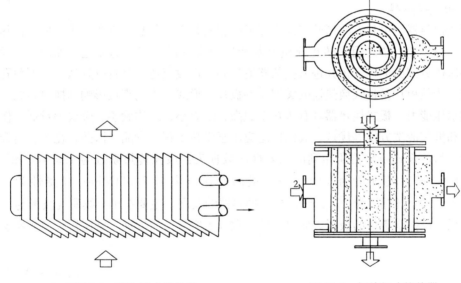

图 12-6　肋片管式换热器　　　　　图 12-7　螺旋板式换热器

是管壳式换热器的1/10。这是因为当流动壁面结垢后，通道截面减小，使流速增加，从而对污垢起到了冲刷作用。此外这种换热器结构紧凑，单位体积可容纳的换热面积约是管壳式换热器的2倍多，而且用钢板代替管材，材料范围广。但缺点是不易清洗、检修困难、承压能力小，贮热能力小，常用于城市供热站、浴水加热等。常用的螺旋板式换热器型号见附表12-2。

4. 板翅式换热器

板翅式换热器结构方式很多，但都是由若干层基本换热单元组成。如图12-8（a）所示，在两块平隔板1中央放一块波纹型号热翅片3，两端用侧条2封闭，形成一层基本换热元件，许多层这样的换热元件叠积焊接起来就构成板翅式换热器。如图12-8（b）所示，为一种叠积方式。波纹板可做成多种形式，以增加流体的扰动，增强换热。板翅式换热器

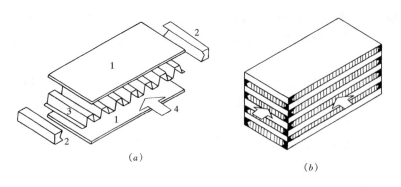

图 12-8　板翅式换热器

由于两侧都有翅片，作为气—气换热器时，传热系数有很大的改善，约为管壳式换热器的10倍。板翅式换热器结构紧凑，每立方米换热体积中，可容纳换热面积 $2500m^2$，承压可达 10MPa。其缺点为容易堵塞，清洗困难，检修不易。它适用于清洁和腐蚀性低的流体换热。

5.板式换热器

板式换热器是由具有波形凸起或半球形凸起的若干个传热板叠积压紧组成。传热板片间装有密封垫片。垫片用来防止介质泄漏和控制构成板片流体的流道。如图 12-9 所示，冷、热流体分别由上、下角孔进入换热器流过偶、奇数流道，并且分别从上、下角孔流出换热器。传热板片是板式换热器的关键元件板片，形式的不同直接影响到换热系数、流动阻力和承压能力。板式换热器具有传热系数高、阻力小、结构紧凑、金属耗量低、使用灵活性大和拆装清洗方便等优点，故已广泛应用于供热工程、食品、医药、化工、冶金钢铁等部门。目前板式换热器所达到的主要性能数据为：最佳传热系数为 $7000W/(m^2 \cdot ℃)$（水—水）；最大处理量为 $1000m^3/h$；最高操作压力为 2.744MPa；紧凑性为 $250 \sim 1000m^2/m^3$；金属耗量为 $16kg/m^2$。板式换热器的发展，主要在于继续研究波形与传热性能的关系，以探求更佳的板形，向更高的参数和大容量方向发展。常用板式换热器型号见附表 12-3。

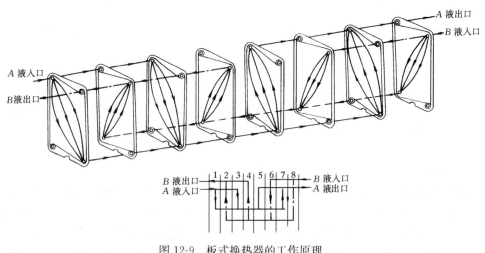

图 12-9　板式换热器的工作原理

6. 浮动盘管式换热器

浮动盘管式换热器是 20 世纪 80 年代从国外引进的一种新型半即热式换热器，它由上（左）、下（右）两个端盖、外筒、热介质导入管、冷凝水（回水）导出管及水平（垂直）浮动盘管组成。端盖、外筒是由优质碳钢和不锈钢制成，热介质导入管和冷凝水（回水）导出管由黄铜管制成。水平（垂直）浮动盘管是由紫铜管经多次成型加工而成。各部分之间均采用螺栓（或螺纹）连接，为该设备的检修提供了可靠的条件，如图 12-10 所示。常用的浮动盘管换热器型号见附表 12-4 所示。

该换热器的特点是：换热效率高，传热系数 $K \geqslant 3000 \text{W}/(\text{m}^2 \cdot ℃)$；设备结构紧凑，体积小；自动化程度高，能很好地调节出水温度；能自动清除水垢，外壳温度低，热损失小。但是，该换热器在运输

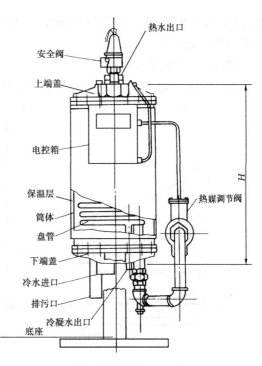

图 12-10　浮动盘管式换热器的结构和附件

及安装时严防滚动，同时要求在安装过程中与基础固定牢固，防止运行时产生振动。

12.2　换热器平均温差的计算

换热器平均温差是指换热器冷、热流体温度差的平均值。平均温差的计算是换热器选型计算中不可缺少的一步。在换热器中，冷、热流体由于不断地热交换，热流体温度沿流动方向逐渐下降，而冷流体则沿流动方向逐渐上升，因此传热计算时需取它的平均值 Δt_{m} 才能使计算误差减少。常用的平均温度差有算术平均温差和对数平均温差两种。下面介绍它们计算的方法和使用特点。

12.2.1　算术平均温差

以顺流为例，冷、热流体沿换热面的温度变化如图 12-11 所示。图中温度 t 下角标 1、2 分别代表热流体和冷流体；上角标 "′"、"″" 分别指进口温度和出口温度。以 $\Delta t' = t'_1 - t'_2$ 表示换热器进口处冷、热流体的温度差，$\Delta t'' = t''_1 - t''_2$ 表示换热器出口处冷热流体的温度差，则算术平均温差 Δt_{m} 为：

$$\Delta t_{\text{m}} = (\Delta t' + \Delta t'')/2 \tag{12-1}$$

对于逆流式换热器，见图 12-12 可以将温差较大的一端作为进口温差代入上式计算。

算术平均温差计算方法简便，但误差较大，在 $\Delta t'/\Delta t'' \geqslant 2$ 时，误差 $\geqslant 4\%$。因此，工程上只有冷、热

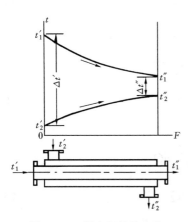

图 12-11　顺流温差的变化

流体间的温差沿传热面的变化较小时，才采用算术平均温差进行近似计算，否则应采用对数平均温差来计算。

12.2.2 对数平均温差

仍以顺流为例，如图 12-13 所示，在换热面 x 处取一微面积 $\mathrm{d}F$，它上面的传热量为：

$$\mathrm{d}Q = K\Delta t\mathrm{d}F \tag{1}$$

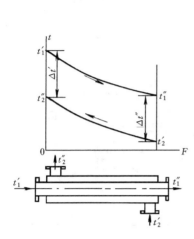

图 12-12 逆流温差的变化

图 12-13 对数平均温差的导出

由于热交换，热流体的温度下降 $\mathrm{d}t_1$，冷流体的温度上升 $\mathrm{d}t_2$，不考虑换热器的热损失，则

$$\mathrm{d}Q = -m_1c_{\mathrm{p}1}\mathrm{d}t_1 = m_2c_{\mathrm{p}2}\mathrm{d}t_2$$

将上式改写成

$$\mathrm{d}t_1 = -\frac{\mathrm{d}Q}{m_1c_{\mathrm{p}1}}; \mathrm{d}t_2 = -\frac{\mathrm{d}Q}{m_2c_{\mathrm{p}2}} \tag{2}$$

则

$$\mathrm{d}(\Delta t) = \mathrm{d}t_1 - \mathrm{d}t_2 = -\left(\frac{1}{m_1c_{\mathrm{p}1}} + \frac{1}{m_2c_{\mathrm{p}2}}\right)\mathrm{d}Q \tag{3}$$

将式 (1) 代入式 (3)，整理得

$$\frac{\mathrm{d}(\Delta t)}{\Delta t} = -\left(\frac{1}{m_1c_{\mathrm{p}1}} + \frac{1}{m_2c_{\mathrm{p}2}}\right)K\mathrm{d}F \tag{4}$$

若传热系数 K 和冷、热流体的 $m_1c_{\mathrm{p}1}$、$m_2c_{\mathrm{p}2}$ 不变，则将式（4）积分，可得：

$$\int_{\Delta t'}^{\Delta t''}\frac{\mathrm{d}(\Delta t)}{\Delta t} = -\left(\frac{1}{m_1c_{\mathrm{p}1}} + \frac{1}{m_2c_{\mathrm{p}2}}\right)K\int_0^F\mathrm{d}F$$

$$\ln\left(\frac{\Delta t''}{\Delta t'}\right) = -KF\left(\frac{1}{m_1c_{\mathrm{p}1}} + \frac{1}{m_2c_{\mathrm{p}2}}\right) \tag{5}$$

将式 (3) 积分：

$$\int_{\Delta t'}^{\Delta t''}\frac{\mathrm{d}(\Delta t)}{\Delta t} = -\left(\frac{1}{m_1c_{\mathrm{p}1}} + \frac{1}{m_2c_{\mathrm{p}2}}\right)\int_0^Q\mathrm{d}Q$$

$$\Delta t'' - \Delta t' = -\left(\frac{1}{m_1c_{\mathrm{p}1}} + \frac{1}{m_2c_{\mathrm{p}2}}\right)Q \tag{6}$$

联立式（5）和式（6），解得：

$$Q = \frac{\Delta t' - \Delta t''}{\ln \dfrac{\Delta t'}{\Delta t''}} KF \qquad (7)$$

将式（7）与式 $Q = KF\Delta t_m$ 比较，可知：

$$\Delta t_m = (\Delta t' - \Delta t'') / \ln \left(\frac{\Delta t'}{\Delta t''} \right) \qquad (12\text{-}2)$$

此式就是对数平均温差的计算式。在它的推导过程中，有几个基本假定：（1）换热器与外界完全热绝缘，无散热损失；（2）传热系数 K 值在换热器整个传热面上保持常值；（3）除伴有汽化和液化的场合外，流体的 mc_p（表示质量流量为 $m$kg 的流体升高 1℃ 所需的热量，常称为流体的热容量）在整个传热面上不变；（4）在换热器中任一流体都不能既有相变换热，又有单相介质换热。但在实际换热器中，由于进口段流动的不稳定影响，流体的比热容、黏度、导热系数等随温度的变化及实际存在的热损失都与假定不符，故对数平均温差值也是近似的，但比算术平均温差值要精确得多，对一般工程计算已足够精确。

对于逆流，也可用同样的方法推导出式（12-2）形式相同的对数平均温差，但此时 $\Delta t'$ 为较大温差端的温差，$\Delta t''$ 为较小温差端的温差。

12.2.3 其他流动方式平均温差的计算及比较

对于交叉流、混合流及不同壳程、管程数等的其他流动方式的换热器，它们的平均温差推导很复杂。工程上大都采用先按逆流算出对数平均温差后，再按流动方式乘以温差修正系数 $\varepsilon_{\Delta t}$ 来确定它们的平均温差，即

$$\Delta t_m = \varepsilon_{\Delta t} \frac{\Delta t' - \Delta t''}{\ln (\Delta t' / \Delta t'')} \qquad (12\text{-}3)$$

研究表明，修正系数 $\varepsilon_{\Delta t}$ 是辅助量 P 和 R 的函数：

$$P = \frac{\text{冷流体的加热度} \ (t''_2 - t'_2)}{\text{冷、热流体进口温差} \ (t'_1 - t'_2)}$$

$$R = \frac{\text{热流体的冷却度} \ (t'_1 - t''_1)}{\text{冷、热流体进口温差} \ (t''_2 - t'_2)}$$

图 12-14～图 12-17 给出了四种不同流动方式换热器的温差修正系数线算图，供大家查用。其他换热器的 $\varepsilon_{\Delta t}$ 线算图可查传热手册。当 R 超出图中所给范围时，可用 $1/R$ 代替 R，PR 代替 P 查图。$\varepsilon_{\Delta t} = 1$ 时，平均温差等于逆流时的平均温差，因而 $\varepsilon_{\Delta t}$ 的大小可以反

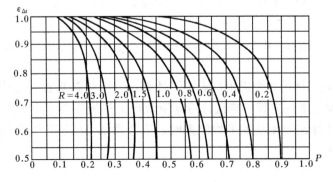

图 12-14　壳侧 1 程，管侧 2、4、6、8…程的 $\varepsilon_{\Delta t}$ 值

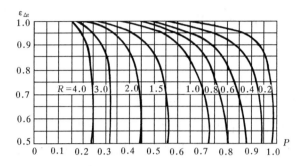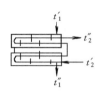

图 12-15　壳侧 2 程，管侧 4、8、12、16…程的 $\varepsilon_{\Delta t}$ 值

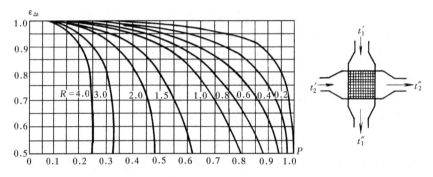

图 12-16　一次交叉流，两种流体各自都不混合的 $\varepsilon_{\Delta t}$ 值

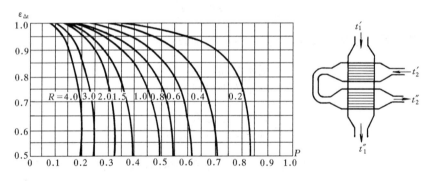

图 12-17　两次交叉流，管侧流体不混合，壳侧流体混合，顺流布置的 $\varepsilon_{\Delta t}$ 值

映流动形式接近逆流的程度。从经济角度考虑，设计换热器时一般应使 $\varepsilon_{\Delta t} \geqslant 0.8$。

【例题 12-1】在一板式换热器中，热水进口温度 $t'_1 = 80℃$，流量为 0.7kg/s，冷水进口温度 $t'_2 = 16℃$，流量为 0.9kg/s。如要求将冷水加热到 $t''_2 = 36℃$，试求顺流和逆流时的平均温差。

【分析】本题已知冷、热流体的 3 个进出口温度，计算进、出口温差 $\Delta t'$、$\Delta t''$ 所缺的热流体出口温度 t''_1 需要根据热平衡方程（热流体冷却所放出的热量应等于冷流体加热所吸收的热量）求得；另在计算逆流流动的平均温差时，应注意取 $\Delta t'$ 为较大温差端的温差，$\Delta t''$ 为较小温差端的温差。

【解】根据热平衡，得

$$m_1 c_{p1}(t'_1 - t''_1) = m_2 c_{p2}(t''_2 - t'_2)$$

在题意温度范围内，水的比热 $c_{p1}=c_{p2}=4.19\text{kJ}/(\text{kg}\cdot℃)$，故上式为
$$0.7\times(80-t_1'')=0.9\times(36-16)$$
得 $$t_1''=54.29℃$$

（1）顺流时，$\Delta t'=80-16=64℃$，$\Delta t''=54.29-36=18.29℃$，代入（12-2）得
$$\Delta t_m=(64-18.29)/\ln(64/18.29)=36.49℃$$

（2）逆流时，$\Delta t'=80-36=44℃$，$\Delta t''=54.29-16=38.29℃$，代入（12-2）得
$$\Delta t_m=(44-38.29)/\ln(44/38.29)=41.08℃$$

【例题 12-2】 上例中，如改用 1-2 型壳管式换热器，冷水走壳程，热水走管程，求平均温差。

【分析】 对于交叉流、混合流及不同壳程、管程数等的其他流动方式的换热器，其平均温差是先按逆流算出对数平均温差后，再按流动方式乘以温差修正系数 $\varepsilon_{\Delta t}$ 来确定。而温差修正系数 $\varepsilon_{\Delta t}$ 是辅助量 P 和 R 的函数。

【解】 计算辅助量 P 和 R。
$$P=\frac{t_2''-t_2'}{t_1'-t_2'}=\frac{36-16}{80-16}=0.37；\quad R=\frac{t_1'-t_1''}{t_2''-t_2'}=\frac{80-54.29}{36-16}=1.29$$

由图 12-14 查得 $\varepsilon_{\Delta t}=0.91$。从上例求得逆流平均温差 41.08℃，知 1-2 型壳管式换热器中的平均温差为
$$\Delta t_m=0.91\times41.08=37.38℃$$

由上两例题可见，逆流布置时的 Δt_m 比顺流时的大（比例 12-1 中大 11.2％），其他流动方式也总是不如逆流的平均温差大（比例 12-2 中小 9％）。此外顺流时冷流体的出口温度 t_2'' 总是低于热流体的出口温度 t_1''，而逆流时 t_2'' 则有可能大于 t_1'' 获得较高的冷流体出口温度。因此，工程上换热器一般尽可能地布置成逆流。但逆流也有缺点，即冷、热流体的最高温度 t_2'' 和 t_1' 集中在换热器的同一端，使得该处的壁温特别高。为了降低这里的壁温，如锅炉中的高温过热器，有时有意改用顺流。

要指出的是，当冷、热流体之一在换热时发生相变，如在蒸发器或冷凝器中，则由于变相流体保持温度不变，顺流与逆流的平均温差及传热效果也就没有差别了。

12.3　换热器选型计算的方式、步骤与内容

12.3.1　换热器选型热计算基本公式

换热器选型热计算的基本公式为传热方程式和热平衡方程式：
$$Q=KF\Delta t_m \tag{12-4}$$
$$Q=m_1c_{p1}(t_1'-t_1'')=m_2c_{p2}(t_2''-t_2') \tag{12-5}$$

上述方程式中共有 8 个独立变量。它们是：热流体的进、出口温度 t_1'、t_1''，冷流体的进、出口温度 t_2'、t_2''，换热面上的总传热系数 K，冷、热流体的水当量 m_2c_{p2}、m_1c_{p1} 和换热器的换热量 Q。对于冷热流体的平均温差 Δt_m，由于是冷、热流体的进、出口温度的函数，故不是独立变量。由此可知，必须给定 5 个变量才能进行有关的换热器选型热计算。

换热器的热力计算有以下两种情况：一种是设计计算，通常是按给定的冷、热流体的水当量 m_2c_{p2}、m_1c_{p1} 和四个进出口温度中的三个温度，求解换热器传热表面面积 F 或

KF；另一种是校核计算，即对已给定的换热器按已知的 KF、$m_2 c_{p2}$、$m_1 c_{p1}$ 及冷、热流体的进口温度 t'_2、t'_1，求解出口温度 t''_1 和 t''_2，以进行换热器非设计工况性能的验算。

换热器选型热计算的方法有平均温差法和效能－传热单元数法，现介绍如下。

12.3.2　平均温差法

1. 换热器的设计计算通常采用功平均温差法，其具体步骤如下：

（1）根据给定条件，由热平衡式（12-5）求出冷热流体进、出口温度中未知的一个温度；

（2）由冷、热流体的四个进出口温度，计算平均温差 Δt_m；

（3）初步布置换热面，并计算出相应的传热系数；

（4）由传热方程式（12-4）求出所需的换热面积 F，并核算换热面两侧流体的流动阻力；

（5）若流动阻力过大，则改变设计方案，重复（3）后面的步骤。

2. 平均温差法也用于换热器的校核计算，其步骤如下：

（1）假定一个出口温度初值，如 $(t''_2)_1$，用热平衡式（12-5）求出另一个出口温度 $(t''_1)_1$，并求出这种假定下的冷热流体平均温差 $(\Delta t_m)_1$；

（2）用传热方程式（12-4）求出 $(Q)_1$；

（3）再用热平衡方程式求出 $(t''_2)_2$ 与 $(t''_2)_1$ 比较，若两者偏差较大，则重新假设出口温度初值 t''_2，并重复以上步骤，直到假设的出口温度与计算的出口温度偏差满足规定的工程允许偏差（一般 $\leqslant 4\%$）为止。

这种校核计算，由于必须多次反复才能逐次逼近假定值，且在非逆流、非顺流式换热器计算中还要考虑温差修正系数 $\varepsilon_{\Delta t}$ 的影响，故比较繁琐，应用较少。下面所介绍的"效能-传热单元数法"用于校核计算，可直接求得结果。

12.3.3　效能-传热单元数法（ε-NTU 法）

这个方法采用了三个无量纲量：传热器的效能 ε、流体热容量比 $(mc_p)_{min}/(mc_p)_{max}$ 和传热单元数 NTU。

传热器的效能定义为换热器的实际传热量与最大可能的传热量之比，用 ε 表示。实际传热量等于冷流体获得的热量或等于热流体放出的热量，可用式（12-5）来计算；换热器最大可能的传热量应是换热器中经历最大可能温差的流体吸收或放出的热量。因为经历最大温差的流体只能是热容量 $m_1 c_{p1}$ 和 $m_2 c_{p2}$ 中最小的一种流体（这里用 $(mc_p)_{min}$ 代替），最大可能的温差就是冷、热流体进口的温差，故最大可能传热量为：

$$Q_{max} = (mc_p)_{min}(t'_1 - t'_2) \tag{12-6}$$

假定冷流体（也可以假定热流体）的热容量较小，根据 ε 的定义可写出：

$$\varepsilon = \frac{Q}{Q_{max}} = \frac{m_2 c_{p_2}(t''_2 - t'_2)}{m_2 c_{p_2}(t'_1 - t'_2)} = \frac{t''_2 - t'_2}{t'_1 - t'_2} \tag{12-7}$$

若换热器的 ε 能确定，则可由热平衡方程先求出 Q

$$Q = \varepsilon Q_{max} = \varepsilon (mc_p)_{min}(t'_1 - t'_2) \tag{12-8}$$

再用热平衡式（12-5）分别直接解出 t''_1 和 t''_2 来。

研究表明，对于各种流动方式的表面式换热器，其温度效能是参变量 $(mc_p)_{min}/(mc_p)_{max}$、$KF/(mc_p)_{min}$ 及换热器流动方式的函数。对于已确定流动方式的换热器，则

$$\varepsilon = f\left(\frac{KF}{(mc_{\mathrm{p}})_{\min}}, \frac{(mc_{\mathrm{p}})_{\min}}{(mc_{\mathrm{p}})_{\max}}\right) \tag{12-9}$$

式（12-9）中的 $KF/(mc_{\mathrm{p}})_{\min}$ 是个无量纲量，用 NTU 表示，叫做传热单元数。因 NTU 包含的 K 和 F 两个量分别反映了换热器的运行费和初投资，所以 NTU 是一个反映换热器综合技术经济性能的指标。NTU 大，意味着换热器换热效率高。

各种不同流动组合方式换热器的式（12-9）函数关系线算图，即换热器的 ε-NTU 关系图可参看图 12-18～图 12-23 及有关热交换设计手册。

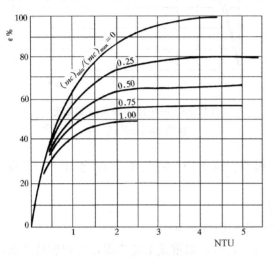

图 12-18　顺流换热器的 ε-NTU 关系图

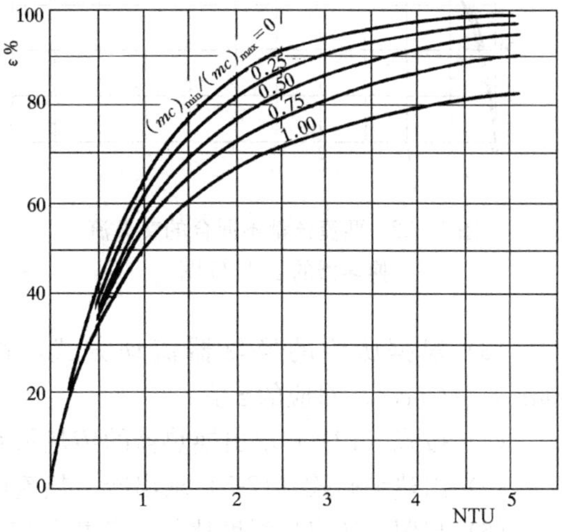

图 12-19　逆流换热器的 ε-NTU 关系图

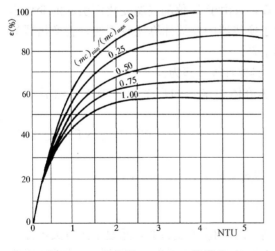

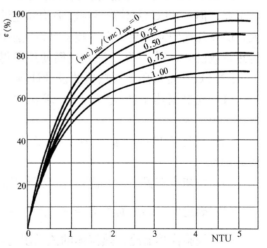

图 12-20　单壳程，2、4、6 算管程
换热器的 ε-NTU 图

图 12-21　双壳程，4、8、12 算管程
换热器的 ε-NTU 图

采用 ε-NTU 法进行换热器校核计算的具体步骤为：

（1）根据给定的换热器进口温度和假定的出口温度算出传热系数 K；

（2）计算 NTU 和热容量之比 $(mc_{\mathrm{p}})_{\min}/(mc_{\mathrm{p}})_{\max}$；

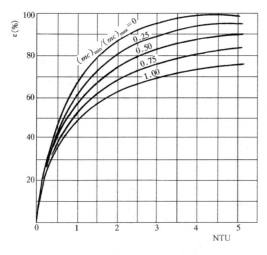
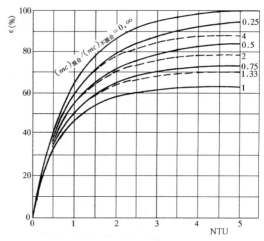

图 12-22　两流体都不混合的交叉流　　　　图 12-23　一种流体混合的交叉流
换热器的 ε-NTU 图　　　　　　　　换热器的 ε-NTU 图

（3）根据所给的换热器流动方式，在相应的 ε-NTU 关系图上查出与 NTU 及 $(mc_p)_{min}/(mc_p)_{max}$ 对应的 ε 值；

（4）按式（12-8）求出换热器的传热量 Q；

（5）由热平衡式（12-5）求出冷、热流体的出口温度 t''_2 和 t''_1；

（6）与假定的出口温度比较，若相差较大（>4%），则重复上述步骤，直到满足要求为止。

ε-NTU 法与用平均温差法进行的校核计算比较，相同之处是两个出口温度未知，皆需试算，但 ε-NTU 法不需要对数平均温差计算，且由于 K 值随终温变化而引起的变化不大，试算几次即能满足要求，故 ε-NTU 法用于换热器的校核计算比较简便。若换热器的传热系数已知，则 ε-NTU 法可更简便地求得结果。

ε-NTU 法也可用于换热器的设计计算，其具体计算步骤为：

（1）先根据热平衡式（12-5）求出冷、热流体中未知的那个出口温度，然后按式（12-7）求出 ε；

（2）按选定的换热器流动方式及 ε 和 $(mc_p)_{min}/(mc_p)_{max}$，查相应 ε-NTU 关系图，得 NTU；

（3）按初步布置的换热面，算出其相应的传热系数 K；

（4）确定所需换热面积 $F = \dfrac{(mc_p)_{min}}{K} \cdot NTU$；

（5）校验换热器冷、热流体的流动阻力，若过大则应改变方案，重复上述有关步骤。

由于 ε-NTU 法进行的换热器设计计算，不经过温差修正系数 $\varepsilon_{\Delta t}$ 的计算，看不到所选换热器流动方式与逆流之间的差距，故在设计计算中常用平均温差法而不是 ε-NTU 法。

12.4　换热器选型计算的实例

本节通过几个具体例子阐明换热器选型计算的一般步骤与方法，以供大家应用时参考。

12.4.1 换热器的选型设计计算实例

【例 12-3】选型设计一卧式管壳式蒸汽—水加热器。要求换热器把流量 3.5kg/s 的水从 60℃加热到 90℃，加热器进口热流体为 0.16MPa 的饱和蒸汽，出口时凝结为饱和水。换热器管采用管径为 19/17mm 的黄铜管，并考虑水侧污垢热阻 $R_f = 0.00017m^2 \cdot ℃/W$，求换热器的换热面积及管长、管程数、每管程管数等结构尺寸。

【分析】本题是已知了四个端部温度，即 0.16MPa 下的热流体进、出口温度 $t_1' = t_1'' =$ 113.3℃和冷流体的进、出口温度 $t_2' = 60℃$、$t_2'' = 90℃$，冷流体的热容量 $m_2 c_{p2}$ 及换热量 Q，求传热面积 F。

【解】主要步骤如下：

1. 初步布置换热面的结构：为四管程、每管程 16 根管、共 64 根管，纵向排数为 8 排。

2. 计算换热量 Q：已知水的比热容 $c_{p2} = 4.19kJ/(kg \cdot ℃)$，故
$$Q = m_2 c_{p2} (t_2'' - t_2') = 3.5 \times 4.19 \times (90 - 60) = 4.4 \times 10^2 kW$$

3. 计算对数平均温度差 Δt_m：热流体进、出口温度为 $p = 0.16MPa$ 下的饱和温度，查得 $t_{bh} = 113.3℃$，故
$$\Delta t' = t_1' - t_2' = 113.3 - 60 = 53.3℃$$
$$\Delta t'' = t_1'' - t_2'' = 113.3 - 90 = 23.3℃$$

所以
$$\Delta t_m = \frac{\Delta t' - \Delta t''}{\ln(\Delta t'/\Delta t'')} = \frac{53.3 - 23.3}{\ln(53.3/23.3)} = 36.3℃$$

4. 求换热器的传热系数 K

（1）水侧换热系数 α_2

1）水的定性温度 t_{f2}：取水的平均温度。由于蒸汽侧温度不变，水和蒸汽的平均温差已定，故
$$t_{f2} = t_{bh} - \Delta t_m = 113.3 - 36.3 = 77℃$$

由 t_{f2} 查附录 8-2，可得水的物性参数：
$$\nu_2 = 0.38 \times 10^{-6} m^2/s; \rho = 973.6kg/m^3;$$
$$\lambda_2 = 0.672W/(m \cdot ℃); Pr = 2.23$$

2）定型尺寸 l：取圆管内径，即 $l = d = 0.017m$

3）求雷诺数 Re：为了增强换热，一般 Re 控制在 $10^4 \sim 10^5$ 之间，Re 太大、流速太大，消耗功率也大。从 $Re = \frac{\omega_2 d}{\nu} = \frac{m_2}{\rho_2 n\pi d^2/4} \cdot \frac{d}{\upsilon}$ 可知，当流量 m_2、运动黏度 ν_2 和密度 ρ_2 及管经 d 已知的条件下，Re 可以通过每管程的管数 n 来控制。现布置的管数 $n = 16$ 根
$$Re = \frac{3.5 \times 4}{973.6 \times \pi \times 0.017^2 \times 16} \times \frac{0.017}{0.38 \times 10^{-6}}$$
$$= 4.4 \times 10^4 > 10^4$$

属于紊流，说明管程中管子的根数布置满足要求。

4）求 Nu 及 α_2：管内强迫紊流时，水被加热的准则方程为：
$$Nu = 0.023Re^{0.8} Pr^{0.4}$$

$$= 0.023 \times (4.4 \times 10^4)^{0.8} \times 2.32^{0.4} = 167$$

$$\alpha_2 = Nu \frac{\lambda_2}{d} = 167 \times \frac{0.672}{0.017} = 6601 \text{W/m}^2 \cdot ℃$$

（2）求蒸汽侧凝结换热系数 α_1

1）定性温度：取凝结液膜的平均温度 t_m

$$t_m = \frac{t_w + t_{bh}}{2}$$

式中壁温 t_w 未知，需用试算法。先假定一个壁温，再校核，如不行，再假定。由于蒸汽侧换热系数大于水侧，故设的壁温应较接近蒸汽的温度。现假定 $t_w = 102.7℃$，则

$$t_m = \frac{102.7 + 113.3}{2} = 108℃$$

由 t_m 查附录 8-2，得凝结液的有关物性参数：

$$\mu = 2.64 \times 10^{-4} \text{N} \cdot \text{s/m}^2 ; \rho = 925.5 \text{kg/m}^3 ; \lambda = 0.672 \text{W/(m} \cdot ℃)$$

对应蒸汽压力 $p = 0.16 \text{MPa}$ 的潜热 $\gamma = 2221 \times 10^3 \text{J/kg}$

2）定型尺寸 l：对于水平布置的管束，定型尺寸取 $l = D = 0.019 \text{m}$

3）求换热系数 α_1：由凝结换热公式（8-20）知顶排的换热系数为：

$$\alpha = C \cdot \sqrt[4]{\frac{\rho^2 \lambda^3 gr}{\mu D(t_{bh} - t_w)}}$$

$$= 0.725 \times \sqrt[4]{\frac{952.5^2 \times 0.684^3 \times 9.81 \times 2221 \times 10^3}{2.64 \times 10^{-4} \times 0.019 \times (113.3 - 102.7)}}$$

$$= 13464.8 \text{W/(m}^2 \cdot ℃)$$

管束的平均换热系数 α_1 为：

$$\alpha_1 = \frac{\alpha}{8} \sum_{i=1}^{8} \varepsilon_i$$

式中 $\dfrac{\alpha}{8} \sum\limits_{i=1}^{8} \varepsilon_i$ 由图 8-9 查知为：

$$\sum_{i=1}^{8} \varepsilon_i = 1 + 0.85 = 0.77 + 0.67 + 0.64 + 0.62 + 0.6 = 5.86$$

所以

$$\alpha_1 = \frac{13464.8}{8} \times 5.86 = 9862.9 \text{W/(m}^2 \cdot ℃)$$

（3）求传热系数 K：忽略铜管壁的热阻，考虑水垢热阻，并由于管壁的 $D/d = 19/17 < 2$，可近似按平壁计算：

$$K = 1 \Big/ \left(\frac{1}{\alpha_1} + R_f + \frac{1}{\alpha_2}\right) = 1 \Big/ \left(\frac{1}{9862.9} + 0.00017 + \frac{1}{6601}\right)$$

$$= 2364.7 \text{W/(m}^2 \cdot ℃)$$

根据 K 及 α_1 值校核原假定的壁温 t_w：由传热公式，得热流通量 q 为

$$q = K \Delta t_m = 2364.7 \times 36.3 = 8.584 \times 10^4 \text{W/m}^2$$

由换热公式 $q = \alpha_1(t_{bh} - t_w)$，得

$$t_w = t_{bh} - \frac{q}{\alpha_1} = 113.3 - \frac{8.584 \times 10^4}{9862.9} = 104.6℃$$

与原假定 $t_w=102.7℃$ 相差不大，故不必再假定计算。

5. 求换热面积 F 及管程长 L：

$$F = \frac{Q}{K\Delta t_m} = 4.4 \times 10^5/(2364.7 \times 36.3) = 5.126\text{m}^2$$

由于总管数 $N=64$，故管程长

$$L = \frac{F}{\pi d_m \cdot N} = \frac{5.126}{\pi \times 0.018 \times 64} = 1.416\text{m}$$

最后取管程长 $L=1.42\text{m}$，管程数 $Z=4$，每管程管数 16 根，总管数 $N=4\times16=64$ 根，实际换热面积

$$F = N\pi d_m L = 64 \times 3.14 \times 0.018 \times 1.42 = 5.137\text{m}^2$$

6. 阻力计算

根据流体力学所学的阻力计算方法，可求得水经过换热器的压降。计算式为：

$$\Delta p = \left(f \cdot \frac{ZL}{d} + \Sigma\xi\right)\frac{\rho\omega^2}{2}$$

式中　f——摩擦阻力系数，由流体力学可知，当 $Re=4.4\times10^4$ 时，f 的计算式为：

$$f = \frac{0.3164}{Re^{0.25}} = \frac{0.3164}{(4.4\times10^4)^{0.25}} = 0.0218$$

　　　　$\Sigma\xi$——各局部阻力系数之和，该换热器有一个水室进口和水室出口，一个管束转进入另一个管束共三次，故：

$$\Sigma\xi = 2 \times 1.0 + 3 \times 2.5 = 9.5$$

　　　　ω——管中流速，为：

$$\omega = \frac{m_2}{\rho_2 A_{总}} = \frac{3.5}{973.6 \times (\pi \times 0.017^2/4) \times 16} = 0.99\text{m/s}$$

所以　　　　$$\Delta p = \left(0.0218 \times \frac{4 \times 1.42}{0.017} + 9.5\right) \times \frac{973.6 \times 0.99^2}{2}$$

$$= 8007.7\text{Pa} = 0.08 \text{ 大气压}$$

换热器内压降不很大，故以上设计计算可以成立。

12.4.2　换热器的改型设计计算

【例题 12-4】今需设计一油—水逆流型套管换热器，要求把流量为 1.2kg/s 的水从 25℃ 加热至 65℃，已知油液的进、出口温度为 110℃ 和 75℃，传热系数 $K=340\text{W}/$（$\text{m}^2 \cdot ℃$）。试问：（1）换热面积应设计为多大？（2）若改用 2-4 型壳管式换热器，水走壳程，油走管程，K 值不变，则又需多少换热面积？

【分析】问题（1）是已知冷、热流体的四个进、出口温度，冷流体的热容量和换热器的传热系数，求换热面积的设计计算；问题（2）是改型换热器的换热面积的设计计算。

【解】采用平均温差法来计算。

1. 求换热量：由公式（12-5）得

$$Q = m_2 c_{p2} \Delta t_2 = 1.2 \times 4.186 \times (65-25) = 200.9\text{kW}$$

2. 求换热器对数平均温差：由公式（12-2），得

$$\Delta t_m = \frac{\Delta t' - \Delta t''}{\ln\left(\frac{\Delta t'}{\Delta t''}\right)} = \frac{(75-25) - (110-65)}{\ln\left(\frac{75-25}{110-65}\right)} = 47.46℃$$

3. 求换热面积：根据传热方程式（12-4），套管式换热器的换热面积为：

$$F = \frac{Q}{K \Delta t_m} = \frac{200.9 \times 10^3}{340 \times 47.46} = 12.45 m^2$$

若改用 2-4 型壳管式换热器，则需求对数平均温差的修正系数 $\varepsilon_{\Delta t}$。按

$$P = \frac{t''_2 - t'_2}{t'_1 - t'_2} = \frac{65 - 25}{110 - 25} = 0.47$$

$$R = \frac{t'_1 - t''_1}{t''_2 - t'_2} = \frac{110 - 75}{65 - 25} = 0.875$$

查图 12-15，得 $\varepsilon_{\Delta t} = 0.98$，所以传热面积变为

$$F = \frac{Q}{K \varepsilon_{\Delta t} \cdot \Delta t_m} = \frac{200.9 \times 10^3}{340 \times 0.98 \times 47.46} = 12.7 m^2$$

12.4.3 换热器改变工况下的校核计算

【例 12-5】仍用上例中套管式换热器加热水，若油、水的进口温度不变，水的流量 0.8kg/s，油的流量不变，求水的出口温度及换热器的换热量（已知油的比热容 $c_{p1} = 1.9kJ/(kg \cdot ℃)$）。

【分析】本题是上例的套管式换热器改变工况下的校核计算，可采用效能—传热单元数法进行计算。过程如下：

【解】

1. 求油的流量 m_1：它为原题的流量，故由平衡方程式（12-5）知：

$$m_1 = \frac{1.2 \times 4.186 \times (65 - 25)}{1.9 \times (110 - 75)} = 3.021 kg/s$$

新工况下的流体热容量分别为：

$$m_1 c_{p1} = 3.021 \times 1.9 = 5.74 kW/℃$$
$$m_2 c_{p2} = 0.8 \times 4.186 = 3.35 kW/℃$$

所以

$$\frac{(mc_p)_{min}}{(mc_p)_{max}} = \frac{3.35}{5.74} = 0.58$$

2. 计算传热单元数 NTU

$$NTU = \frac{KF}{(mc_p)_{min}} = \frac{340 \times 12.7}{3.35 \times 10^3} = 1.29$$

3. 求换热器的效能 ε：由逆流换热器的 ε-NTU 关系图 12-19，按已求得的 NTU 和 $(mc_p)_{min}/(mc_p)_{max}$ 值，可查得：$\varepsilon = 62\%$

4. 求新工况下换热器的换热量和水的出口温度。由式（12-8），得换热量：

$$Q = \varepsilon \cdot (mc_p)_{min}(t'_1 - t'_2)$$
$$= 0.62 \times 3.35 \times (110 - 25) = 176.5 kW$$

所以，水的出口温度为：

$$t''_2 = t'_2 + \frac{Q}{(mc_p)_{min}} = 25 + \frac{176.5}{3.35} = 77.7℃$$

单 元 小 结

本单元主要讲述了换热器的类型、工作原理、构造；换热器冷热流体的平均传热温差

的计算；换热器选型计算的类型、方法及步骤和内容。

1. 工程中经常用到各种换热器，换热器按工作原理的不同可分为：间壁式、混合式和回热式换热器三种。其中最常用的是间壁式换热器，它又分为：管壳式、肋片式、螺旋板式、板翅式、板式以及浮动盘管式换热器。一个优质的换热器应具备传热系数高、结构紧凑、易清洗及检修方便，并且能承受一定的压力和温度等条件。

2. 在换热器的选型计算中，常需计算换热器的平均温差，它有算术平均温差和对数平均温差两种计算方法。算术平均温差的计算公式为 $\Delta t_m = (\Delta t' + \Delta t'')/2$，计算方法简单方便，但它只用于顺、逆流式换热器，且冷、热流体间的温差沿换热面的变化较小，即 $\Delta t'/\Delta t'' < 2$ 的场合。对数平均温差的计算公式为 $\Delta t_m = (\Delta t' - \Delta t'')/\ln(\Delta t'/\Delta t'')$，其计算较为精确，适用于顺、逆流式换热器，对于顺、逆流以外流动方式的换热器，可先按逆流算出对数平均温差后，再乘以相应流动方式换热器的温差修正系数来计算平均温差，即 $\Delta t_m = \varepsilon_{\Delta t} \cdot (\Delta t' - \Delta t'')/\ln(\Delta t'/\Delta t'')$。

3. 换热器的选型计算

（1）换热器的选型计算，通常有设计和校核计算两种。设计计算是依据换热器设计给定的参数 $m_1 c_{p1}$、$m_2 c_{p2}$ 和三个进出口温度，求解换热器传热面面积 F；而校核计算则是对已给定的换热器，在已知 KF、$m_1 c_{p1}$、$m_2 c_{p2}$ 及冷、热流体进口温度 t_1'、t_2' 下，求解新工况下的出口温度 t_1''、t_2'' 是否满足要求。

（2）换热器选型计算的方法，有平均温差法和效能－传热单元数法。对数平均温差法的基本计算公式是 $Q = KF\Delta t_m$，而效能－传热单元数法则是用 $\varepsilon = f\left[\dfrac{KF}{(mc_p)_{\min}}, \dfrac{(mc_p)_{\min}}{(mc_p)_{\max}},\right.$

流动方式$\Big]$ 的函数关系（或图表）来进行计算的。这两种计算方法虽都可用于换热器的设计与校核计算，但对数平均温差法一般多用于设计计算，而效能－传热单元数法多用于校核计算中。

（3）本单元示例了管壳式蒸汽－水加热器的选型设计计算，套管式油－水换热器的改型设计计算和它在新工况下的校核计算三个案例。

思 考 题 与 习 题

1. 换热器是如何分类的？

2. 换热器使用久了，会有哪些原因使其出力下降？应采取什么措施来改变出力状况？

3. 工程中常用的换热器类型有哪些？各自应用情况如何？

4. 对于管壳式换热器，两种流体在下列情况下，哪一种放在管内比较合适？（1）清洁的和不清洁的；（2）高温的与常温的；（3）高压的和常压的；（4）流量大的和流量小的；（5）黏度大的和黏度小的。

5. 已知换热器中，热流体由 300℃ 被冷却到 200℃，而冷流体从 25℃ 被加热到 175℃，冷、热流体被布置成逆流式，试求换热器中的平均温差。

6. 上题中，若冷、热流体被布置成顺流式，换热器中的平均温差为多少？并与上题结果相比较。

7. 若将例题 12-1 中冷、热流体流动方式改为热流体两壳程冷流体四管程和一次交叉流，求各自的平均温差。

8. 某冷却设备需将 $m_1 = 275 \text{kg/h}$ 的热流体从 120℃ 冷却至 50℃，热流体的比热 $c_{p1} = 3.04 \text{kJ/(kg·℃)}$。现用流量 $m_2 = 1000 \text{kg/h}$，温度 10℃，比热 $c_{p2} = 4.18 \text{kJ/(kg·℃)}$ 的水来冷却热流体，试求：（1）

当换热器为顺流式和逆流式时的平均温差为多少？(2)若换热器总传热系数 $K=4180\text{W}/(\text{kg}\cdot\text{℃})$ 时，顺流与逆流两种情况下各需的换热面积为多少？

9. 上题中，若改为一壳程两管程换热器，冷流体走壳程，热流体走管程，K 值不变，则换热面积需多少？

10. 一冷凝器中，蒸汽压力为 $8\times10^4\text{Pa}$，蒸汽流量为 0.015kg/s，冷却水进口温度为 10℃，出口温度为 60℃，冷凝器的传热系数为 $2000\text{W}/(\text{m}^2\cdot\text{℃})$，试求冷凝器的换热面积和冷却水的质量流量（设蒸汽冷却后变成同压下的饱和水输出）。

11. 已知逆流套管式换热器的换热面积 $F=2\text{m}^2$，传热系数 $K=1000\text{W}/(\text{kg}\cdot\text{℃})$，冷、热介质的进口温度分别为 10℃ 和 150℃，热容量分别为 $m_2 c_{\text{p2}}=4.18\text{kW}/\text{℃}$，求换热器的传热量及两种介质的出口温度。

12. 上题中，若改用 2-4 型管壳式换热器（冷流体走壳程，热流体走管程，传热系数不变），则传热量和两种介质的出口温度又为多少？

13. 一套管式换热器，水进入时水温为 180℃，离开时水温为 120℃，油从 80℃ 被加热到 120℃，求换热器的效能。

14. 欲采用套管式换热器，使热水与冷水进行热交换，并给出 $t'_1=200\text{℃}$，$m_1=52\text{kg/h}$，$t'_2=35\text{℃}$，$m_2=84\text{kg/h}$。取传热系数 $K=980\text{W}/(\text{kg}\cdot\text{℃})$，$F=0.25\text{m}^2$，试确定采用顺流与逆流两种布置时换热器所交换的热量、冷却水出口的温度及换热器的效能。

教学单元 13　常用空气参数的测量

【教学目标】学习干湿球温度计、相对湿度计和热电偶温度计的使用，熟悉常用温度、湿度的测量仪表与测量方法，掌握空气温度和湿度的测定；熟悉常用流体压强的测量仪表与测量方法，掌握空气压强（力）的测定；熟悉常用流体流速、流量的测量仪表与测量方法，掌握空气流速、流量的测定。

13.1　空气温度、湿度的测量

13.1.1　温度的测量

温度测量仪表是测量物体冷热程度的工业自动化仪表。

一般温度测量仪表都有检测和显示两个部分。在简单的温度测量仪表中，这两部分是连成一体的，如水银温度计；在较复杂的仪表中则分成两个独立的部分，中间用导线连接，如热电偶或热电阻是检测部分，而与之相配的指示和记录仪表是显示部分。

按测量方式，温度测量仪表可分为接触式和非接触式两大类。测量时，其检测部分直接与被测介质相接触的为接触式温度测量仪表；非接触温度测量仪表在测量时，温度测量仪表的检测部分不必与被测介质直接接触，因此可测运动物体的温度。

按测温原理的不同，温度大致有以下几种方式：

1. 热膨胀：固体的热膨胀；液体的热膨胀；气体的热膨胀。

2. 电阻变化：导体或半导体受热后电阻发生变化。

3. 热电效应：不同材质导线连接的闭合回路，两接点的温度如果不同，回路内就产生热电势。

4. 热辐射：物体的热辐射随温度的变化而变化。

5. 其他：射流测温、涡流测温、激光测温等。

各种温度计使用的优缺点比较见表 13-1。

各种温度计的比较　　　　　　　　　　　　　　　　　　表 13-1

型式	工作原理	种类	使用温度范围/℃	优　　点	缺　　点
接触式	热膨胀	玻璃管温度计	−80～500	结构简单，使用方便，测量准确，价格低廉	测量上限和精度受玻璃质量限制，易碎，不能记录和远传
		双金属温度计	−80～500	结构简单，机械强度大，价格低廉	精度低，量程和使用范围有限制
		压力式温度计	−100～500	结构简单，不怕振动，具有防爆性，价格低廉	精度低，测温距离较远时，仪表的滞后现象较严重

型式	工作原理	种类	使用温度范围/℃	优 点	缺 点
接触式	热电阻	铂、铜电阻温度计	-200~600	测温精度高，便于远距离、仪器测量和自动控制	不能测量高温，由于体积大，测量点温度测量较困难
		半导体温度计	-50~300		
	热电偶	铜-康铜温度计	-100~300	测温范围广，精度高，便于远距离、集中测量和自动控制	需要进行冷端补偿，在低温段测量时精度低
		铂-铂铑温度计	200~1800		
非接触式	热辐射	辐射式高温温度计	100~2000	感温元件不破坏被测物体的温度场，测温范围广	只能测高温，低温段测量不准，环境条件会影响测量准确度

13.1.2 湿度的测量

湿度表示空气中水汽的含量或干湿程度的物理量，常用绝对湿度、相对湿度、露点等表示。在暖通工程中常用相对湿度和露点温度两种物理量表示。

相对湿度（φ）是指湿空气中实际水汽压 p_{vap} 与同温度下饱和水汽压 p_s 的百分比，即

$$\varphi = \frac{p_{vap}}{p_s}$$

露点（或霜点）温度是指空气在水汽含量和气压都不改变的条件下，冷却到饱和时的温度。露点温度本是个温度值，可为什么用它来表示湿度呢？这是因为，当空气中水汽已达到饱和时，气温与露点温度相同；当水汽未达到饱和时，气温一定高于露点温度。所以露点与气温的差值可以表示空气中的水汽距离饱和的程度。

测定湿度的仪器常用的有干、湿球温度表，毛发湿度表（计）和电阻式湿度片等。

干、湿球温度表测量原理（参图 4-3 干、湿球温度计）：干、湿球温度的差值与空气的相对湿度有关。如果周围空气为饱和湿空气，即 $\varphi=1$，那么纱布上的水就不会蒸发，干、湿球温度差就等于零，有 $t_{wet}=t_{dry}$；如果 φ 愈小，湿纱布上水分蒸发愈快，干、湿球温度差（$t_{dry}-t_{wet}$）将愈大；反之 φ 愈大，湿纱布上水分蒸发愈慢，（$t_{dry}-t_{wet}$）将愈小。因此，可通过干、湿球温度来确定湿空气的相对湿度 φ。由于 t_{wet}、t_{dry} 与 φ 之间的关系不能用简单的公式来表示，所以一般是通过图表来表明这种关系的，如图 13-1 所示。

毛发湿度计（图 13-2）是利用脱脂人发（或牛的肠衣）具有空气潮湿时伸长，干燥时缩短的特性，制成毛发湿度表或湿度自记仪器，它的测湿精度较差，毛发湿度表通常在气温低于 -10℃ 时使用。

电阻式湿度片是利用吸湿膜片随湿度变化改变其电阻值的原理进行测量的，常用的有碳膜湿敏电阻和氯化锂湿度片两种。前者用高分子聚合物和导电材料炭黑，加上黏合剂配成一定比例的胶状液体，涂覆到基片上组成的电阻片；后者是在基片上涂上一层氯化锂酒精溶液，当空气湿度变化时，氯化锂溶液浓度随之改变从而也改变了测湿膜片的电阻。这类元件测湿精度较干湿表低，主要用在无线电探空仪和遥测设备中。

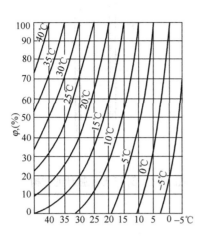

图 13-1　湿空气相对湿度线算图　　　　图 13-2　毛发湿度表（计）

薄膜湿敏电容是以高分子聚合物为介质的电容器，因吸收（或释放）水汽而改变电容值。它制作精巧，性能优良，常用在探空仪和遥测中。

露点仪能直接测出露点温度的仪器。使一个镜面处在样品湿空气中降温，直到镜面上隐现露滴（或冰晶）的瞬间，测出镜面平均温度，即为露（霜）点温度。它测湿精度高，但需光洁度很高的镜面，精度很高的温控系统，以及灵敏度很高的露滴（冰晶）的光学探测系统。使用时必须使吸入样本空气的管道保持清洁，否则管道内的杂质将吸收或放出水分造成测量误差。

13.2　流体压强（压力）的测量

按仪表的工作原理可分为液柱式压强计、弹性式压强计和电测式压强计。

按所测的压强范围分为压强计、气压计、微压计、真空计、压差计等。

按仪表的精度等级分为标准压强计（精度等级在 0.5 级以上）、工程用压强计（精度等级在 0.5 级以下）。

按显示方式分为指示式、自动记录式、远传式、信号式等。

下面简要介绍实验室中常用的液柱式压强计和弹簧管压强计。

13.2.1　液柱式压强计

液柱式压强计是根据液柱高度来确定被测压强的压强计。

特点：结构简单，精度较高，既可用于测量流体的压强，又可用于测量流体的压差。

常用的工作液：水银、水、酒精。当被测压强或压强差很小，且流体是水时，还可用甲苯、氯苯、四氯化碳等作为指示液。

液柱式压强计的基本形式有 U 形压强计（图 13-3）、倒 U 形压强计（图 13-4）、单管式压强计、斜管式压强计（图 13-6）、微差压强计（图 13-7）等，图 13-5 为 U 形管和倒 U

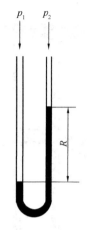

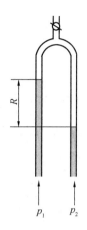

图 13-3　U 形压强计的结构　　　　图 13-4　倒 U 形压强计的结构

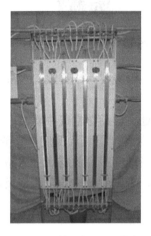

图 13-5　U 形管和倒 U 形管实物图

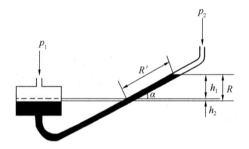

图 13-6　倾斜式压强计的结构

形管的实物图。

13. 2. 2　弹性压强计

弹性压强计是利用各种形式的弹性元件作为敏感元件来感受压强，并以弹性元件受压后变形产生的反作用压强与被测压强平衡，此时弹性元件的变形就是压强的函数，这样就可以用测量弹性元件的变形（位移）的方法来测得压强的大小。

弹性压强计中常用的弹性元件有弹簧管、膜片、膜盒、皱纹管等，其中弹簧管压强计的测量范围宽，应用最广泛。

1. 弹簧管压强计的工作组成

弹簧管压强计主要由弹簧管、齿轮传动机构、示数装置（指针和分度盘）以及外壳等几个部分组成，其结构如图 13-8 所示，图 13-9 为弹簧压强计的实物图。

用于测量正压的弹簧管压强计，称为压力表；用于测量负压的，称为真空表。

2. 弹簧管压强计使用安装中的注意事项

为了保证弹簧管压强计正确指示和长期使用，一个重要的因素是仪表的安装与维护，在使用时应注意以下几点：

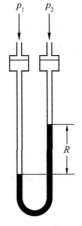

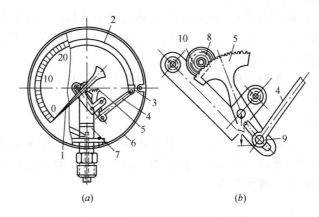

(a) 　　　　　　　(b)

图 13-7　微差压强计　　　图 13-8　弹簧压强计及其传动部分
1—指针；2—弹簧管；3—接头；4—拉杆；5—扇形齿轮；
6—壳体；7—基座；8—齿轮；9—铰链；10—游丝

（1）在选用弹簧管压强计时，要注意被测工质的物性和量程。测量爆炸、腐蚀、有毒气体的压强时，应使用特殊的仪表。氧气压力表严禁接触油类，以免爆炸。仪表应工作在正常允许的压强范围内，操作压强比较稳定时，操作指示值一般不应超过量程的三分之二，在压强波动时，应在其量程的二分之一处。

图 13-9　弹簧压强计实物图

（2）工业用压力表应在环境温度为$-40℃\sim+60℃$、相对温度不大于80%的条件下使用。

（3）在振动情况下使用仪表时要装减振装置。测量结晶或黏度较大的介质时，要加装隔离器。

（4）仪表必须垂直安装，仪表安装处与测定点间的距离应尽量短，以免指示迟缓。无泄漏现象。

（5）仪表的测定点与仪表的安装处应处于同一水平位置，否则将产生附加高度误差。必要时需加修正值。

（6）仪表必须定期校验。

13.2.3　流体压强测量要点

1. 压强计的选用

（1）要了解被测体系的压强大小、变化范围及对测量精度的要求，选择适当量程及精度的测压仪表。

（2）要了解被测体系的物性、状态及周围的环境情况，如：被测体系是否具有腐蚀性、黏度大小、温度高低和清洁程度以及周围环境的温度、湿度、振动情况，是否存在有腐蚀性气体等，要根据具体情况选择适当的测压仪表。

（3）如果压强信息需要远传，则需选择可远距离传输和记录的测压仪表。

2. 测压点的选择

测压点应尽量选在受流体流动干扰最小的地方。

3. 取压孔的大小与位置

静压强的测量误差与取压孔处流体的流动状态、孔的尺寸、孔的几何形状、孔轴的方向、孔的深度及开孔处壁面的粗糙度等有关。取压时应注意取压孔的方位。

4. 引压导管的安装与使用

取压时应根据具体情况使用引压导管并合理安装。

5. 正确地安装压力表

6. 其他注意事项

当被测介质为液体时，若液体有泄露，会给测量带来误差，因此在引压导管、管件、流量计安装时要注意密封性。测量真空度时，若管路中有漏气处，也会使测量产生误差。实验时应引起足够的重视。

13.3　流体流速、流量的测量

测量流量的方法和仪器很多，最简单的流量测量方法是量体积法和称重法。即通过测量流体的总量（体积或质量）和时间间隔，求得流体的平均流量。这种方法不需使用流量测量仪表，但无法测定封闭体系中的流量。目前测量流量的仪表常用的有差压式流量计、转子流量计、涡轮流量计和湿式流量计。

13.3.1　差压式流量计

差压式流量计是基于流体经过节流元件（局部阻力）时所产生的压强降实现流量测量。常用的节流元件如孔板、喷嘴、文丘里管等均已标准化。

孔板流量计和喷嘴流量计都是基于流体的动能和势能相互转化的原理设计的。用于孔板流量计和喷嘴流量计节流元件分别为孔板、喷嘴和文丘里管。

标准孔板的结构见图 13-10，孔板流量计实物图见图 13-11，图 13-12 为标准喷嘴的结构，图 13-13 是文丘里管的几何形状，图 13-14 为文丘里流量计实物图。

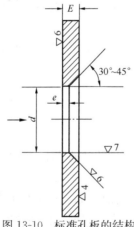

图 13-10　标准孔板的结构

图 13-11　孔板流量计实物图

13.3.2　测速管

测速管又名毕托管，是用来测量导管中流体的点速度的。它的构造如图 13-15（*a*）所示，图 13-15（*b*）为局部放大图，图 13-16 为实物图。

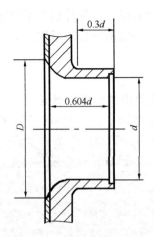

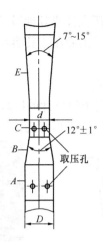

图 13-12　标准喷嘴的结构　　　　图3-13　文丘里管的几何形状

图 13-14　文丘里流量计实物图

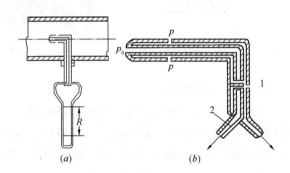

图 13-15　毕托管的构造简图
1—静压力导压管；2—总压力导压管

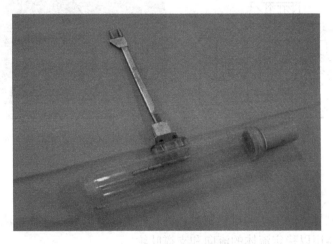

图 13-16　毕托管流量计实物图

　　测速管的特点是装置简单，对于流体的压头损失很小，它只能测定点速度，可用来测定流体的速度分布曲线。在工业上测速管主要用于测量大直径导管中气体的流速。因气体的密度很小，若在一般流速下，压强计上所能显示的读数往往很小，为减小读数的误差，通常须配以倾斜液柱压强计或其他微差压强计。若微差压强计仍达不到要求时，则须进行点速测量。由于测速管的测压小孔容易被堵塞，所以测速管不适用于对含有固体粒子的流体的测量。

13.3.3 转子流量

图 13-17 所示为转子流量计的原理图，它主要由两个部分组成，一个是由下往上逐渐扩大的锥形管；另一个是锥形管内的可自由运动的转子。图 13-18 为转子流量计实物图。

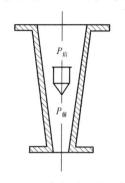

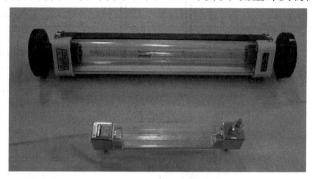

图 13-17　转子流量计的工作原理　　　　图 13-18　转子流量计实物图

13.3.4 涡轮流量计

涡轮流量计是以动量矩守恒原理为基础设计的流量测量仪表。涡轮流量计由涡轮流量变送器和显示仪表组成。涡轮流量变送器包括涡轮、导流器、磁电感应转换器、外壳及前置放大器等部分，如图 13-19 所示，其实物图见图 13-20。

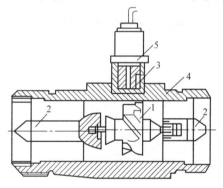

图 13-19　涡轮流量计结构图　　　　　　图 13-20　涡轮流量计实物图
1—涡轮；2—导流器；3—磁电感应
转换器；4—外壳；5—前置放大器

涡轮是用高磁导率的不锈钢材料制成，叶轮芯上装有螺旋形叶片，流体作用于叶片上使之旋转。导流器用以稳定流体的流向和支撑叶轮。

13.3.5 湿式流量计

湿式流量计属于容积式流量计。它主要由圆鼓形壳体、转鼓及传动记数机构所组成，如图 13-21 所示。转鼓是由圆筒及四个弯曲形状的叶片所构成。四个叶片构成四个体积相等的小室。鼓的下半部浸没在水中。充水量由水位器指示。气体从背部中间的进气管处依

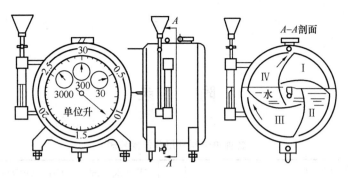

图 13-21　湿式气体流量计

次进入各室，并相继由顶部排出时，迫使转鼓转动。转动的次数通过齿轮机构由指针或机械计数器计数也可以将转鼓的转动次数转换为电信号作远传显示。

湿式流量计在测量气体体积总量时，其准确度较高，特别是小流量时，它的误差比较小。可直接用于测量气体流量，也可用来做标准仪器检定其他流量计。它是实验室常用的仪表之一。湿式气体流量计每个气室的有效体积是由预先注入流量计的水面控制的，所以在使用时必须检查水面是否达到预定的位置，安装时，仪表必须保持水平。

附　　录

各种单位制常用单位换算表

长度	$1m=3.2808ft=39.37in$ $1ft=12in=0.3048m$ $1in=2.54cm$ $1mile=5280ft=1.6093\times10^3m$	功率	$1W=1kg\cdot m^2/s^3=1J/s=0.9478Btu/s=0.2389kcal/s$ $1kW=1000W=3412Btu/h=859.9kcal/h$ $1hp=0.746kW=2545Btu/h=550ft\cdot1bf/s$ 1 马力$=75kgf\cdot m/s=735.5W=2509Btu/h$ $\qquad=542.3ft\cdot lbf/s$
质量	$1kg=1000g=2.2046lbm=6.8521\times10^{-2}slug$ $1lbm=0.45359kg=3.10801\times10^{-2}slug$ $1slug=1lbf\cdot s^2/ft=32.174lbm=14.594kg$	压力	$1atm=760mmHg=101325N/m^2=1.0333kgf/cm^3$ $\qquad=14.696lbf/in^2$ $1bar=10^5N/m^2=1.0197kgf/cm^3=750.62mmHg$ $\qquad=14.504lbf/in^2$ $1kgf/cm^2=735.6mmHg=9.80665\times10^4N/m^2$ $\qquad=14.223lbf/in^2$ $1Pa=1N/m^2=10^{-5}bar$ $1mmHg=1.3595\times10^{-3}kgf/cm^2=0.01934lbf/in^2$ $\qquad=1Torr$
时间	$1h=60min=3600s$ $1ms=10^{-3}s$ $1\mu s=10^{-3}s$		
力	$1N=1kg\cdot m/s^2=0.102kgf=0.2248lbf$ $1dyn=1gcrn/s^2=10^{-5}N$ $1lbf=4.448\times10^5dyn=4.448N=0.45359kgf$ $1kgf=9.8N=2.2046lbf=9.8\times10^5dyn$		
能量	$1J=1kg\cdot m^2/s^2=0.102kgf\cdot m=0.2389\times10^{-3}kcal$ $1Btu=778.16ft\cdot lbf=252cal=1055.0J$ $1kcal=4186J=427.2kgf\cdot m=3.09ft\cdot tbf$ $1ft\cdot1bf=1.3558J=3.24\times10^{-4}kcal=0.1383kgf\cdot m$ $1erg=1g\cdot cm^2/s^2=10^{-2}J$ $1ev=1.602\times10^{-10}J$ $1kJ=0.9478Btu=0.2389kcal$	比热容	$1kJ/(kg\cdot K)=0.23885kcal/(kg\cdot K)$ $\qquad=0.2388Btu/(1b\cdot{}^{\circ}R)$ $1Kcal/(kg\cdot K)=4.1868kJ/(kg\cdot K)=1Btu(lb\cdot{}^{\circ}R)$ $1Btu/(1b\cdot{}^{\circ}R)=4.1868kJ/(kg\cdot K)=1kcal/(kg\cdot K)$
		比体积	$1m^3/kg=16.0185ft^3/lb$ $1ft^3/lb=0.062428m^3/kg$
		温度	$1K=1{}^{\circ}C=1.8R$ ${}^{\circ}R={}^{\circ}F+459.67$

注：$K={}^{\circ}C+273.15$

$\quad{}^{\circ}C=\dfrac{5}{9}\ ({}^{\circ}F-32)$

按温度排列的饱和水与饱和蒸汽性质表

t	p	v'	v''	ρ'	ρ''	h'	h''	γ	s'	s''
℃	MPa	m³/kg	m³/kg	kg/m³	kg/m³	kJ/kg	kJ/kg	kJ/kg	kJ/(kg·K)	kJ/(kg·K)
0.01	0.0006108	0.0010002	206.3	999.80	0.004847	0.00	2501	2501	0.0000	9.1544
1	0.0006566	0.0010001	192.6	999.90	0.005192	4.22	2502	2498	0.0154	9.1281
5	0.0008719	0.0010001	147.2	999.90	0.006793	21.05	2510	2489	0.0762	9.0241
10	0.0012277	0.0010004	106.42	999.60	0.009398	42.04	2519	2477	0.1510	8.8994
15	0.0017041	0.0010010	77.97	999.00	0.01282	62.97	2528	2465	0.2244	8.7806
20	0.002337	0.0010018	57.84	998.20	0.01729	83.80	2537	2454	0.2964	8.6665

t	p	v'	v''	ρ'	ρ''	h'	h''	γ	s'	s''
℃	MPa	m³/kg	m³/kg	kg/m³	kg/m³	kJ/kg	kJ/kg	kJ/kg	kJ/(kg·K)	kJ/(kg·K)
25	0.003166	0.0010030	43.40	997.01	0.02304	104.81	2547	2442	0.3672	8.5570
30	0.004241	0.0010044	32.92	995.62	0.03037	125.71	2556	2430	0.4366	8.4530
35	0.005622	0.0010061	25.24	993.94	0.03962	146.60	2565	2418	0.5049	8.3519
40	0.007375	0.0010079	19.55	992.16	0.05115	167.50	2574	2406	0.5723	8.2559
45	0.009584	0.0010099	15.28	990.20	0.06544	188.40	2582	2394	0.6384	8.1638
50	0.012335	0.0010121	12.04	988.04	0.08306	209.3	2592	2383	0.7038	8.0753
60	0.019917	0.0010171	7.678	983.19	0.1302	251.1	2609	2358	0.8311	7.9084
70	0.03117	0.0010228	5.045	977.71	0.1982	293.0	2626	2333	0.9549	7.7544
80	0.04736	0.0010290	3.408	971.82	0.2934	334.9	2643	2308	1.0753	7.6116
90	0.07011	0.0010359	2.361	965.34	0.4235	377.0	2659	2282	1.1925	7.4787
100	0.10131	0.0010435	1.673	958.31	0.5977	419.1	2676	2257	1.3071	7.3547
110	0.14326	0.0010515	1.210	951.02	0.8264	461.3	2691	2230	1.4184	7.2387
120	0.19854	0.0010603	0.8917	943.13	1.121	503.7	2706	2202	1.5277	7.1298
130	0.27011	0.0010697	0.6683	934.84	1.496	546.3	2721	2174	1.6345	7.0272
140	0.3614	0.0010798	0.5087	926.10	1.966	589.0	2734	2145	1.7392	6.9304
150	0.4760	0.0010906	0.3926	916.93	2.547	632.2	2746	2114	1.8414	6.8383
160	0.6180	0.0011021	0.3068	907.36	3.258	675.6	2758	2082	1.9427	6.7508
170	0.7920	0.0011144	0.2426	897.34	4.122	719.2	2769	2050	2.0417	6.6666
180	1.0027	0.0011275	0.1939	886.92	5.157	763.1	2778	2015	2.1395	6.5858
190	1.2553	0.0011415	0.1564	876.04	6.394	807.5	2786	1979	2.2357	6.5074
200	1.5551	0.0011565	0.1272	864.68	7.862	852.4	2793	1941	2.3308	6.4318
210	1.9080	0.0011726	0.1043	852.81	9.588	897.7	2798	1900	2.4246	6.3577
220	2.3201	0.0011900	0.08606	840.34	11.62	943.7	2802	1858	2.5179	6.2849
230	2.7979	0.0012087	0.07147	827.34	13.99	990.4	2803	1813	2.6101	6.2133
240	3.3480	0.0012291	0.05967	813.60	16.76	1037.5	2803	1766	2.7021	6.1425
250	3.9776	0.0012512	0.05006	799.23	19.98	1085.7	2801	1715	2.7934	6.0721
260	4.694	0.0012755	0.04215	784.01	23.72	1135.1	2796	1661	2.8851	6.0013
270	5.505	0.0013023	0.03560	767.87	28.09	1185.3	2790	1605	2.9764	5.9297
280	6.419	0.0013321	0.03013	750.69	33.19	1236.9	2780	1542.9	3.0681	5.8573
290	7.445	0.0013655	0.02554	732.33	39.15	1290.0	2766	1476.3	3.1611	5.7827
300	8.592	0.0014036	0.02164	712.45	46.21	1344.9	2749	1404.2	3.2548	5.7049
310	9.870	0.001447	0.01832	691.09	54.58	1402.1	2727	1325.2	3.3508	5.6233
320	11.290	0.001499	0.01545	667.11	64.72	1462.1	2700	1237.8	3.4495	5.5353
330	12.865	0.001562	0.01297	640.20	77.10	1526.1	2666	1139.6	3.5522	5.4412
340	14.608	0.001639	0.01078	610.13	92.76	1594.7	2622	1027.0	3.6605	5.3361
350	16.537	0.001741	0.008803	574.38	113.6	1671	2565	898.5	3.7786	5.2117
360	18.674	0.001894	0.006943	527.98	144.0	1762	2481	719.3	3.9162	5.0530
370	21.053	0.00222	0.00493	450.45	203	1893	2331	438.4	4.1137	4.7951
374	22.087	0.00280	0.00347	357.14	288	2032	2147	114.7	4.3258	4.5029

按压力排列的饱和水与饱和蒸汽性质表

附录表 3-2

压力 p	温度 t	比 容		焓		汽化潜热 γ	熵	
		液 体 v'	蒸 汽 v''	液 体 h'	蒸 汽 h''		液 体 s'	蒸 汽 s''
MPa	℃	$\dfrac{m^3}{kg}$	$\dfrac{m^3}{kg}$	$\dfrac{kJ}{kg}$	$\dfrac{kJ}{kg}$	$\dfrac{kJ}{kg}$	$\dfrac{kJ}{(kg \cdot K)}$	$\dfrac{kJ}{(kg \cdot K)}$
0.001	6.982	0.0010001	129.208	29.33	2513.8	2484.5	0.1060	8.9756
0.002	17.511	0.0010012	67.006	73.45	2533.2	2459.8	0.2606	8.7236
0.003	24.098	0.0010027	45.668	101.00	2545.2	2444.2	0.3543	8.5776
0.004	28.981	0.0010040	34.803	121.41	2554.1	2432.7	0.4224	8.4747
0.005	32.90	0.0010052	28.196	137.77	2561.2	2423.4	0.4762	8.3952
0.006	36.18	0.0010064	23.742	151.50	2567.1	2415.6	0.5209	8.3305
0.007	39.02	0.0010074	20.532	163.38	2572.2	2408.8	0.5591	8.2760
0.008	41.53	0.0010084	18.106	173.87	2576.7	2402.8	0.5926	8.2289
0.009	43.79	0.0010094	16.266	183.28	2580.8	2397.5	0.6224	8.1875
0.01	45.83	0.0010102	14.676	191.84	2584.4	2392.6	0.6493	8.1505
0.015	54.00	0.0010140	10.025	225.98	2598.9	2372.9	0.7549	8.0089
0.02	60.09	0.0010172	7.6515	251.46	2609.6	2358.1	0.8321	7.9092
0.025	64.99	0.0010199	6.2060	271.99	2618.1	2346.1	0.8932	7.8321
0.03	69.12	0.0010223	5.2308	289.31	2625.3	2336.0	0.9441	7.7695
0.04	75.89	0.0010265	3.9949	317.65	2636.8	2319.2	1.0261	7.6711
0.05	81.35	0.0010301	3.2415	340.57	2646.0	2305.4	1.0912	7.5951
0.06	85.95	0.0010333	2.7329	359.93	2653.6	2203.7	1.1454	7.5332
0.07	89.96	0.0010361	2.3658	376.77	2660.2	2283.4	1.1921	7.4811
0.08	93.51	0.0010387	2.0879	391.72	2666.0	2274.3	1.2330	7.4360
0.09	96.71	0.0010412	1.8701	405.21	2671.1	2265.9	1.2696	7.3963
0.1	99.63	0.0010434	1.6946	417.51	2675.7	2258.2	1.3027	7.3608
0.12	104.81	0.0010476	1.4289	439.36	2683.8	2244.4	1.3609	7.2996
0.14	109.32	0.0010513	1.2370	458.42	2690.8	2232.4	1.4109	7.2480
0.16	113.32	0.0010547	1.0917	475.38	2696.8	2221.4	1.4550	7.2032
0.18	116.93	0.0010579	0.97775	490.70	2702.1	2211.4	1.4944	7.1638
0.2	120.23	0.0010608	0.88592	504.7	2706.9	2202.2	1.5301	7.1286
0.25	127.43	0.0010675	0.71881	535.4	2717.2	2181.8	1.6072	7.0540
0.3	133.54	0.0010735	0.60586	561.4	2725.5	2164.1	1.6717	6.9930
0.35	138.88	0.0010789	0.52425	584.3	2732.5	2148.2	1.7273	6.9414
0.4	143.62	0.0010839	0.46242	604.7	2738.5	2133.8	1.7764	6.8966
0.45	147.92	0.0010885	0.41892	623.2	2743.8	2120.6	1.8204	6.8570
0.5	151.85	0.0010928	0.37481	640.1	2748.5	2108.4	1.8604	6.8215
0.6	158.84	0.0011009	0.31556	670.4	2756.4	2086.0	1.9308	6.7598
0.7	164.96	0.0011082	0.27274	697.1	2762.9	2065.8	1.9918	6.7074
0.8	170.42	0.0011150	0.24030	720.9	2768.4	2047.5	2.0457	6.6618
0.9	175.36	0.0011213	0.21484	742.6	2773.0	2030.4	2.0941	6.6212

188

压力 p	温度 t	比 容		焓		汽化潜热 γ	熵	
		液 体 v'	蒸 汽 v''	液 体 h'	蒸 汽 h''		液 体 s'	蒸 汽 s''
MPa	℃	$\frac{m^3}{kg}$	$\frac{m^3}{kg}$	$\frac{kJ}{kg}$	$\frac{kJ}{kg}$	$\frac{kJ}{kg}$	$\frac{kJ}{(kg \cdot K)}$	$\frac{kJ}{(kg \cdot K)}$
1	179.88	0.0011274	0.19430	762.6	2777.0	2014.4	2.1382	6.5847
1.1	184.06	0.0011331	0.17739	781.1	2780.4	1999.3	2.1786	6.5515
1.2	187.96	0.0011386	0.16320	798.4	2783.4	1985.0	2.2160	6.5210
1.3	191.60	0.0011438	0.15112	814.7	2786.0	1971.3	2.2509	6.4927
1.4	195.04	0.0011489	0.14072	830.1	2788.4	1958.3	2.2836	6.4665
1.5	198.28	0.0011538	0.13165	844.7	2790.4	1945.7	2.3144	6.4418
1.6	201.37	0.0011586	0.12368	858.6	2792.2	1933.6	2.3436	6.4187
1.7	204.30	0.0011633	0.11661	871.8	2793.8	1922.0	2.3712	6.3967
1.8	207.10	0.0011678	0.11031	884.6	2795.1	1910.5	2.3976	6.3759
1.9	209.79	0.0011722	0.10464	896.8	2796.4	1899.6	2.4227	6.3561
2	212.37	0.0011766	0.09953	908.6	2797.4	1888.8	2.4468	6.3373
2.2	217.24	0.0011850	0.09064	930.9	2799.1	1868.2	2.4922	6.3018
2.4	221.78	0.0011932	0.08319	951.9	2800.4	1848.5	2.5343	6.2691
2.6	226.03	0.0012011	0.07685	971.7	2801.2	1829.5	2.5736	6.2386
2.8	230.04	0.0012088	0.07138	990.5	2801.7	1811.2	2.6106	6.2101
3	233.84	0.0012163	0.06662	1008.4	2801.9	1793.5	2.6455	6.1832
3.5	242.54	0.0012345	0.05702	1049.8	2801.3	1751.5	2.7253	6.1218
4	250.33	0.0012521	0.04974	1087.5	2799.4	1711.9	2.7967	6.0670
5	263.92	0.0012858	0.03941	1154.6	2792.8	1638.2	2.9209	5.9712
6	275.56	0.0013187	0.03241	1213.9	2783.3	1569.4	3.0277	5.8878
7	285.80	0.0013514	0.02734	1267.7	2771.4	1503.7	3.1225	5.8126
8	294.98	0.0013843	0.02349	1317.5	2757.5	1440.0	3.2083	5.7430
9	303.31	0.0014179	0.02046	1364.2	2741.8	1377.6	3.2875	5.6773
10	310.96	0.0014526	0.01800	1408.6	2724.4	1315.8	3.3616	5.6143
11	318.04	0.0014887	0.01597	1451.2	2705.4	1254.2	3.4316	5.5531
12	324.64	0.0015267	0.01425	1492.6	2684.8	1192.2	3.4986	5.4930
13	330.81	0.0015670	0.01277	1533.0	2662.4	1129.4	3.5633	5.4333
14	336.63	0.0016104	0.01149	1572.8	2638.3	1065.5	3.6262	5.3737
15	342.12	0.0016580	0.01035	1612.2	2611.6	999.4	3.6877	5.3122
16	347.32	0.0017101	0.009330	1651.5	2582.7	931.2	3.7486	5.2496
17	352.26	0.0017690	0.008401	1691.6	2550.8	859.2	3.8103	5.1841
18	356.96	0.0018380	0.007534	1733.4	2514.4	781.0	3.8739	5.1135
19	361.44	0.0019231	0.006700	1778.2	2470.1	691.9	3.9417	5.0321
20	365.71	0.002038	0.005873	1828.8	2413.8	585.0	4.0181	4.9338
21	369.79	0.002218	0.005006	1892.2	2340.2	448.0	4.1137	4.8106
22	373.68	0.002675	0.003757	2007.7	2192.5	184.8	4.2891	4.5748

p(MPa)	0.001			0.005		
	t_s=6.982			t_s=32.90		
	v'=0.0010001　　　　v''=129.208			v'=0.0010052　　　　v''=28.196		
	h'=29.33　　　　h''=2513.8			h'=137.77　　　　h''=2561.2		
	s'=0.1060　　　　s''=8.9756			s'=0.4762　　　　s''=8.3952		
t	v	h	s	v	h	s
℃	m³/kg	kJ/kg	kJ/(kg·K)	m³/kg	kJ/kg	kJ/(kg·K)
0	0.0010002	0.0	−0.0001	0.0010002	0.0	−0.0001
10	130.60	2519.5	8.9956	0.0010002	42.0	0.1510
20	135.23	2538.1	9.0604	0.0010017	83.9	0.2963
40	144.47	2575.5	9.1837	28.86	2574.6	8.4385
60	153.71	2613.0	9.2997	30.71	2612.3	8.5552
80	162.95	2650.6	9.4093	32.57	2650.0	8.6652
100	172.19	2688.3	9.5132	34.42	2687.9	8.7695
120	181.42	2726.2	9.6122	36.27	2725.9	8.8687
140	190.66	2764.3	9.7066	38.12	2764.0	8.9633
160	199.89	2802.6	9.7971	39.97	2802.3	9.0539
180	209.12	2841.0	9.8839	41.81	2840.8	9.1408
200	218.35	2879.7	9.9674	43.66	2879.5	9.2244
220	227.58	2918.6	10.0480	45.51	2918.5	9.3049
240	236.82	2957.7	10.1257	47.36	2957.6	9.3828
260	246.05	2997.1	10.2010	49.20	2997.0	9.4580
280	255.28	3036.7	10.2739	51.05	3036.6	9.5310
300	264.51	3076.5	10.3446	52.90	3076.4	9.6017
350	287.58	3177.2	10.5130	57.51	3177.1	9.7702
400	310.66	3279.5	10.6709	62.13	3279.4	9.9280
450	333.74	3383.4	10.820	66.74	3383.3	10.077
500	356.81	3489.0	10.961	71.36	3489.0	10.218
550	379.89	3596.3	11.095	75.98	3596.2	10.352
600	402.96	3705.3	11.224	80.59	3705.3	10.481

注：粗水平线之上为未饱和水，粗水平线之下为过热蒸汽。

p(MPa)	0.01			0.05		
	$t_s=45.83$ $v'=0.0010102$ $v''=14.676$ $h'=191.84$ $h''=2584.4$ $s'=0.6493$ $s''=8.1505$			$t_s=81.35$ $v'=0.0010301$ $v''=3.2415$ $h'=340.57$ $h''=2646.0$ $s'=1.0912$ $s''=7.5951$		
t	v	h	s	v	h	s
℃	m³/kg	kJ/kg	kJ/(kg·K)	m³/kg	kJ/kg	kJ/(kg·K)
0	0.0010002	0.0	−0.0001	0.0010002	0.0	−0.0001
10	0.0010002	42.0	0.1510	0.0010002	42.0	0.1510
20	0.0010017	83.9	0.2963	0.0010017	83.9	0.2963
40	0.0010078	167.4	0.5721	0.0010078	167.5	0.5721
60	15.34	2611.3	8.2331	0.0010171	251.1	0.8310
80	16.27	2649.3	8.3437	0.0010292	334.9	1.0752
100	17.20	2687.3	8.4484	3.419	2682.6	7.6958
120	18.12	2725.4	8.5479	3.608	2721.7	7.7977
140	19.05	2763.6	8.6427	3.796	2760.6	7.8942
160	19.98	2802.0	8.7334	3.983	2799.5	7.9862
180	20.90	2840.6	8.8204	4.170	2838.4	8.0741
200	21.82	2879.3	8.9041	4.356	2877.5	8.1584
220	22.75	2918.3	8.9848	4.542	2916.7	8.2396
240	23.67	2957.4	9.0626	4.728	2956.1	8.3178
260	24.60	2996.8	9.1379	4.913	2995.6	8.3934
280	25.52	3036.5	9.2109	5.099	3035.4	8.4667
300	26.44	3076.3	9.2817	5.284	3075.3	8.5376
350	28.75	3177.0	9.4502	5.747	3176.3	8.7065
400	31.06	3279.4	9.6081	6.209	3278.7	8.8646
450	33.37	3383.3	9.7570	6.671	3382.8	9.0137
500	35.68	3488.9	9.8982	7.134	3488.5	9.1550
550	37.99	3596.2	10.033	7.595	3595.8	9.2896
600	40.29	3705.2	10.161	8.057	3704.9	9.4182

p(MPa)	0.1			0.2		
	t_s=99.63			t_s=120.23		
	v'=0.0010434	v''=1.6946		v'=0.0010608	v''=0.88592	
	h'=417.51	h''=2675.7		h'=504.7	h''=2706.9	
	s'=1.3027	s''=7.3608		s'=1.5301	s''=7.1286	
t	v	h	s	v	h	s
℃	m³/kg	kJ/kg	kJ/(kg·K)	m³/kg	kJ/kg	kJ/(kg·K)
0	0.0010002	0.1	−0.0001	0.0010001	0.2	−0.0001
10	0.0010002	42.1	0.1510	0.0010002	42.2	0.1510
20	0.0010017	84.0	0.2963	0.0010016	84.0	0.2963
40	0.0010078	167.5	0.5721	0.0010077	167.6	0.5720
60	0.0010171	251.2	0.8309	0.0010171	251.2	0.8309
80	0.0010292	335.0	1.0752	0.0010291	335.0	1.0752
100	1.696	2676.5	7.3628	0.0010437	419.1	1.3068
120	1.793	2716.8	7.4681	0.0010606	503.7	1.5276
140	1.889	2756.6	7.5669	0.9353	2748.4	7.2314
160	1.984	2796.2	7.6605	0.9842	2789.5	7.3286
180	2.078	2835.7	7.7496	1.0326	2830.1	7.4203
200	2.172	2875.2	7.8348	1.080	2870.5	7.5073
220	2.266	2914.7	7.9166	1.128	2910.6	7.5905
240	2.359	2954.3	7.9954	1.175	2950.8	7.6704
260	2.453	2994.1	8.0714	1.222	2991.0	7.7472
280	2.546	3034.0	8.1449	1.269	3031.3	7.8214
300	2.639	3074.1	8.2162	1.316	3071.7	7.8931
350	2.871	3175.3	8.3854	1.433	3173.4	8.0633
400	3.103	3278.0	8.5439	1.549	3276.5	8.2223
450	3.334	3382.2	8.6932	1.665	3380.9	8.3720
500	3.565	3487.9	8.8346	1.781	3486.9	8.5137
550	3.797	3595.4	8.9693	1.897	3594.5	8.6485
600	4.028	3704.5	9.0979	2.013	3703.7	8.7774

p(MPa)	0.5			1		
	$t_s=151.85$ $v'=0.0010928$ $v''=0.37481$ $h'=640.1$ $h''=2748.5$ $s'=1.8604$ $s''=6.8215$			$t_s=179.88$ $v'=0.0011274$ $v''=0.19430$ $h'=762.6$ $h''=2777.0$ $s'=2.1382$ $s''=6.5847$		
t	v	h	s	v	h	s
℃	m³/kg	kJ/kg	kJ/(kg·K)	m³/kg	kJ/kg	kJ/(kg·K)
0	0.0010000	0.5	−0.0001	0.0009997	1.0	−0.0001
10	0.0010000	42.5	0.1509	0.0009998	43.0	0.1509
20	0.0010015	84.3	0.2962	0.0010013	84.8	0.2961
40	0.0010076	167.9	0.5719	0.0010074	168.3	0.5717
60	0.0010169	251.5	0.8307	0.0010167	251.9	0.8305
80	0.0010290	335.3	1.0750	0.0010287	335.7	1.0746
100	0.0010435	419.4	1.3066	0.0010432	419.7	1.3062
120	0.0010605	503.9	1.5273	0.0010602	504.3	1.5269
140	0.0010800	589.2	1.7388	0.0010796	589.5	1.7383
160	0.3836	2767.3	6.8654	0.0011019	675.7	1.9420
180	0.4046	2812.1	6.9665	0.1944	2777.3	6.5854
200	0.4250	2855.5	7.0602	0.2059	2827.5	6.6940
220	0.4450	2898.0	7.1481	0.2169	2874.9	6.7921
240	0.4646	2939.9	7.2315	0.2275	2920.5	6.8826
260	0.4841	2981.5	7.3110	0.2378	2964.8	6.9674
280	0.5034	3022.9	7.3872	0.2480	3008.3	7.0475
300	0.5226	3064.2	7.4606	0.2580	3051.3	7.1234
350	0.5701	3167.6	7.6335	0.2825	3157.7	7.3018
400	0.6172	3271.8	7.7944	0.3066	3264.0	7.4606
420	0.6360	3313.8	7.8558	0.3161	3306.6	7.5283
440	0.6548	3355.9	7.9158	0.3256	3349.3	7.5890
450	0.6641	3377.1	7.9452	0.3304	3370.7	7.6188
460	0.6735	3398.3	7.9743	0.3351	3392.1	7.6482
480	0.6922	3440.9	8.0316	0.3446	3435.1	7.7061
500	0.7109	3483.7	8.0877	0.3540	3478.3	7.7627
550	0.7575	3591.7	8.2232	0.3776	3587.2	7.8991
600	0.8040	3701.4	8.3525	0.4010	3697.4	8.0292

p(MPa)	2			3		
	t_s=212.37 v'=0.0011766 v''=0.09953 h'=908.6 h''=2797.4 s'=2.4468 s''=6.3373			t_s=233.84 v'=0.0012163 v''=0.06662 h'=1008.4 h''=2801.9 s'=2.6455 s''=6.1832		
t	v	h	s	v	h	s
℃	m³/kg	kJ/kg	kJ/(kg·K)	m³/kg	kJ/kg	kJ/(kg·K)
0	0.0009992	2.0	0.0000	0.0009987	3.0	0.0001
10	0.0009993	43.9	0.1508	0.0009988	44.9	0.1507
20	0.0010008	85.7	0.2959	0.0010004	86.7	0.2957
40	0.0010069	169.2	0.5713	0.0010065	170.1	0.5709
60	0.0010162	252.7	0.8299	0.0010158	253.6	0.8294
80	0.0010282	336.5	1.0740	0.0010278	337.3	1.0733
100	0.0010427	420.5	1.3054	0.0010422	421.2	1.3046
120	0.0010596	505.0	1.5260	0.0010590	505.7	1.5250
140	0.0010790	590.2	1.7373	0.0010783	590.8	1.7362
160	0.0011012	676.3	1.9408	0.0011005	676.9	1.9396
180	0.0011266	763.6	2.1379	0.0011258	764.1	2.1366
200	0.0011560	852.6	2.3300	0.0011550	853.0	2.3284
220	0.10211	2820.4	6.3842	0.0011891	943.9	2.5166
240	0.1084	2876.3	6.4953	0.06818	2823.0	6.2245
260	0.1144	2927.9	6.5941	0.07286	2885.5	6.3440
280	0.1200	2976.9	6.6842	0.07714	2941.8	6.4477
300	0.1255	3024.0	6.7679	0.08116	2994.2	6.5408
350	0.1386	3137.2	6.9574	0.09053	3115.7	6.7443
400	0.1512	3248.1	7.1285	0.09933	3231.6	6.9231
420	0.1561	3291.9	7.1927	0.10276	3276.9	6.9894
440	0.1610	3335.7	7.2550	0.1061	3321.9	7.0535
450	0.1635	3357.7	7.2855	0.1078	3344.4	7.0847
460	0.1659	3379.6	7.3156	0.1095	3366.8	7.1155
480	0.1708	3423.5	7.3747	0.1128	3411.6	7.1758
500	0.1756	3467.4	7.4323	0.1161	3456.4	7.2345
550	0.1876	3578.0	7.5708	0.1243	3568.6	7.3752
600	0.1995	3689.5	7.7024	0.1324	3681.5	7.5084

p(MPa)	4			5		
	$t_s=250.33$ $v'=0.0012521$ $v''=0.04974$ $h'=1087.5$ $h''=2799.4$ $s'=2.7967$ $s''=6.0670$			$t_s=263.92$ $v'=0.0012858$ $v''=0.03941$ $h'=1154.6$ $h''=2792.8$ $s'=2.9209$ $s''=5.9712$		
t	v	h	s	v	h	s
℃	m³/kg	kJ/kg	kJ/(kg·K)	m³/kg	kJ/kg	kJ/(kg·K)
0	0.0009982	4.0	0.0002	0.0009977	5.1	0.0002
10	0.0009984	45.9	0.1506	0.0009979	46.9	0.1505
20	0.0009999	87.6	0.2955	0.0009995	88.6	0.2952
40	0.0010060	171.0	0.5706	0.0010056	171.9	0.5702
60	0.0010153	254.4	0.8288	0.0010149	255.3	0.8283
80	0.0010273	338.1	1.0726	0.0010268	338.8	1.0720
100	0.0010417	422.0	1.3038	0.0010412	422.7	1.3030
120	0.0010584	506.4	1.5242	0.0010579	507.1	1.5232
140	0.0010777	591.5	1.7352	0.0010771	592.1	1.7342
160	0.0010997	677.5	1.9385	0.0010990	678.0	1.9373
180	0.0011249	764.6	2.1352	0.0011241	765.2	2.1339
200	0.0011540	853.4	2.3268	0.0011530	853.8	2.3253
220	0.0011878	944.2	2.5147	0.0011866	944.4	2.5129
240	0.0012280	1037.7	2.7007	0.0012264	1037.8	2.6985
260	0.05174	2835.6	6.1355	0.0012750	1135.0	2.8842
280	0.05547	2902.2	6.2581	0.04224	2857.0	6.0889
300	0.05885	2961.5	6.3634	0.04532	2925.4	6.2104
350	0.06645	3093.1	6.5838	0.05194	3069.2	6.4513
400	0.07339	3214.5	6.7713	0.05780	3196.9	6.6486
420	0.07606	3261.4	6.8399	0.06002	3245.4	6.7196
440	0.07869	3307.7	6.9058	0.06220	3293.2	6.7875
450	0.07999	3330.7	6.9379	0.06327	3316.8	6.8204
460	0.08128	3353.7	6.9694	0.06434	3340.4	6.8528
480	0.08384	3399.5	7.0310	0.06644	3387.2	6.9158
500	0.08638	3445.2	7.0909	0.06853	3433.8	6.9768
550	0.09264	3559.2	7.2338	0.07383	3549.6	7.1221
600	0.09879	3673.4	7.3686	0.07864	3665.4	7.2580

p(MPa)	6			7		
	t_s＝275.56			t_s＝285.80		
	v'＝0.0013187		v''＝0.03241	v'＝0.0013514		v''＝0.02734
	h'＝1213.9		h''＝2783.3	h'＝1267.7		h''＝2771.4
	s'＝3.0277		s''＝5.8878	s'＝3.1225		s''＝5.8126
t	v	h	s	v	h	s
℃	m³/kg	kJ/kg	kJ/(kg·K)	m³/kg	kJ/kg	kJ/(kg·K)
0	0.0009972	6.1	0.0003	0.0009967	7.1	0.0004
10	0.0009974	47.8	0.1505	0.0009970	48.8	0.1504
20	0.0009990	89.5	0.2951	0.0009986	90.4	0.2948
40	0.0010051	172.7	0.5698	0.0010047	173.6	0.5694
60	0.0010144	256.1	0.8278	0.0010140	256.9	0.8273
80	0.0010263	339.6	1.0713	0.0010259	340.4	1.0707
100	0.0010406	423.5	1.3023	0.0010401	424.2	1.3015
120	0.0010573	507.8	1.5224	0.0010567	508.5	1.5215
140	0.0010764	592.8	1.7332	0.0010758	593.4	1.7321
160	0.0010983	678.6	1.9361	0.0010976	679.2	1.9350
180	0.0011232	765.7	2.1325	0.0011224	766.2	2.1312
200	0.0011519	854.2	2.3237	0.0011510	854.6	2.3222
220	0.0011853	944.7	2.5111	0.0011841	945.0	2.5093
240	0.0012249	1037.9	2.6963	0.0012233	1038.0	2.6941
260	0.0012729	1134.8	2.8815	0.0012708	1134.7	2.8789
280	0.03317	2804.0	5.9253	0.0013307	1236.7	3.0667
300	0.03616	2885.0	6.0693	0.02946	2839.2	5.9322
350	0.04223	3043.9	6.3356	0.03524	3017.0	6.2306
400	0.04738	3178.6	6.5438	0.03992	3159.7	6.4511
450	0.05212	3302.6	6.7214	0.04414	3288.0	6.6350
500	0.05662	3422.2	6.8814	0.04810	3410.5	6.7988
520	0.05837	3469.5	6.9417	0.04964	3458.6	6.8602
540	0.06010	3516.5	7.0003	0.05116	3506.4	6.9198
550	0.06096	3540.0	7.0291	0.05191	3530.2	6.9490
560	0.06182	3563.5	7.0575	0.05266	3554.1	6.9778
580	0.06352	3610.4	7.1131	0.05414	3601.6	7.0342
600	0.06521	3657.2	7.1673	0.05561	3649.0	7.0890

p(MPa)	8			9		
	$t_s=294.98$ $v'=0.0013843$ $v''=0.02349$ $h'=1317.5$ $h''=2757.5$ $s'=3.2083$ $s''=5.7430$			$t_s=303.31$ $v'=0.0014179$ $v''=0.02046$ $h'=1364.2$ $h''=2741.8$ $s'=3.2875$ $s''=5.6773$		
t	v	h	s	v	h	s
℃	m³/kg	kJ/kg	kJ/(kg·K)	m³/kg	kJ/kg	kJ/(kg·K)
0	0.0009962	8.1	0.0004	0.0009958	9.1	0.0005
10	0.0009965	49.8	0.1503	0.0009960	50.7	0.1502
20	0.0009981	91.4	0.2946	0.0009977	92.3	0.2944
40	0.0010043	174.5	0.5690	0.0010038	175.4	0.5686
60	0.0010135	257.8	0.8267	0.0010131	258.6	0.8262
80	0.0010254	341.2	1.0700	0.0010249	342.0	1.0694
100	0.0010396	425.0	1.3007	0.0010391	425.8	1.3000
120	0.0010562	509.2	1.5206	0.0010556	509.9	1.5197
140	0.0010752	594.1	1.7311	0.0010745	594.7	1.7301
160	0.0010968	679.8	1.9338	0.0010961	680.4	1.9326
180	0.0011216	766.7	2.1299	0.0011207	767.2	2.1286
200	0.0011500	855.1	2.3207	0.0011490	855.5	2.3191
220	0.0011829	945.3	2.5075	0.0011817	945.6	2.5057
240	0.0012218	1038.2	2.6920	0.0012202	1038.3	2.6899
260	0.0012687	1134.6	2.8762	0.0012667	1134.4	2.8737
280	0.0013277	1236.2	3.0633	0.0013249	1235.6	3.0600
300	0.02425	2785.4	5.7918	0.0014022	1344.9	3.2539
350	0.02995	2988.3	6.1324	0.02579	2957.5	6.0383
400	0.03431	3140.1	6.3670	0.02993	3119.7	6.2891
450	0.03815	3273.1	6.5577	0.03348	3257.9	6.4872
500	0.04172	3398.5	6.7254	0.03675	3386.4	6.6592
520	0.04309	3447.6	6.7881	0.03800	3436.4	6.7230
540	0.04445	3496.2	6.8486	0.03923	3485.9	6.7846
550	0.04512	3520.4	6.8783	0.03984	3510.5	6.8147
560	0.04578	3544.6	6.9075	0.04044	3535.0	6.8444
580	0.04710	3592.8	6.9646	0.04163	3583.9	6.9023
600	0.04841	3640.7	7.0201	0.04281	3632.4	6.9585

p(MPa)	10			12		
	t_s＝310.96 v'＝0.0014526　v''＝0.01800 h'＝1408.6　h''＝2724.4 s'＝3.3616　s''＝5.6143			t_s＝324.64 v'＝0.0015267　v''＝0.01425 h'＝1492.6　h''＝2684.8 s'＝3.4986　s''＝5.4930		
t	v	h	s	v	h	s
℃	m³/kg	kJ/kg	kJ/(kg・K)	m³/kg	kJ/kg	kJ/(kg・K)
0	0.0009953	10.1	0.0005	0.0009943	12.1	0.0006
10	0.0009956	51.7	0.1500	0.0009947	53.6	0.1498
20	0.0009972	93.2	0.2942	0.0009964	95.1	0.2937
40	0.0010034	176.3	0.5682	0.0010026	178.1	0.5674
60	0.0010126	259.4	0.8257	0.0010118	261.1	0.8246
80	0.0010244	342.8	1.0687	0.0010235	344.4	1.0674
100	0.0010386	426.5	1.2992	0.0010376	428.0	1.2977
120	0.0010551	510.6	1.5188	0.0010540	512.0	1.5170
140	0.0010739	595.4	1.7291	0.0010727	596.7	1.7271
160	0.0010954	681.0	1.9315	0.0010940	682.2	1.9292
180	0.0011199	767.8	2.1272	0.0011183	768.8	2.1246
200	0.0011480	855.9	2.3176	0.0011461	856.8	2.3146
220	0.0011805	946.0	2.5040	0.0011782	946.6	2.5005
240	0.0012188	1038.4	2.6878	0.0012158	1038.8	2.6837
260	0.0012648	1134.3	2.8711	0.0012609	1134.2	2.8661
280	0.0013221	1235.2	3.0567	0.0013167	1234.3	3.0503
300	0.0013978	1343.7	3.2494	0.0013895	1341.5	3.2407
350	0.02242	2924.2	5.9464	0.01721	2848.4	5.7615
400	0.02641	3098.5	6.2158	0.02108	3053.3	6.0787
450	0.02974	3242.2	6.4220	0.02411	3209.9	6.3032
500	0.03277	3374.1	6.5984	0.02679	3349.0	6.4893
520	0.03392	3425.1	6.6635	0.02780	3402.1	6.5571
540	0.03505	3475.4	6.7262	0.02878	3454.2	6.6220
550	0.03561	3500.4	6.7568	0.02926	3480.0	6.6536
560	0.03616	3525.4	6.7869	0.02974	3505.7	6.6847
580	0.03726	3574.9	6.8456	0.03068	3556.7	6.7451
600	0.03833	3624.0	6.9025	0.03161	3607.0	6.8034

p(MPa)	14			16		

	$t_s=336.63$			$t_s=347.32$		
	$v'=0.0016104$	$v''=0.01149$		$v'=0.0017101$	$v''=0.009330$	
	$h'=1572.8$	$h''=2638.3$		$h'=1651.5$	$h''=2582.7$	
	$s'=3.6262$	$s''=5.3737$		$s'=3.7486$	$s''=5.2496$	

t	v	h	s	v	h	s
℃	m³/kg	kJ/kg	kJ/(kg·K)	m³/kg	kJ/kg	kJ/(kg·K)
0	0.0009933	14.1	0.0007	0.0009924	16.1	0.0008
10	0.0009938	55.6	0.1496	0.0009928	57.5	0.1494
20	0.0009955	97.0	0.2933	0.0009946	98.8	0.2928
40	0.0010017	179.8	0.5666	0.0010008	181.6	0.5659
60	0.0010109	262.8	0.8236	0.0010100	264.5	0.8225
80	0.0010226	346.0	1.0661	0.0010217	347.6	1.0648
100	0.0010366	429.5	1.2961	0.0010356	431.0	1.2946
120	0.0010529	513.5	1.5153	0.0010518	514.9	1.5136
140	0.0010715	598.0	1.7251	0.0010703	599.4	1.7231
160	0.0010926	683.4	1.9269	0.0010912	684.6	1.9247
180	0.0011167	769.9	2.1220	0.0011151	771.0	2.1195
200	0.0011442	857.7	2.3117	0.0011423	858.6	2.3087
220	0.0011759	947.2	2.4970	0.0011736	947.9	2.4936
240	0.0012129	1039.1	2.6796	0.0012101	1039.5	2.6756
260	0.0012572	1134.1	2.8612	0.0012535	1134.0	2.8563
280	0.0013115	1233.5	3.0441	0.0013065	1232.8	3.0381
300	0.0013816	1339.5	3.2324	0.0013742	1337.7	3.2245
350	0.01323	2753.5	5.5606	0.009782	2618.5	5.3071
400	0.01722	3004.0	5.9488	0.01427	2949.7	5.8215
450	0.02007	3175.8	6.1953	0.01702	3140.0	6.0947
500	0.02251	3323.0	6.3922	0.01929	3296.3	6.3038
520	0.02342	3378.4	6.4630	0.02013	3354.2	6.3777
540	0.02430	3432.5	6.5304	0.02093	3410.4	6.4477
550	0.02473	3459.2	6.5631	0.02132	3438.0	6.4816
560	0.02515	3485.8	6.5951	0.02171	3465.4	6.5146
580	0.02599	3538.2	6.6573	0.02247	3519.4	6.5787
600	0.02681	3589.8	6.7172	0.02321	3572.4	6.6401

p(MPa)	18			20		
	$t_s=356.96$			$t_s=365.71$		
	$v'=0.0018380$	$v''=0.007534$		$v'=0.002038$	$v''=0.005873$	
	$h'=1733.4$	$h''=2514.4$		$h'=1828.8$	$h''=2413.8$	
	$s'=3.8739$	$s''=5.1135$		$s'=4.0181$	$s''=4.9338$	
t	v	h	s	v	h	s
℃	m³/kg	kJ/kg	kJ/(kg·K)	m³/kg	kJ/kg	kJ/(kg·K)
0	0.0009914	18.1	0.0008	0.0009904	20.1	0.0008
10	0.0009919	59.4	0.1491	0.0009910	61.3	0.1489
20	0.0009937	100.7	0.2924	0.0009929	102.5	0.2919
40	0.0010000	183.3	0.5651	0.0009992	185.1	0.5643
60	0.0010092	266.1	0.8215	0.0010083	267.8	0.8204
80	0.0010208	349.2	1.0636	0.0010199	350.8	1.0623
100	0.0010346	432.5	1.2931	0.0010337	434.0	1.2916
120	0.0010507	516.3	1.5118	0.0010496	517.7	1.5101
140	0.0010691	600.7	1.7212	0.0010679	602.0	1.7192
160	0.0010899	685.9	1.9225	0.0010886	687.1	1.9203
180	0.0011136	772.0	2.1170	0.0011120	773.1	2.1145
200	0.0011405	859.5	2.3058	0.0011387	860.4	2.3030
220	0.0011714	948.6	2.4903	0.0011693	949.3	2.4870
240	0.0012074	1039.9	2.6717	0.0012047	1040.3	2.6678
260	0.0012500	1134.0	2.8516	0.0012466	1134.1	2.8470
280	0.0013017	1232.1	3.0323	0.0012971	1231.6	3.0266
300	0.0013672	1336.1	3.2168	0.0013606	1334.6	3.2095
350	0.0017042	1660.9	3.7582	0.001666	1648.4	3.7327
400	0.01191	2889.0	5.6926	0.009952	2820.1	5.5578
450	0.01463	3102.3	5.9989	0.01270	3062.4	5.9061
500	0.01678	3268.7	6.2215	0.01477	3240.2	6.1440
520	0.01756	3329.3	6.2989	0.01551	3303.7	6.2251
540	0.01831	3387.7	6.3717	0.01621	3364.6	6.3009
550	0.01867	3416.4	6.4068	0.01655	3394.3	6.3373
560	0.01903	3444.7	6.4410	0.01688	3423.6	6.3726
580	0.01973	3500.3	6.5070	0.01753	3480.9	6.4406
600	0.02041	3554.8	6.5701	0.01816	3536.9	6.5055

p(MPa)	25			30		
t	v	h	s	v	h	s
℃	m³/kg	kJ/kg	kJ/(kg·K)	m³/kg	kJ/kg	kJ/(kg·K)
0	0.0009881	25.1	0.0009	0.0009857	30.0	0.0008
10	0.0009888	66.1	0.1482	0.0009866	70.8	0.1475
20	0.0009907	107.1	0.2907	0.0009886	111.7	0.2895
40	0.0009971	189.4	0.5623	0.0009950	193.8	0.5604
60	0.0010062	272.0	0.8178	0.0010041	276.1	0.8153
80	0.0010177	354.8	1.0591	0.0010155	358.7	1.0560
100	0.0010313	437.8	1.2879	0.0010289	441.6	1.2843
120	0.0010470	521.3	1.5059	0.0010445	524.9	1.5017
140	0.0010650	605.4	1.7144	0.0010621	608.1	1.7097
160	0.0010853	690.2	1.9148	0.0010821	693.3	1.9095
180	0.0011082	775.9	2.1083	0.0011046	778.7	2.1022
200	0.0011343	862.8	2.2960	0.0011300	865.2	2.2891
220	0.0011640	951.2	2.4789	0.0011590	953.1	2.4711
240	0.0011983	1041.5	2.6584	0.0011922	1042.8	2.6493
260	0.0012384	1134.3	2.8359	0.0012307	1134.8	2.8252
280	0.0012863	1230.5	3.0130	0.0012762	1229.9	3.0002
300	0.0013453	1331.5	3.1922	0.0013315	1329.0	3.1763
350	0.001600	1626.4	3.6844	0.001554	1611.3	3.6475
400	0.006009	2583.2	5.1472	0.002806	2159.1	4.4854
450	0.009168	2952.1	5.6787	0.006730	2823.1	5.4458
500	0.01113	3165.0	5.9639	0.008679	3083.9	5.7954
520	0.01180	3237.0	6.0558	0.009309	3166.1	5.9004
540	0.01242	3304.7	6.1401	0.009889	3241.7	5.9945
550	0.01272	3337.3	6.1800	0.010165	3277.7	6.0385
560	0.01301	3369.2	6.2185	0.01043	3312.6	6.0806
580	0.01358	3431.2	6.2921	0.01095	3379.8	6.1604
600	0.01413	3491.2	6.3616	0.01144	3444.2	6.2351

0.1MPa 时的饱和空气状态参数表

干球温度 t（℃）	水蒸气压力 p_{bh}（10^2Pa）	含湿量 d_{bh}（g/kg）	饱和焓 h_{bh}（kJ/kg）	密　度 ρ（kg/m³）	汽化热 r（kJ/kg）
−20	1.03	0.64	−18.5	1.38	2839
−19	1.13	0.71	−17.4	1.37	2839
−18	1.25	0.78	−16.4	1.36	2839
−17	1.37	0.85	−15.0	1.36	2838
−16	1.50	0.94	−13.8	1.35	2838
−15	1.65	1.03	−12.5	1.35	2838
−14	1.81	1.13	−11.3	1.34	2838
−13	1.98	1.23	−10.0	1.34	2838
−12	2.17	1.35	−8.7	1.33	2837
−11	2.37	1.48	−7.4	1.33	2837
−10	2.59	1.62	−6.0	1.32	2837
−9	2.83	1.77	−4.6	1.32	2836
−8	3.09	1.93	−3.2	1.31	2836
−7	3.38	2.11	−1.8	1.31	2836
−6	3.68	2.30	−0.3	1.30	2836
−5	4.01	2.50	+1.2	1.30	2835
−4	4.37	2.73	+2.8	1.29	2835
−3	4.75	2.97	+4.4	1.29	2835
−2	5.17	3.23	+6.0	1.28	2834
−1	5.62	3.52	+7.8	1.28	2834
0	6.11	3.82	9.5	1.27	2500
1	6.56	4.11	11.3	1.27	2489
2	7.05	4.42	13.1	1.26	2496
3	7.57	4.75	14.9	1.26	2493
4	8.13	5.10	16.8	1.25	2491
5	8.72	5.47	18.7	1.25	2498
6	9.35	5.87	20.7	1.24	2486
7	10.01	6.29	22.8	1.24	2484
8	10.72	6.74	25.0	1.23	2481
9	11.47	7.22	27.2	1.23	2479

干球温度 t（℃）	水蒸气压力 p_{bh}（10^2Pa）	含湿量 d_{bh}（g/kg）	饱和焓 h_{bh}（kJ/kg）	密　度 ρ（kg/m³）	汽化热 r（kJ/kg）
10	12.27	7.73	29.5	1.22	2477
11	13.12	8.27	31.9	1.22	2475
12	14.01	8.84	34.4	1.21	2472
13	15.00	9.45	37.0	1.21	2470
14	15.97	10.10	39.5	1.21	2468
15	17.04	10.78	42.3	1.20	2465
16	18.17	11.51	45.2	1.20	2463
17	19.36	12.28	48.2	1.19	2460
18	20.62	13.10	51.3	1.19	2458
19	21.96	13.97	54.5	1.18	2456
20	23.37	14.88	57.9	1.18	2453
21	24.85	15.85	61.4	1.17	2451
22	26.42	16.88	65.0	1.17	2448
23	28.08	17.97	68.8	1.16	2446
24	29.82	19.12	72.8	1.16	2444
25	31.67	20.34	76.9	1.15	2441
26	33.60	21.63	81.3	1.15	2439
27	35.64	22.99	85.8	1.14	2437
28	37.78	24.42	90.5	1.14	2434
29	40.04	25.94	95.4	1.14	2432
30	42.41	27.52	100.5	1.13	2430
31	44.91	29.25	106.0	1.13	2427
32	47.53	31.07	111.7	1.12	2425
33	50.29	32.94	117.6	1.12	2422
34	53.18	34.94	123.7	1.11	2420
35	56.22	37.05	130.2	1.11	2418
36	59.40	39.28	137.0	1.10	2415
37	62.74	41.64	144.2	1.10	2413
38	66.24	44.12	151.6	1.09	2411
39	69.91	46.75	159.5	1.08	2408
40	73.75	49.52	167.7	1.08	2406

干球温度 t（℃）	水蒸气压力 p_{bh}（10^2Pa）	含湿量 d_{bh}（g/kg）	饱和焓 h_{bh}（kJ/kg）	密　度 ρ（kg/m³）	汽化热 r（kJ/kg）
41	77.77	52.45	176.4	1.08	2403
42	81.98	55.54	185.5	1.07	2401
43	86.39	58.82	195.0	1.07	2398
44	91.00	62.26	205.0	1.06	2396
45	95.82	65.92	218.6	1.05	2394
46	100.85	69.76	226.7	1.05	2391
47	106.12	73.84	238.4	1.04	2389
48	111.62	78.15	250.7	1.04	2386
49	117.36	82.70	263.6	1.03	2384
50	123.35	87.52	277.3	1.03	2382
51	128.60	92.62	291.7	1.02	2379
52	136.13	98.01	306.8	1.02	2377
53	142.93	103.72	322.9	1.01	2375
54	150.02	109.80	339.8	1.00	2372
55	157.41	116.19	357.7	1.00	2370
56	165.09	123.00	376.7	0.99	2367
57	173.12	130.23	396.8	0.99	2365
58	181.46	137.89	418.0	0.98	2363
59	190.15	146.04	440.6	0.97	2360
60	199.17	154.72	464.5	0.97	2358
65	250.10	207.44	609.2	0.93	2345
70	311.60	281.54	811.1	0.90	2333
75	385.50	390.20	1105.7	0.85	2320
80	473.60	559.61	1563.0	0.81	2309
85	578.00	851.90	2351.0	0.76	2295
90	701.10	1459.00	3983.0	0.70	2282
95	845.20	3396.00	9190.0	0.64	2269
100	1013.00			0.60	2257

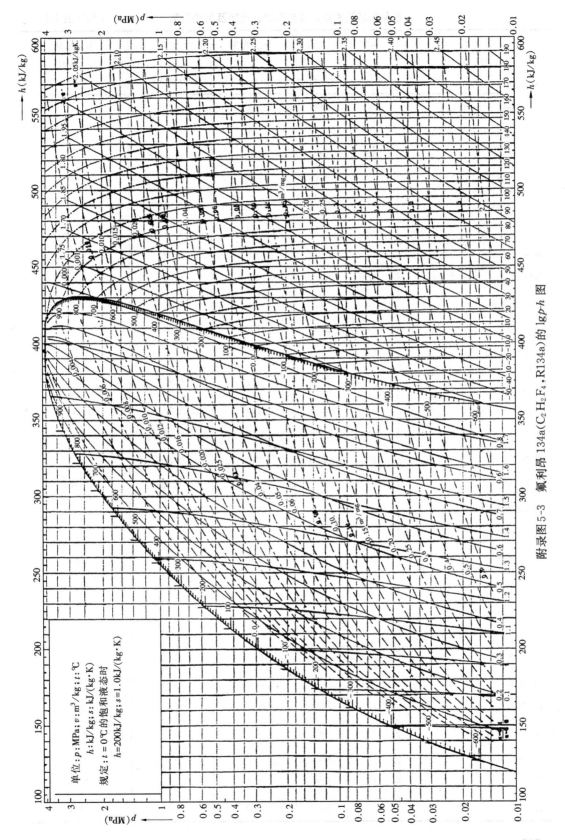

附录图 5-3 氟利昂 134a($C_2H_2F_4$，R134a）的 $\lg p$-h 图

材 料 名 称	温度 t (℃)	密度 ρ (kg/m³)	导热系数 λ [J/(m·s·℃)]	比热 c [kJ/(kg·℃)]	蓄热系数 s(24h) [J/(m²·s·℃)]
钢 0.5%C	20	7833	54	0.465	—
1.5%C	20	7753	36	0.486	—
铸　钢	20	7830	50.7	0.469	—
镍铬钢 18%Cr，8%Ni	20	7817	16.3	0.46	—
铸铁 0.4%C	20	7272	52	0.420	—
纯　铜	20	8954	398	0.384	—
黄铜 30%Zn	20	8522	109	0.385	—
青铜 25%Sn	20	8666	26	0.343	—
康铜 40%Ni	20	8922	22	0.410	—
纯　铝	27	2702	237	0.903	—
铸铝 4.5%Cu	27	2790	163	0.883	—
硬铝 4.5% Cu，1.5% Mg，0.6%Mn	27	2270	177	0.875	—
硅	27	2330	148	0.712	—
金	20	19320	315	0.129	—
银 99.9%	20	10524	411	0.236	—
泡沫混凝土	20	232	0.077	0.88	1.07
泡沫混凝土	20	627	0.29	1.59	4.59
钢筋混凝土	20	2400	1.54	0.81	14.95
碎石混凝土	20	2344	1.84	0.75	15.33
烧结普通砖墙	20	1800	0.81	0.88	9.65
红黏土砖	20	1668	0.43	0.75	6.26
铬　砖	900	3000	1.99	0.84	19.1
耐火黏土砖	800	2000	1.07	0.96	12.2
水泥砂浆	20	1800	0.93	0.84	10.1
石灰砂浆	20	1600	0.81	0.84	8.90
黄　土	20	880	0.94	1.17	8.39
菱苦土	20	1374	0.63	1.38	9.32
砂　土	12	1420	0.59	1.51	9.59
黏　土	9.4	1850	1.41	1.84	18.7

材 料 名 称	温度 t （℃）	密度 ρ （kg/m³）	导热系数 λ [J/(m·s·℃)]	比热 c [kJ/(kg·℃)]	蓄热系数 s(24h) [J/(m²·s·℃)]
微孔硅酸钙	50	182	0.049	0.867	0.169
次超轻微孔硅酸钙	25	158	0.0465	—	
岩棉板	50	118	0.0355	0.787	0.155
珍珠岩粉料	20	44	0.042	1.59	0.46
珍珠岩粉料	20	288	0.078	1.17	1.38
水玻璃珍珠岩制品	20	200	0.058	0.92	0.88
防水珍珠岩制品	25	229	0.0639	—	—
水泥珍珠岩制品	20	1023	0.35	1.38	6.0
玻璃棉	20	100	0.058	0.75	0.56
石棉水泥板	20	300	0.093	0.84	1.31
石膏板	20	1100	0.41	0.84	5.25
有机玻璃	20	1188	0.20	—	—
玻璃钢	20	1780	0.50	—	—
平板玻璃	20	2500	0.76	0.84	10.8
聚苯乙烯塑料	20	30	0.027	2.0	0.34
聚苯乙烯硬酯塑料	20	50	0.031	2.1	0.49
脲醛泡沫塑料	20	20	0.047	1.47	0.32
聚异氰脲酸酯泡沫塑料	20	41	0.033	1.72	0.41
聚四氟乙烯	20	2190	0.29	1.47	8.24
红松（热流垂直木纹）	20	337	0.11	1.93	2.41
刨花（压实的）	20	300	0.12	2.5	2.56
软　木	20	230	0.057	1.84	1.32
陶　粒	20	500	0.21	0.84	2.53
棉　花	20	50	0.027～0.064	0.88～1.84	0.29～0.65
松散稻壳	—	127	0.12	0.75	0.91
松散锯末	—	304	0.148	0.75	1.57
松散蛭石	—	130	0.058	0.75	0.56
冰	—	920	2.26	2.26	18.5
新降雪	—	200	0.11	2.10	1.83
厚纸板	—	700	0.17	1.47	3.57
油毛毡	20	600	0.17	1.47	3.30

$B=0.1013MPa$ 干空气的热物理性质

t (℃)	ρ (kg/m³)	c_p [kJ/(kg·℃)]	$\lambda \times 10^2$ [W/(m·℃)]	$\alpha \times 10^6$ (m²/s)	$\mu \times 10^6$ (N·s/m²)	$\upsilon \times 10^6$ (m²/s)	Pr
—50	1.584	1.013	2.04	12.7	14.6	9.23	0.728
—40	1.515	1.013	2.12	13.8	15.2	10.04	0.728
—30	1.453	1.013	2.20	14.9	15.7	10.80	0.723
—20	1.395	1.009	2.28	16.2	16.2	11.61	0.716
—10	1.342	1.009	2.36	17.4	16.7	12.43	0.712
0	1.293	1.005	2.44	18.8	17.2	13.28	0.707
10	1.247	1.005	2.51	20.0	17.6	14.16	0.705
20	1.205	1.005	2.57	21.4	18.1	15.06	0.703
30	1.165	1.005	2.67	22.9	18.6	16.00	0.701
40	1.128	1.005	2.76	24.3	19.1	16.96	0.699
50	1.093	1.005	2.83	25.7	19.6	17.95	0.698
60	1.060	1.005	2.90	27.2	20.1	18.97	0.696
70	1.029	1.009	2.96	28.6	20.6	20.02	0.694
80	1.000	1.009	3.05	30.2	21.1	21.09	0.692
90	0.972	1.009	3.13	31.9	21.5	22.10	0.690
100	0.946	1.009	3.21	33.6	21.9	23.13	0.688
120	0.898	1.009	3.34	36.8	22.8	25.45	0.686
140	0.854	1.013	3.49	40.3	23.7	27.80	0.684
160	0.815	1.017	3.64	43.9	24.5	30.09	0.682
180	0.779	1.022	3.78	47.5	25.3	32.49	0.681
200	0.746	1.026	3.93	51.4	26.0	34.85	0.680
250	0.674	1.038	4.27	61.0	27.4	40.61	0.677
300	0.615	1.047	4.60	71.6	29.7	48.33	0.674
350	0.566	1.059	4.91	81.9	31.4	55.46	0.676
400	0.524	1.068	5.21	93.1	33.0	63.09	0.678
500	0.456	1.093	5.74	115.3	36.2	79.38	0.687
600	0.404	1.114	6.22	138.3	39.1	96.89	0.699
700	0.362	1.135	6.71	163.4	41.8	115.4	0.706
800	0.329	1.156	7.18	138.8	44.3	134.8	0.713
900	0.301	1.172	7.63	216.2	46.7	155.1	0.717
1000	0.277	1.185	8.07	245.9	49.0	177.1	0.719
1100	0.257	1.197	8.50	276.2	51.2	199.3	0.722
1200	0.239	1.210	9.15	316.5	53.5	233.7	0.724

饱和水的热物理性质[①]

t (℃)	$p \times 10^{-5}$ (Pa)	ρ (kg/m³)	h' (kJ/kg)	c_p [kJ/(kg·℃)]	$\lambda \times 10^2$ [W/(m·℃)]	$\alpha \times 10^8$ (m²/s)	$\mu \times 10^6$ [kg/(m·s)]	$\upsilon \times 10^6$ (m²/s)	$\beta \times 10^4$ (K⁻¹)	$\sigma \times 10^4$ (N/m)	Pr
0	0.00611	999.9	0	4.212	55.1	13.1	1788	1.789	-0.81	756.4	13.67
10	0.012270	999.7	42.04	4.191	57.4	13.7	1306	1.306	+0.87	741.6	9.52
20	0.02338	998.2	83.91	4.183	59.9	14.3	1004	1.006	2.09	726.9	7.02
30	0.04241	995.7	125.7	4.174	61.8	14.9	801.5	0.805	3.05	712.2	5.42
40	0.07375	992.2	167.5	4.174	63.5	15.3	653.3	0.659	3.86	696.5	4.31
50	0.12335	988.1	209.3	4.174	64.8	15.7	549.4	0.556	4.57	676.9	3.54
60	0.19920	983.1	251.1	4.179	65.9	16.0	469.9	0.478	5.22	662.2	2.99
70	0.3116	977.8	293.0	4.187	66.8	16.3	406.1	0.415	5.83	643.5	2.55
80	0.4736	971.8	355.0	4.195	67.4	16.6	355.1	0.365	6.40	625.9	2.21
90	0.7011	965.3	377.0	4.208	68.0	16.8	314.9	0.326	6.96	607.2	1.95
100	1.013	958.4	419.1	4.220	68.3	16.9	282.5	0.295	7.50	588.6	1.75
110	1.43	951.0	461.4	4.233	68.5	17.0	259.0	0.272	8.04	569.0	1.60
120	1.98	943.1	503.7	4.250	68.6	17.1	237.4	0.252	8.58	548.4	1.47
130	2.70	934.8	546.4	4.266	68.6	17.2	217.8	0.233	9.12	528.8	1.36
140	3.61	926.1	589.1	4.287	68.5	17.2	201.1	0.217	9.68	507.2	1.26
150	4.76	917.0	632.2	4.313	68.4	17.3	186.4	0.203	10.26	486.6	1.17
160	6.18	907.0	675.4	4.346	68.3	17.3	173.6	0.191	10.87	466.0	1.10
170	7.92	897.3	719.3	4.880	67.9	17.3	162.8	0.181	11.52	443.4	1.05
180	10.03	886.9	763.3	4.417	67.4	17.2	153.0	0.173	12.21	422.8	1.00
190	12.55	876.0	807.8	4.459	67.0	17.1	144.2	0.165	12.96	400.2	0.96
200	15.55	863.0	852.8	4.505	66.3	17.0	136.4	0.158	13.77	376.7	0.93
210	19.08	852.3	897.7	4.555	65.5	16.9	130.5	0.153	14.67	354.1	0.91
220	23.20	840.3	943.7	4.614	64.5	16.6	124.6	0.148	15.67	331.6	0.89
230	27.98	827.3	990.2	4.681	63.7	16.4	119.7	0.145	16.80	310.0	0.88
240	33.48	813.6	1037.5	4.756	62.8	16.2	114.8	0.141	18.08	285.5	0.87
250	39.78	799.0	1085.7	4.844	61.8	15.9	109.9	0.137	19.55	261.9	0.86
260	46.94	784.0	1135.7	4.949	60.5	15.6	105.9	0.135	21.27	237.4	0.87
270	55.05	767.9	1185.7	5.070	59.0	15.1	102.0	0.133	23.31	214.8	0.88
280	64.19	750.7	1236.8	5.230	57.4	14.6	98.1	0.131	25.79	191.3	0.90
290	74.45	732.3	1290.0	5.485	55.8	13.9	94.2	0.129	28.84	168.7	0.93
300	85.92	712.5	1344.9	5.736	54.0	13.2	91.2	0.128	32.73	144.2	0.97
310	98.70	691.1	1402.2	6.071	52.3	12.5	88.3	0.128	37.85	120.7	1.03
320	112.90	667.1	1462.1	6.574	50.6	11.5	85.3	0.128	44.91	98.10	1.11
330	128.65	640.2	1526.2	7.244	48.4	10.4	81.4	0.127	55.31	76.71	1.22
340	146.08	610.1	1594.8	8.165	45.7	9.17	77.5	0.127	72.10	56.70	1.39
350	165.37	574.4	1671.4	9.504	43.0	7.88	72.6	0.126	103.7	38.16	1.60
360	186.74	528.0	1761.5	13.984	39.5	5.36	66.7	0.126	182.9	20.21	2.35
370	210.53	450.5	1892.5	40.321	33.7	1.86	56.9	0.126	676.7	4.709	6.79

①β值选自 Steam Tables in SI Units，2nd Ed.，Ed. by Grigull，U. et. al.，Springer-Verlag，1984。

材 料 名 称	t（℃）	s	材 料 名 称	t（℃）	s
表面磨光的铝	225～575	0.039～0.057	经过磨光的商品锌 99.1%	225～325	0.045～0.053
表面不光滑的铝	26	0.055	在 400℃时氧化后的锌	400	0.11
在 600℃时氧化后的铝	200～600	0.11～0.19	有光泽的镀锌铁皮	28	0.228
表面磨光的铁	425～1020	0.144～0.377	已经氧化的灰色镀锌铁皮	24	0.276
用金刚砂冷加工以后的铁	20	0.242	石棉纸板	24	0.96
氧化后的铁	100	0.736	石棉纸	40～370	0.93～0.945
氧化后表面光滑的铁	125～525	0.78～0.82	贴在金属板上的薄纸	19	0.924
未经加工处理的铸铁	925～1115	0.87～0.95	水	0～100	0.95～0.963
表面磨光的钢铸件	770～1040	0.52～0.56	石膏	20	0.903
经过研磨后的钢板	940～1100	0.55～0.61	刨光的橡木	20	0.895
在 600℃时氧化后的钢	200～600	0.80	熔化后表面粗糙的石英	20	0.932
表面有一层有光泽的氧化物的钢板	25	0.82	表面粗糙但还不是很不平整的红砖	20	0.93
经过刮面加工的生铁	830～990	0.60～0.70	表面粗糙而没有上过釉的硅砖	100	0.80
在 600℃时氧化后的生铁	200～600	0.64～0.78	表面粗糙而上过釉的硅砖	1100	0.85
氧化铁	500～1200	0.85～0.95	上过釉的黏土耐火砖	1100	0.75
精密磨光的金	225～635	0.018～0.035	耐火砖	—	0.8～0.9
轧制后表面没有加工的黄铜板	22	0.06	涂在不光滑铁板上的白釉漆	23	0.906
轧制后表面用粗金刚砂加工过的黄铜板	22	0.20	涂在铁板上的有光泽的黑漆	25	0.875
无光泽的黄铜板	50～350	0.22	无光泽的黑漆	40～95	0.96～0.98
在 600℃时氧化后的黄铜	200～600	0.61～0.59	白漆	40～95	0.80～0.95
精密磨光的电解铜	80～115	0.018～0.023	涂在镀锡铁面上的黑色有光泽的虫漆	21	0.821
刮亮的但还没有像镜子那样皎洁的商品铜	22	0.072	黑色无光泽的虫漆	75～145	0.91
在 600℃时氧化后的铜	200～600	0.57～0.87	各种不同颜色的油质涂料	100	0.92～0.96
氧化铜	800～1100	0.66～0.54	各种年代不同、含铝量不一样的铝质涂料	100	0.27～0.67
熔解铜	1075～1275	0.16～0.13	涂在不光滑板上的铝漆	20	0.39
钼线	725～2600	0.096～0.292	加热到 325℃ 以后的铝质涂料	150～315	0.35
技术上用的经过磨光的纯镍	225～375	0.07～0.087	表面磨光的灰色大理石	22	0.931
镀镍酸洗而未经磨光的铁	20	0.11	磨光的硬橡皮板	23	0.945
镍丝	185～1000	0.096～0.186	灰色的、不光滑的软橡皮（经过精制）	24	0.859
在 600℃时氧化后的镍	200～600	0.37～0.48	平整的玻璃	22	0.937
氧化镍	650～1255	0.59～0.86	烟炱，发光的煤炱	95～270	0.952
铬镍	125～1034	0.64～0.76	混有水玻璃的烟炱	100～185	0.959～0.947
锡，光亮的镀锡铁皮	25	0.043～0.064	粒径 0.075mm 或更大的灯烟炱	40～370	0.945
纯铂，磨光的铂片	225～625	0.054～0.104	油纸	21	0.910
铂带	925～1115	0.12～0.17	经过选洗后的煤（0.9%灰）	125～625	0.81～0.79
铂线	25～1230	0.036～0.192	碳丝	1040～1405	0.526
铂丝	225～1375	0.037～0.182	上过釉的瓷器	22	0.924
纯汞	0～100	0.09～0.12	粗糙的石灰浆粉刷	10～88	0.91
氧化后的灰色铅	25	0.281	熔附在铁面上的白色珐琅	19	0.897
在 200℃时氧化后的铅	200	0.63			
磨光的纯银	225～625	0.0198～0.0324			
铬	100～1000	0.08～0.26			

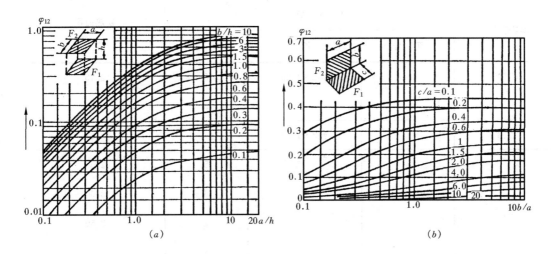

附录图 9-1　热辐射角系数图

(a)平行长方形的角系数;(b)两互相垂直的长方形的角系数

容积式换热器技术参数　　附录表 12-1

卧式容积式换热器性能表　　表 12-1-1

换热器型号	容积 (L)	直径 (mm)	总长度 (mm)	接管管径(mm)			
				蒸汽(热水)	回水	进水	出水
1	500	600	2100	50	50	80	80
2	700	700	2150	50	50	80	80
3	1000	800	2400	50	50	80	80
4	1500	900	3107	80	80	100	100
5	2000	1000	3344	80	80	100	100
6	3000	1200	3602	80	80	100	100
7	5000	1400	4123	80	80	100	100
8	8000	1800	4679	80	80	100	100
9	10000	2000	4995	100	100	125	125
10	15000	2200	5883	125	125	150	150

卧式容积式换热器换热面积　　表 12-1-2

换热器型号	U 形 管 束			换热面积 (m²)
	型　号	管径×长度(mm)	根　数	
1、2、3		$\phi 42 \times 1620$	2	0.86
			3	1.29
			4	1.72

换热器型号	U 形 管 束			换热面积（m²）
	型 号	管径×长度(mm)	根 数	
1、2、3		φ42×1620	5	2.15
			6	2.58
2、3		φ42×1620	7	3.01
3		φ42×1870	5	2.50
			6	3.00
			7	3.50
			8	4.00
4	甲	φ38×2360	11	6.50
	乙		6	3.50
5	甲	φ38×2360	11	7.00
	乙		6	3.80
6	甲	φ38×2730	16	11.00
	乙		13	8.90
	丙		7	4.80
7	甲	φ38×3190	19	15.20
	乙		15	11.90
	丙		8	6.30
8	甲	φ38×3400	16	24.72
	乙		13	19.94
	丙		7	10.62
9	甲	φ38×3400	22	34.74
	乙		17	26.62
	丙		9	13.94
10	甲	φ45×4100	22	50.82
	乙		17	38.96
	丙		9	20.40

LL1 型螺旋板汽—水换热器性能表　　　表 12-2-1

型号　　　适用范围	循环水温差（℃）t进　t出	蒸汽的饱和压力 Ps（MPa）	计算换热面积 F（m²）	换热量 Q（kW）	蒸汽量 q_z（t/h）	循环水量 q（t/h）	汽侧压力降 ΔP_1（MPa）	水侧压力降 ΔP_2（MPa）
LL1-6-3			3.3	299	0.5	10.3	0.004	0.009
LL1-6-6			6.8	598	1.0	20.5	0.008	0.010
LL1-6-12		$0.25 < p_s \leq 0.6$	13.0	1196	2.0	41	0.011	0.012
LL1-6-25			26.7	2392	4.0	82	0.013	0.015
LL1-6-40			44.0	3587	6.0	123	0.029	0.032
LL1-6-60	70～95℃		59.5	4784	8.0	164	0.039	0.049
LL1-10-3			3.3	288	0.5	9.9	0.004	0.009
LL1-10-6			6.7	575	1.0	19.7	0.004	0.011
LL1-10-10		$0.6 < p_s \leq 1.0$	11.9	1150	2.0	39.4	0.005	0.012
LL1-10-20			18.8	2300	4.0	78.8	0.005	0.012
LL1-10-25			26.3	3452	6.0	115.5	0.009	0.024
LL1-16-15			15.0	2228	4.0	47.5	0.008	0.012
LL1-16-25			24.5	3342	6.0	71.3	0.009	0.012
LL1-16-30	70～110℃	$1.0 < p_s \leq 1.6$	30.7	4456	8.0	95.3	0.014	0.029
LL1-16-40			40.8	5569	10.0	119.1	0.023	0.039
LL1-16-50			49.0	6684	12.0	143	0.059	0.069

SS 型螺旋板水—水换热器性能表　　　表 12-2-2

型　号	换热面积 F（m²）	换热量 Q（kW）	设计压力 P（MPa）	一次水（130→80℃）流量 V_1（m³/h）	一次水（130→80℃）阻力降 ΔP_1（MPa）	二次水（70→95℃）流量 V_2（m³/h）	二次水（70→95℃）阻力降 ΔP_2（MPa）
SS 50-10	11.3	581.5	1.0	10.4	0.02	20.6	0.03
SS 100-10	24.5	1163	1.0	20.8	0.02	41.2	0.035
SS 150-10	36.6	1744.5	1.0	31.0	0.03	62.0	0.045
SS 200-10	50.4	2326	1.0	41.5	0.035	82.0	0.055
SS 250-10	61.0	2907.5	1.0	52.0	0.04	103.0	0.065
SS 50-16	11.3	581.5	1.0	10.4	0.02	20.6	0.035
SS 100-16	24.5	1163	1.6	20.8	0.02	41.2	0.040
SS 150-16	36.6	1744.5	1.6	31.0	0.03	62.0	0.055
SS 200-16	50.4	2326	1.6	41.5	0.04	82.0	0.065
SS 250-16	61.1	2907.5	1.6	52.0	0.04	103.0	0.07

RR型螺旋板卫生热水换热器性能表

表 12-2-3

型　号	设计压力（MPa）	浴水 10～50℃		热水 90～50℃	
		流量（t/h）	阻力降（MPa）	流量（t/h）	阻力降（MPa）
RR5	1.0	5	0.015	4.4	0.10
RR10	1.0	10	0.025	8.9	0.015
RR20	1.0	20	0.035	17.9	0.020

空调专用 KH 型螺旋板水—水换热器性能表

表 12-2-4

型　号	换热面积 F（m²）	换热量 Q（kW）	设计压力 P（MPa）	一次水（95→70℃）		二次水（50→60℃）	
				流量 V_1（m³/h）	阻力降 ΔP_1（MPa）	流量 V_2（m³/h）	阻力降 ΔP_2（MPa）
KH 50-10	581.5	13	1.0	20	0.015	50	0.035
KH 100-10	1163	26	1.0	40	0.025	100	0.045
KH 50-15	581.5	13	1.5	20	0.015	50	0.035
KH 100-15	1163	26	1.5	40	0.025	100	0.045

板式换热器技术参数　　附录表 12-3

参数 型号	换热面积（m²）	传热系数［W/(m²·℃)］	设计温度（℃）	设计压力（MPa）	最大水处理流量（m³/h）
BR 002	0.1～1.5	200～5000	≤120、150	1.6	4
BR 005	1～6	2800～6800	150	1.6	20
BR 01	1～8	3500～5800	204	1.6	35
BR 02	3～30	3500～5500	180	1.6	60
BR 035	10～50	3500～6100	150	1.6	110
BR 05	20～70	300～600	150	1.6	250
BR 08	80～200	2500～6200	150	1.6	450
BR 10	60～250	3500～5500	150	1.6	850
BR 20	200～360	3500～5500	150	1.6	1500

浮动盘管换热器技术参数　　附录表12-4

SFQ卧式贮存式浮动盘管换热器技术性能表　　表 12-4-1

参　数　　型　号	总容积（m³）	设计压力		筒体直径 ϕ	总高 H（mm）	重量（kg）	传热面积（m²）	相应面积产水量 Q	
		壳程（MPa）	管程（MPa）蒸汽/高温水					热媒为饱和蒸汽产水量 Q_1（kg/h）	热媒为高温水产水量 Q_2（kg/h）
SFQ-1.5-0.6		0.6	0.6/0.6		1580				
SFQ-1.5-1.0	1.5	1.0	0.6/1.0	1200	1584	1896	$\dfrac{4.15}{6.64}$	$\dfrac{3000}{4800}$	$\dfrac{1700}{2800}$
SFQ-1.5-1.6		1.6	0.6/1.6		1586				
SFQ-2-0.6		0.6	0.6/0.6		1580				
SFQ-2-1.0	2	1.0	0.6/1.0	1200	1584	2079	$\dfrac{4.98}{8.3}$	$\dfrac{3600}{6400}$	$\dfrac{1500}{3500}$
SFQ-2-1.6		1.6	0.6/1.6		1586				
SFQ-3-0.6		0.6	0.6/0.6		1580				
SFQ-3-1.0	3	1.0	0.6/1.0	1200	1584	2442	$\dfrac{5.81}{9.96}$	$\dfrac{4200}{7250}$	$\dfrac{2400}{4200}$
SFQ-3-1.6		1.6	0.6/1.6		1586				
SFQ-4-0.6		0.6	0.6/0.6		1950				
SFQ-4-1.0	4	1.0	0.6/1.0	1600	1954	3204	$\dfrac{6.64}{9.96}$	$\dfrac{4800}{7250}$	$\dfrac{2800}{4200}$
SFQ-4-1.6		1.6	0.6/1.6		1956				
SFQ-5-0.6		0.6	0.6/0.6		1950				
SFQ-5-1.0	5	1.0	0.6/1.0	1600	1954	3215	$\dfrac{8.3}{11.62}$	$\dfrac{6400}{8200}$	$\dfrac{3500}{4900}$
SFQ-5-1.6		1.6	0.6/1.6		1958				
SFQ-6-0.6		0.6	0.6/0.6		2150				
SFQ-6-1.0	6	1.0	0.6/1.0	1800	2154	3962	$\dfrac{9.96}{13.28}$	$\dfrac{7250}{9700}$	$\dfrac{4200}{5500}$
SFQ-6-1.6		1.6	0.6/1.6		2158				
SFQ-8-0.6		0.6	0.6/0.6		2150				
SFQ-8-1.0	8	1.0	0.6/1.0	1800	2154	3970	$\dfrac{11.62}{16.6}$	$\dfrac{8200}{12080}$	$\dfrac{4900}{6900}$
SFQ-8-1.6		1.6	0.6/1.6		2158				

SFL立式贮存式浮动盘管换热器技术性能表

表 12-4-2

参数 型号	总容积 (m³)	设计压力		筒体 直径 φ	筒体高度 H (mm)	重量 (kg)	传热面积 (m²)	相应面积产水量 Q	
		壳程 (MPa)	管程（MPa) 蒸汽/高温水					热媒为饱和蒸汽产水量 Q_1 （kg/h)	热媒为高温水产水量 Q_2 （kg/h)
SFL-1.5-0.6		0.6	0.6/0.6		1870	962			
SFL-1.5-1.0	1.5	1.0	0.6/1.0	1200	1874	1075	(5.81) 8.3	4200 / 6400	2700 / 3100
SFL-1.5-1.6		1.6	0.6/1.6		1878	1150			
SFL-2-0.6		0.6	0.6/0.6		2220	1120			
SFL-2-1.0	2	1.0	0.6/1.0	1200	2224	1166	(6.64) 9.96	4650 / 7250	2760 / 4143
SFL-2-1.6		1.6	0.6/1.6		2228	1197			
SFL-3-0.6		0.6	0.6/0.6		3027	1299			
SFL-3-1.0	3	1.0	0.6/1.0	1200	3031	1344	(8.3) 12.45	6400 / 9060	3100 / 5200
SFL-3-1.6		1.6	0.6/1.6		3035	1396			
SFL-4-0.6		0.6	0.6/0.6		2670	1596			
SFL-4-1.0	4	1.0	0.6/1.0	1600	2674	1677	(8.3) 11.62	6400 / 8300	3500 / 4800
SFL-4-1.6		1.6	0.6/1.6		2678	1709			
SFL-5-0.6		0.6	0.6/0.6		3070	1807			
SFL-5-1.0	5	1.0	0.6/1.0	1600	3074	1892	(9.96) 15.77	7300 / 1148	4100 / 6500
SFL-5-1.6		1.6	0.6/1.6		3078	1973			
SFL-6-0.6		0.6	0.6/0.6		3370	2229			
SFL-6-1.0	6	1.0	0.6/1.0	1800	3374	2346	(12.45) 18.26	9060 / 13290	5200 / 7600
SFL-6-1.6		1.6	0.6/1.6		3378	2422			
SFL-8-0.6		0.6	0.6/0.6		4200	2669			
SFL-8-1.0	8	1.0	0.6/1.0	1800	4204	2996	(14.44) 20.75	10500 / 15100	6000 / 8600
SFL-8-1.6		1.6	0.6/1.6		4208	3460			

主 要 参 考 文 献

[1] 朱明主编. 热工工程基础. 武汉理工大学出版社，2014

[2] 高职高专教育土建类专业教学指导委员会建筑设备类专业分指导委员会编.《高等职业教育供热通风与空调工程技术专业教学基本要求》. 北京：中国建筑工业出版社，2013

[3] 余宁主编. 热工学基础. 第二版. 北京：中国建筑工业出版社，2012

[4] 傅秦生主编. 工程热力学. 北京：机械工业出版社，2012

[5] 刘春泽主编. 热工学基础. 第二版：北京：机械工业出版社，2011

[6] 童钧耕，王平阳，苏永康编. 热工基础. 第二版. 上海交通大学出版社，2008

[7] 余宁主编. 流体力学与热工学. 北京：中国建筑工业出版社，2006

[8] 余宁主编. 流体与热工基础. 北京：中国建筑工业出版社，2005

[9] 程广振主编. 热工测量与自动控制. 北京：中国建筑工业出版社，2005

[10] 廉乐明等编. 工程热力学. 北京：中国建筑工业出版社，2003

[11] 施明恒等编著. 工程热力学. 南京：东南大学出版社，2003

[12] 傅秦生等编著. 热工基础与应用. 北京：机械工业出版社，2001

[13] 余宁主编. 热工学与换热器. 北京：中国建筑工业出版社，2001

[14] 吕崇德主编. 热工参数测量与处理. 第2版. 北京：清华大学出版社，2001

[15] 张培新著. 热工学基础与应用. 北京：化学工业出版社，2001